Burkhard Friedrich
Die anderen Wesen

Burkhard Friedrich

Die anderen Wesen

Tiere in unserem Alltag – Betrachtungen über das (nicht) Lassen Können

Rediroma-Verlag

Bibliografische Information der Deutschen Nationalbibliothek:
Die Deutsche Nationalbibliothek verzeichnet diese Publikation in der Deutschen Nationalbibliografie; detaillierte bibliografische Daten sind im Internet über http://portal.dnb.de abrufbar.

ISBN 978-3-96103-762-9

www.rediroma-verlag.de
16,95 Euro (D)

Für Therese

What we hunger for is not bread but the word, the fiery word, that will reveal why we are here.
J.M. Coetzee "The Death of Jesus"

Inhalt

Abb. 1

1. Einleitung

> Des Menschen Herrschaft ist eine *schrankenlose* Herrschaft über Sachen, darunter die nichthumanen Tiere[1]

Anlass zu diesem Erfahrungsbericht sind meine alltäglichen Beobachtungen des menschlichen Umgangs mit Tieren, der in seiner Entfremdung vom nichtmenschlichen Leben so selbstverständlich zu sein scheint, dass ich mich von all den stummen und nicht stummen Wesen aufgefordert fühle, diese Beobachtungen in die Öffentlichkeit zu tragen, um ihnen damit eine Stimme zu geben.

Mein Bericht soll dazu beitragen, innezuhalten und über das Verhältnis von uns als Menschen zum Tier nachzudenken und gegebenenfalls in Betracht zu ziehen, von den täglichen, stündlichen und sogar sekündlichen Begegnungen mit Tieren zu lernen und nichts, was sich zwischen menschlich und nichtmenschlich abspielt, als gegeben oder selbstverständlich hinzunehmen.

Insbesondere die *Liebe* zum Tier will ich genauer untersuchen und die Frage stellen, ob es sich nicht im Grunde genommen eher um ein einseitiges Trachten nach *Erziehung, Zähmung* oder *Domestizierung* als um Zugewandtheit um des Tieres willen handelt. Wann beginnt die Liebe zu dem Tier? Ist sie zunächst ein Fantasieprodukt, eine Projektion auf ein domestiziertes Wesen, oder handelt es sich um eine Liebe generell um des Tieres willen? Liebe ich den Maulwurf wegen seiner außergewöhnlichen Fähigkeiten, Tunnel zu bauen und sich zu orientieren, oder liebe ich das Haustier, weil es mir zu Willen und immer da ist? Und wann endet diese Liebe, endet sie überhaupt und ist sie an Bedingungen geknüpft?

---

[1] Beat Sitter-Liver *Tierethik als Teil der Naturethik* in Klaus Peter Rippe und Urs Thurnherr (Hrsg.) *Tierisch Menschlich,* Erlangen 2013, S.28

Betrachten wir unsere menschliche Haltung gegenüber dem Tier nüchtern, so stellen wir fest, dass diese Haltung nahezu ausschließlich von *Vertreibung, Gefangennahme* und *Tod* gekennzeichnet ist. Ob es sich um das *Haustier* handelt, das sein überwiegendes Dasein an der Leine, im Käfig, im Gehege, im Aquarium und/oder in vier Wänden zubringt, oder *freie* Vögel und Insekten, die gegen Glasscheiben fliegen, weil diese für sie nicht wahrnehmbar sind und ihnen auf ihren Flugbahnen den Weg versperren. Ob es das *Nutztier* ist, das auf einer vom Menschen für das Tier als geeignet definierten Fläche lebt, oder ob es die *wilde* Schnecke ist, die Wege und Straßen in einem vom Menschen als ungeeignet definierten Tempo überquert. Wo wir uns bewegen, sind – von uns Menschen in der Regel unbemerkt – nichtmenschliche Wesen am Werk, folgen ihren mit ihren Lebenszyklen verbundenen Aufgaben, pflanzen sich fort, halten Nahrungsketten, Nahrungsnetze und Ökosysteme am Laufen, gestalten Lebensräume und legen innerhalb ihres Migrationsverhaltens Tausende und Abertausende von Kilometern zu Land, zu Wasser und in der Luft zurück. Der Mensch an sich macht 0,01% von allen lebenden Wesen auf diesem Planeten aus, sorgt jedoch für die größte Zerstörung. Meine Überzeugung ist, dass wir als Menschen von den außerordentlichen Leistungen, die nichtmenschliche Wesen im Rahmen ihres harmonischen Daseins vollbringen und die geprägt sind vom Organisieren ihrer Lebensformen und Lebensräume, nur lernen können; vorausgesetzt, wir nehmen sie wahr und widmen uns ihnen in beobachtender Weise.

Meine Erfahrungen mit nichtmenschlichen Wesen in meinem Alltag haben mich zu der Erkenntnis kommen lassen, dass wir 24 Stunden am Tag von nichtmenschlichen Gefügen umgeben sind, von denen wir nur einen kaum wahrnehmbaren Bruchteil erleben oder gar (er)kennen. So war es für mich ein Geschenk, dass ich über die Länge eines Sommers Wespen beobachten durfte, die sich an unterschiedlichen Nahrungsquellen zu schaffen machten.

Im Juli beginnt bei den Wespen die Nahrungssuche. Um sie, davon abzuhalten, in unsere Zimmer, zu fliegen, haben wir versuchsweise einen halben Apfel auf das Fensterbrett gelegt. Mit Beginn der Morgendämmerung wurde der Apfel von der ersten Wespe aufgesucht. Diese Wespe hat ca. 9 Stunden lang Unmengen von kleinen Kügelchen geraspelt, diese zwischendurch abtransportiert, neue hergestellt und wieder weggebracht. Es vergingen nicht einmal zwei Stunden, bevor sich weitere Wespen an dem Apfel zu schaffen machten, was uns veranlasste, eine Reihe von dicken Apfelscheiben in Abständen von ca. 20 Zentimetern auf das lange Fensterbrett zu legen. Bald wurde unser Leben von den tagtäglich vor sich hinarbeitenden Wespen begleitet, die emsig unzählige Miniaturkügelchen herstellte, um diese in Kleinstmengen zwischen Sonnenauf- und Sonnenuntergang abzutransportieren. Übrig blieben hauchdünne Apfelschalen, transparenten Kunstwerken gleich.

Es war für mich ein Schlüsselerlebnis, diese Tiere zu erleben, die während eines gesamten Tages an den Apfelscheiben gearbeitet und diese nach und nach zerkleinert haben. Um sich vor extremer Sonneneinstrahlung zu schützen, sind sie oft unter die jeweilige Apfelscheibe gekrochen und haben ihr Werk von unten fortgesetzt. Diese Entdeckung machte ich zufällig, als ich mich wunderte, dass in der Mittagshitze keine Wespe zu sehen war. Mit einbrechender Dunkelheit beendeten die Tiere ihre Tätigkeit, mit Sonnenaufgang setzten sie sie fort, so lange, bis nur noch die Schalen übrig waren. Wir haben immer wieder für Nachschub gesorgt und neue Apfelscheiben auf das Fensterbrett gelegt, sodass die Arbeit fortgesetzt werden konnte. Der Erfolg dieser *Maßnahme* lag darin, dass nur noch sehr selten Wespen ins Innere der Wohnung flogen, sie also ungestört einem Teil ihrer Lebensaufgaben folgen konnten. So habe ich durch Zufall dieses wunderbare, von der Natur harmonisch eingerichtete *System* der Nahrungsorganisation kennengelernt. Wir hätten mit unserem *Ablenkungsprogramm* allerdings auch nicht eingreifen können und in Kauf nehmen müssen, ständig Wespen in der Wohnung zu haben. Wespen in geschlossenen Räumen sollten meiner Überzeugung nach vorsichtig eingesammelt und ins Freie entlassen werden. In vielen anderen Fällen fliegen Wespen vergeblich so lange gegen Glasscheiben bis sie sterben oder sie werden als feindliche Eindringlinge betrachtet und getötet. Wägen wir unterschiedliche Formen des menschlichen Eingreifens ab, so ist die der Nahrungsbereitstellung angemessener als die der Tötung.

Szenenwechsel zu einem Sonntagnachmittag: Eine Wespe flog durch ein weit geöffnetes Fenster zielstrebig auf ein Stück Apfelkuchen zu, auf dem sie sich niederließ und anfing, zu raspeln. Nach einigen Minuten verschwand sie mit ihrer Beute und kehrte nach kurzer Abwesenheit zurück, um weiter zu raspeln und die Nahrung wenig später erneut wegzuschaffen. So entstand ein Rhythmus des Kommens und Wegfliegens, das dem Verhalten der mir inzwischen vertrauten Fensterbrett-Wespen sehr ähnlich war, mit dem Unterschied, dass kein Vorrat an Kügelchen hergestellt, sondern die Beute sofort abtransportiert wurde. Die Wespe versorgt ihre Nachkommenschaft. Und das tut sie, während ich mich im Zimmer aufhalte, über dieses und jenes spreche und mit meiner menschlichen Wahrnehmung beschäftigt bin. Parallel entfalten sich also ständige überlebensnotwendige nichtmenschliche Aktivitäten, von denen wir als Menschen oft nichts mitbekommen.

Stelle ich meine Beobachtungen aus diesem Sommer in das Verhältnis zu den üblichen menschlichen Verhaltensweisen gegenüber Wespen, dann wird klar, dass die Wespen in seltenen Fällen Gelegenheit haben, ihren natürlichen Bedürfnissen zu folgen.

Wespen werden *selbstverständlich* als *bedrohlich* eingestuft und entsprechend abgewehrt. Wird eine Wespe gesichtet, wird unangemessen reagiert und Stress für die Wespe und die Menschen erzeugt, der in vielen Fällen zu (natürlichem) Angriffsverhalten seitens der Wespe führt, was wiederum eine Klassifizierung der Wespe als gefährliches Wesen zur Folge hat. Aber wer bestimmt den Grad oder das Risiko der Bedrohung? Ist die Wespe per se *bedrohlich*? Handelt es sich etwa um ein *Raubtier*? Oder haben wir es hier einzig und allein um eine Einstufung seitens des Menschen, der von den Lebensgewohnheiten der Wespe nichts weiß, zu tun?

Und wie verhält es sich bei uns, den Menschen? Ist der Mensch per se gefährlich oder *bedrohlich*, ist der Mensch angesichts der ständigen Konfliktherde ein *Raubwesen*? Die Wespe unter Stress fühlt sich bedroht und reagiert möglicherweise, indem sie sticht. Der Mensch unter Stress fühlt sich einer Bedrohung ausgesetzt und reagiert im Rahmen eines stressbedingten Verhaltensmusters.

Natürlich kann man sich die Frage stellen, was gewesen wäre, wenn sich in dem erwähnten Zimmer kein Apfelkuchen befunden hätte, sondern vielleicht spielende Kinder, die durch ihre Bewegungen Stress bei der Wespe ausgelöst hätten. Hier sind Geduld, ein kurzer Moment der Ruhe und eine Initiative gefragt. Es ist problemlos möglich, Wespen und andere Insekten ins Freie zu befördern. Sitzen die Tiere beispielsweise auf der Fensterscheibe, kann man ein trockenes Trinkglas vorsichtig über sie stülpen und langsam ein Stück Papier unter den Glasrand schieben. Das Trinkglas aus dem Fenster haltend, das Blatt Papier beiseite nehmend können sie ins Freie entlassen werden. Wenn wir uns vor Augen halten, dass die Wespe ihren wesensbedingten Lebensaufgaben folgt und nichts vom Menschen will, können wir sie vielleicht lassen.

Im Zentrum meiner Aufmerksamkeit nach diesen Beobachtungen stand die erste Erkenntnis, dass im Grunde genommen alle mich umgebenden Wesen immerzu mit ihren wichtigen, ihre Existenzen sichernden Lebensaufgaben beschäftigt sind, einem stetigen Rhythmus folgen, den ich in der Regel weder komplett verstehe, noch in seiner Bedeutung, seinem Umfang und seiner Vernetzung auch nur ahne.

Die zweite Erkenntnis betraf das Ausmaß der Störung durch den Menschen. Per Zufall habe ich den Wespen zu einer ungestörten Ausübung ihres Nahrungsverhaltens verholfen. Was für die Wespe gilt, gilt auch für die anderen Wesen in meinem Alltag. Ich erkenne sie, oft eher zufällig, und kann ihre Belange berücksichtigen. Oder ich bin eben nicht in der Lage, ihnen den Raum zu geben, den sie für ihre Entfaltung benötigen. Die Schlussfolgerung daraus ist, dass die Wesen, seien es Tiere oder auch Pflanzen, in ihren Lebensprozessen durch menschliche Aktivitäten unaufhörlich irritiert und gestört werden.

Und die dritte Erkenntnis, eigentlich die einfachste, lautet: Die Wespe, so wie jedes andere Wesen kann in ihrem Lebensweg *gelassen* werden, um ein friedliches Miteinander zu ermöglichen. Ein Bewusstsein dafür zu schaffen ist mein Anliegen.

Neben der diffusen Angst, gestochen zu werden, verhindert der dem Menschen innewohnende Drang der Einflussnahme, auf den ich später in diesem Buch noch zu sprechen kommen werde, das *Lassen Können.* Erkennen wir die Interessen der Tiere, so fällt es uns möglicherweise leichter, sie zu *lassen,* weil wir etwas über sie *wissen*; vorausgesetzt wir widmen uns der aktiven Form des Beobachtens und nicht Einschreitens. Jedes Wesen hat ein nachvollziehbares *Interesse*, sich in seinem Leben zu entfalten, Junge großzuziehen, seinem Migrationsverhalten zu folgen, ausreichend Nahrung zu finden und sein Habitat gemäß seinen Bedürfnissen zu gestalten. Die Wespe wird häufig als aggressiv eingestuft, weil sie die Gabe besitzt, schmerzhafte Stiche zuzufügen und allergische Reaktionen auszulösen. Dieser Mikroausschnitt aus ihren Gesamtdasein sollte nicht dazu führen, sie darauf zu reduzieren

Denn folge ich dieser engen Sichtweise, müsste ich einen Großteil der Tiere als *Raubtiere,* bzw. als *aggressiv* bezeichnen. Dann ist auch der Star ein Raubtier, der Ameisen sammelt, sie im Schnabel zerquetscht, um ihre Körperflüssigkeiten als Pflegespray für sein Bauchgefieder zu verwenden. Auch Hai und Löwe gehen ihren Bedürfnissen nach, gemäß ihren jeweiligen Positionen in der Nahrungskette, nur fallen sie stärker auf als der Star und der entscheidende Unterschied zum Star ist: Hai und Löwe fallen gelegentlich auch Menschen an. Der Begriff *Raubtier* ist offenbar ausschließlich in Bezug auf den Menschen zu verstehen, sozusagen als *Etikett* und *Legitimation*, gegen das entsprechende Tier Maßnahmen zu ergreifen. Dabei wird die Tatsache ignoriert, dass es der Mensch ist, der in den überwiegenden Fällen den Stress und dadurch die darauffolgende Bedrohung seitens des Tieres auslöst. Das gilt für Wespen wie für Haie wie für Löwen. Erkennen wir das Tier in seinen Bedürfnissen und Verhaltensformen an, sind wir in der Lage, uns so zu verhalten, dass ein friedliches Zusammenleben möglich ist. Einige Menschen werden die Erfahrung gemacht haben, dass, wenn sie sich Nestern mit Jungvögeln nähern, die Vogeleltern entweder alarmierende Laute von sich geben oder, wie beispielsweise im Nationalpark Wattenmeer die Seeschwalben, Angriffsflüge auf die sich nähernden Menschen unternehmen. Die Seeschwalbe kann deswegen weder generell als *aggressiv* klassifiziert werden, noch als *Raubvogel.* Nichts anderes erleben wir im Falle von Wespen.

Wir können also feststellen, dass die Quelle eines *Angriffsverhaltens* in der Störung von nichtmenschlichen Territorien durch den Menschen liegt.

Der Umgang von Menschen mit den Tieren ist von Irrationalität geprägt. Das wird besonders deutlich an der weit verbreiteten Haltung gegenüber den Spinnen. Allseits bekannt sind Schreckensszenarien und panische Ausrufe beim Anblick von Spinnen.

Sie besitzen ein negatives Image, obwohl die meisten in Deutschland lebenden Spinnenarten ungefährlich sind. Keine der hierzulande als giftig eingestuften drei Spinnenarten *Wasserspinne*, *Kreuzspinne* und *Dornfinger* wird von sich aus zubeißen. Sie werden erst gefährlich, wenn sie sich bedroht fühlen oder beispielsweise keinen Fluchtweg haben. Dennoch ruft ein Biss der einheimischen Spinnenarten keine nennenswerten Beschwerden hervor.

Wenn wir uns vergegenwärtigen, wie oft wir Spinnennetze unbemerkt zerstören, sei es auf Spaziergängen, beim Bewegen des Fahrrades, beim Möbelverschieben oder einfach beim Saubermachen, könnte man sich wundern, dass überhaupt noch Spinnenpopulationen existieren. So stetig und gut organisiert, wie die Wespe ihren Nahrungs- und Ernährungszyklen folgt, so kunstvoll und unfassbar filigran stellen Spinnen unaufhörlich, vom Menschen unbemerkt, Netze her, um sich ihre Nahrung zu sichern und ihre Jungen aufzuziehen.

Zunächst einmal fällt mir kein besonderer Grund ein, warum ich als Mensch Spinnen gegenüber feindlich gesonnen sein sollte. Beherrschen sie doch das Geheimnis des Spinnens von kunstvollen Netzen und Fäden über große Entfernungen, das sich mir niemals erschließen wird, aber dem meine ganze Bewunderung gehört. Hier trifft meine dritte Erkenntnis zu: *Lasse* ich die Spinne in Ruhe, gebe ich ihr Raum, sich zu entfalten.

Fühlt sich der Mensch aus subjektiven Gründen von der Spinne und ihren Tätigkeiten gestört, so muss die Spinne damit rechnen, dass ihre über längere Zeitdauer errichteten fein gesponnenen Netze in kürzester Zeit zerstört werden. Die Voraussetzung für dieses *Lassen* liegt zunächst einmal im *Erkennen*, dass die Tätigkeiten der Spinne und die eines jeden Tieres wichtige Gründe haben, so wie die Tätigkeiten des Menschen ebenfalls in der Regel für den jeweiligen Menschen wichtig sind.

Bevor ein Tier nach menschlichen Kategorien und Kriterien bewertet wird, sollten wir in Betracht ziehen, zunächst einmal das Tier und seine Interessen zu erkennen, damit wir uns dementsprechend angemessen verhalten können. Die Aufgabe ist also, es anders zu machen als bisher üblich.

Ist die menschliche Angst vor Wespen und Spinnen, um bei diesen Beispielen zu bleiben, größer als die Überzeugung, sich mit diesen und anderen Wesen arrangieren zu können? Auch diesen Fragen widmet sich mein Bericht in den folgenden Kapiteln.

Ein Arrangement könnte zum Beispiel sein, die Spinnen vorsichtig in die Natur zu entlassen.

Bewegen wir uns im Freien oder lassen uns in der Natur nieder, gibt es unzählige Tierbegegnungen, von uns häufig unbemerkt: Käfer oder Schnecken kreuzen den Weg, Vögel fliegen auf, Rehe und anderes Wild flieht, wenn wir ihm zu nahe kommen. Weniger bekannt sind die Gründe, Kontexte und Umstände, die dazu führen, dass ein Tier genau an diesem Ort irgendwelchen Tätigkeiten nachgeht, an dem der Mensch zum Beispiel pausieren und vielleicht die Landschaft oder die Schönheit des Waldes genießen möchte.

In der Regel lässt sich der Mensch nieder und das Tier flieht; keine große Sache. Ziehen wir jedoch in Betracht, dass das Tier beispielsweise aufgrund eines perfekten Zusammenspiels aus Nahrungsaufkommen, Licht, Klima, Vertrautheit des Ortes, etc. sich genau in diesem Moment an diesem speziellen Ort aufhält und in seiner komplexen Nahrungssuche nunmehr gestört, bzw. behindert wird und der Mensch ohne weiteres, sollte er nicht am Rande seiner Kräfte sein, einen anderen Rastplatz hätte aufsuchen können, dann stellt sich die Frage des Arrangements: Es geht um die Abwägung der Interessen, zu denen – und das unterscheidet uns Menschen zentral von den nichtmenschlichen Wesen – nur wir Menschen bewusst in der Lage sind. Das Arrangement läge also darin, das Wesen nicht zu stören und einen anderen adäquaten Ort des Pausierens zu suchen. Es wurde Rücksicht genommen und mit etwas Aufmerksamkeit kann man sich arrangieren, die Wesen lassen und sich daneben setzen.

Erinnern wir uns an die Wespe, die den Apfelkuchen entdeckt hat, fällt mir das Spinnennetz ein, das unterhalb meines Schreibtisches gesponnen wurde. Betrachte ich den Apfelkuchen als mein Eigentum, der nur mir zusteht, oder stelle ich einen Teil des Apfelkuchens der Wespe und ihrem Volk zur Verfügung? Bewundere ich das fein gesponnene Netz an meinem Schreibtisch und wünsche der Spinne eine ertragreiche Zeit oder beseitige ich es aus selbstverständlicher Gewohnheit? Lasse ich das im Wald wohnende Tier seinen Tätigkeiten nachgehen und mache ich einen großen Bogen, um es möglichst nicht zu irritieren, oder bestehe ich auf meinem Wunsch (Recht?), mich genau dort nieder zu lassen, wo sich das Tier gerade aufhält?

Für diese Fragen kann und will ich hier keine Lösung anbieten, es ist mir lediglich ein Anliegen, auf die Interessensabwägung hinzuweisen und ein Bewusstsein dafür zu schaffen, dass es sich bei den lebendigen Vorgängen um uns herum durchweg um existenzielle Tätigkeiten handelt, die einem harmonischen Gefüge folgen, das uns größtenteils unbekannt ist. Die Schönheit, die Harmonie und die Kunstfertigkeit dieser Ereignisse besitzen eine Kostbarkeit, die zu entdecken uns die Möglichkeit gibt, sie als *wertvoll* und *schützenswert* zu begreifen. In diesem Sinne können wir von den Tieren lernen, wenn wir innehalten, sie lassen, uns also bewusst um der Tiere Willen verhalten.

Ein weiterer zentraler Teil dieses Erfahrungsberichtes widmet sich der allgemeinen Annahme, es handele sich bei den Beziehungen zwischen Mensch und Tier um *interaktive* Beziehungen, bei denen der Mensch nur *das Beste* für das Tier will und bestrebt ist, in einigen Fällen die eigene Lebenssituation und scheinbar auch die des Tieres zu *verbessern.* In meinem Buch geht es beispielsweise um die Beziehung zwischen *Landwirt* und *seinem Vieh*, die Beziehung zwischen *Halter* und *seinem Hund* die Beziehung zwischen *Dompteur* und *seinem Delfin*, um nur einige zu nennen. Ich vermute, dass die Leserschaft meines Berichtes wenig Zweifel daran hat, dass genannte Beziehungen von *Interaktionen* geprägt sind, die von dem amerikanischen Psychologen und Verhaltensforscher *Hal Herzog* folgendermaßen dargestellt werden:

> … dass unsere Interaktionen mit anderen Gattungen ein wichtiger Bestandteil des menschlichen Lebens sind und dass sich das Leben der Tiere dank unserer Forschungen verbessert.[2]

Da sich das Tier nicht darüber definiert, dass es nicht Mensch ist und der Mensch sich nicht darüber, dass er nicht Tier ist, können wir auch nicht von einem *Miteinander* sprechen, auf dessen einer Seite ein Interesse des Tieres an uns Menschen zu erken-

[2] Hal Herzog *Wir streicheln und wir essen sie,* München, Hanser, 2012, S. 25

nen wäre. Dieses Interesse liegt einseitig auf der Seite des Menschen, aber nicht in der Weise, dass er sich über das Tier definiert, sondern dass er Interesse an einer das Tier beherrschenden Kommunikation hat, der alles nichtmenschliche Verhalten unterzuordnen ist. Folglich kann auch nicht von einer *gleichberechtigten Interaktion* oder *Verbesserung* der Lebensformen der Tiere gesprochen werden. Ziehen wir die anfänglichen Schilderungen in Betracht, so scheint es doch, dass der Mensch eher stört als verbessert. Liegt in der *Nutztierhaltung* und der aktuellen Diskussion um *artgerechte Haltung* wirklich eine *Verbesserung* des Lebens der *Nutztiere*? Wird das Leben des *Haustieres verbessert*, wenn die vermeintlich hochwertigste Nahrung gefüttert oder der beste Tierarzt aufgesucht wird? Ist das Leben eines *Delfins* in Gefangenschaft *besser*, wenn ihm die persönliche Beziehung zu *seinem Dompteur* ermöglicht wird oder gar aus *tierschützenden Gründen* alle Vorführungen beendet werden? Aus der nichtmenschlichen Perspektive heraus ist die Antwort ein klares Nein!, da die einzige angemessene Lebensumgebung des Tieres die Freiheit ist.

Wir müssen also zunächst klären, was mit *Verbesserung* gemeint sein könnte, wo der Maßstab für eine *Verbesserung* angesetzt wird. Im ersten Teil dieser Einleitung ging es um die Definition des Begriffs *Bedrohung,* beziehungsweise des Begriffs *Raubtier,* die meiner Überzeugung nach allein auf menschlichen, eher willkürlichen, Vermutungen und Klassifizierungen basiert. In dem Wort *Verbesserung* steckt das Trachten danach, dass es dem Tier *gutgehen* soll. Aber was genau ist mit diesem *Gutgehen* gemeint?

Ich ernte sicherlich Zustimmung, wenn ich behaupte, dass meiner Ansicht nach dem überwiegenden Teil der *Tierhalter* an dem Wohlbefinden *ihrer* Tiere gelegen ist. Und dennoch möchte ich aufgrund einiger Beobachtungen und Fragen deutlich machen, dass dieses *Gutgehen*, bzw. die *Verbesserung* ebenso einer rein menschlichen Definition unterliegt wie die scheinbare *Bedrohung*, die von einem Tier auszugehen scheint.

Das Thema *Haustier* ist ein weites Feld, dem ich ein ganzes Kapitel gewidmet habe[3]. Als kurze Vorausschau hier ein Beispiel, bei dem keineswegs in Frage gestellt werden soll, dass die *Halter* nur das *Beste* für ihren Hund wollen. Viel eher handelt es sich im Folgenden um ein eventuell einen Impuls gebendes Beispiel, sich in das Tier, mit dem man tagtäglich zusammenlebt, hineinzuversetzen: Aus Gründen der Gesetzeslage müssen Hunde an ihrem Halsband Hundemarken tragen. Diese metallene Marke, ist am Geschirr oder Halsband befestigt, an dem auch Metallteile verarbeitet sind. Die Folge ist ein klappernder hoher Ton bei Bewegungen des Hundes, der den Hundealltag begleitet, der in die für hohe Frequenzen extrem empfindlichen Hundeohren[4] eindringt , dies den *Haltern* aber nicht auffällt, da diese sich in der Regel weit über einen Meter von der am Boden herrschenden Akustik, also in einer komplett anderen akustischen Sphäre, aufhalten. Spricht man *Hundehalter* darauf an, so erhält man die stereotype Antwort *Der merkt das gar nicht* oder *Der hat sich daran gewöhnt.* Es liegt nahe, dass, wenn man sich über die Empfindlichkeit der Hundeohren informiert hat, diese unmittelbare Geräuschkulisse das Wohlergehen des Hundes beeinträchtigt und von *nicht merken*, oder *gewöhnen* keineswegs gesprochen werden kann. So, wie sich der Mensch von der Wespe an sich bedroht fühlt, obwohl sie an sich nicht bedroht, so merkt der Mensch an sich nicht, dass hier das Tier einer ständigen

---

[3] Kap. 2.2.2 *Das Haustier*

[4] Hunde hören in sehr hohen Frequenzbereichen von bis zu 50.000 Hertz, die für Menschen nicht mehr wahrnehmbar sind. Zudem richten sie ihre Ohrmuscheln immer Richtung Geräuschquelle, was bedeutet, dass das ständige Klappern eine instinktive Aufmerksamkeit verursacht; also einer permanenten Störung gleichkommt.

Geräuschkulisse ausgesetzt ist, die die außergewöhnliche Gabe, durch Hören Freund und Feind unterscheiden zu können, eine Beeinträchtigung sein kann. Abgesehen davon ist die akustische Situation auf Hundehöhe bereits belastet: Autoreifenfahrgeräusche, Straßenkehrmaschinen, Menschenansammlungen und deren komplexes Aufkommen von Schrittgeräuschen, etc.

Das Haustier kann sich nicht durch Worte verständlich machen, aber der Mensch könnte – und das unterscheidet ihn maßgeblich vom Tier – Maßnahmen ergreifen, *seinem* Tier das Leben so angenehm wie möglich zu gestalten und eine Lösung zu suchen. Vorausgesetzt, er kann sich in eine passive und beobachtende, einfühlende Position begeben.

Eine weitere Beobachtung ist die, dass in sommerlichen Hitzeperioden Insekten und Vögel, insbesondere in urbanen Siedlungsgebieten, oft unter Durst leiden. Wie einfach wäre es, Vogel-/Insektentränken – hier reichen schon einfache Untersetzer aus Ton – vor Supermärkten oder sonstigen Geschäften oder Gebäuden aufzustellen und diese regelmäßig zu befüllen.

Was genau hindert uns Menschen daran, sich den Tieren zuzuwenden und Maßnahmen für eine wirkliche direkte und nachhaltige *Verbesserung* ihres Daseins zu ergreifen? Haben wir es mit Wahrnehmungslücken zu tun, die ihren Ursprung eventuell in einer generellen Überforderung des Menschen haben, sich gut um sich selbst <u>und</u> um die nichtmenschliche Mitwelt zu kümmern? Wie hoch ist der Anteil des menschlichen Machtstrebens in diesen Gefügen?

Um diese Fragen soll es in den kommenden Kapiteln gehen. Meinen Beobachtungen nach ist der Mensch mit seinen Befindlichkeiten so sehr beschäftigt, dass er der ihn umgebende Tierwelt nur mit menschlichen Projektionen, Definitionen, Bewertungen, Interpretationen begegnen kann, und nicht mit wertfreien, zugewandten Wahrnehmungen, also *um des Wesen willens*.

Abb.2

2. Status quo

Think Global, act Local[5]

Diesem Kapitel möchte ich die Tatsache voranstellen, dass alles Leben parallel und zur gleichen Zeit stattfindet. Während wir unseren Tätigkeiten nachgehen, finden in unmittelbarer Nähe und in weiter Entfernung Zyklen von Werden und Vergehen nichtmenschlicher Lebensformen statt, Wesen folgen ihren Bestimmungen, erfüllen ihre Lebensaufgaben und sind in der Regel am Dasein des Menschen nicht interessiert. Dieser natürliche *Status quo* wird durch menschliche Tätigkeiten stark beeinträchtigt; meistens zuungunsten der Wesen. Beginnen wir im nachbarschaftlichen, also *lokalen* Umfeld, wilden nichtmenschlichen Wesen Raum für deren Entfaltung zu geben, wird sich der *Status quo lokal* zugunsten der Wesen und unserem Zusammenleben mit ihnen ändern. Nutzen wir unsere im 21. Jahrhundert extrem ausgeprägte weltumspannende Kommunikations- und Reisetätigkeit auch dazu, zu erkennen, dass allen nichtmenschlichen Wesen im *globalen* Kontext der Lebensraum allmählich komplett genommen wird, erhalten wir ein umfassendes Bewusstsein, das sich von unserer *lokalen* auf die *globale* Wahrnehmung zugunsten der nichtmenschlichen Wesen erweitern kann. Der *Status quo global* kann sich entsprechend verändern.

Dieses Kapitel widmet sich den unscheinbaren Zusammenhängen zwischen dem Leben der Tiere und dem von uns Menschen an sich und der mit diesen beiden Lebensformen eng verknüpften alltäglichen und *gewohnten* Sichtweise, Wahrnehmung, Nicht-Wahrnehmung sowie Reagieren und Nicht-Reagieren.

[5] Ursprünglich stammt der Satz "Think global, act local" von dem schottischen Stadtplaner und Sozialaktivisten *Patrick Geddes* (1854-1932)

Ein weiterer Schwerpunkt des Kapitels ist ein kurzer Blick auf die Frage, wie es zu diesem *Status quo* gekommen ist, Einzelheiten dieser historischen Betrachtung widme ich mich auch in Kap. 3 *Spurensuchen*.

Beginnen wir mit den *selbstverständlichen* Irritationen und Störungen nichtmenschlicher Lebensformen und -zyklen seitens des Menschen:

Mit der Wende ins 3. Jahrtausend wurde der Wechsel vom *Holozän* (die seit mehr als 11000 Jahren andauernde warmzeitliche Epoche des Eiszeitalters) ins *Anthropozän* (eine neue geochronologische Epoche, deren Entwicklung unter dem nahezu ausschließlichen Einfluss des Menschen steht) vollzogen.

Konservative Vertreter des *Anthropozäns* fordern, dass alle noch existierenden *freien nichtmenschlichen Arten* domestiziert werden müssten, um dem Menschen zu nützen, wie der Biologe *Edward O. Wilson* feststellt:

> A few of the revisionists urge the adaption of an extreme Anthropocene worldview, in which humans completely dominate earth and surviving wild species and ecosystems are judged and conserve for their usefulness to our species. In this vision of life on earth, wilderness no longer exist, all parts of the world, even the most remote, have been adulterated to some degree.[6]

---

[6] Edward O. Wilson, *Half-Earth – Our planet's fight for life*, S. 71, Norton, London 2016

„Einige der Anhänger des *nonhuman enhancement* (Verbesserung des nichtmenschlichen Daseins) drängen auf die Anpassung einer extremen anthropozänen Weltanschauung, in der Menschen die Erde vollständig beherrschen und lebende wilde Arten und Ökosysteme nach ihrem Nutzen beurteilen, die Kontrolle übernehmen und sie je nach Nützlichkeit für unsere Spezies einteilen. In dieser Vision des Lebens auf der Erde gibt es keine Wildnis mehr, alle Teile

Eine andere Bezeichnung für dieses Trachten nach *totaler Kontrolle* nichtmenschlicher Lebensformen finden wir in der Bewegung des sogenannten *nonhuman enhancement*[7], die eine Art *Totalitären Staat* anstrebt, in dem nicht nur die Gesellschaft, sondern auch die Tier- und Pflanzenwelt komplett kontrolliert und optimiert und in der es weder Leid noch natürlichen Tod geben wird.

In diesem Zusammenhang gewinnt auch der Begriff des *Transhumanism*, der Oberbegriff des *(non)human enhancement*, an Bedeutung:

> Transhumanism differs from humanism in recognizing and anticipating the radical alterations in the nature and possibilities of our lives resulting from various sciences and technologies such as neuroscience and neuropharmacology, life extension, nanotechnology, artificial ultraintelligence, and space habitation, combined with a rational philosophy and value system.[8]

Hier wird ein Fortschrittsglaube manifestiert, der rein anthropozentrisch definiert ist, da er einzig allein darauf abzielt, die Le-

---

der Welt, selbst die entferntesten, werden bis zu einem gewissen Grad manipuliert." (Alle Übersetzungen seitens des Autors)

[7] Should we enhance animals? https://www.ncbi.nlm.nih.gov/pmc/articles/PMC4829097/ (Stand 08/18)

[8] Max More, https://de.scribd.com/doc/257580713/Transhumanism-Toward-a-Futurist-Philosophy_(Stand 08/18)
„Transhumanismus unterscheidet sich vom Humanismus darin, die radikalen Veränderungen in der Natur und den Möglichkeiten unseres Lebens zu erkennen und zu antizipieren, die sich aus verschiedenen Wissenschaften und Technologien wie Neurowissenschaft und Neuropharmakologie, Lebenserweiterung, Nanotechnologie, und Besiedelung des Weltraumes in Verbindung mit einer rationalen Philosophie und einem bestimmten Wertesystem ergeben."

benserwartung des Menschen durch Technisierung des Körpers und damit des Daseins nicht nur ins Unendliche zu verlängern, sondern auch bis ins Detail zu kontrollieren und alles körperliche Leiden aufzulösen. Es wird eine gesellschaftliche Haltung angestrebt, in der wilde, also nicht beeinflusste bzw. nicht kontrollierte Lebensräume und -weisen aller Wesen nicht vorgesehen sind. Folgerichtig wird die Frage einer möglichen Änderung der Haltung in Bezug auf die bewahrende Wahrnehmung von und mit dem Umgang mit Tieren nicht thematisiert. Es wird vielmehr davon ausgegangen, dass die Macht über nichthumane Wesen durch *Artificial Intelligence* jegliche Form von technischer Weiterentwicklung optimiert und komplettiert. Wir Menschen streben an, uns und die uns umgebende Lebenswelt neu und *vollkommen* kontrollierend zu gestalten, um jede Form von Diversität auszulöschen, sowie Produktion und Gewinn zu maximieren. Ein aussichtsloses Unterfangen, wie die Biologin und Evolutionstheoretikerin Lynn Margulis (1938-2011) feststellt:

> Die Anmaßung des Menschen, Verantwortung für die lebende Erde zu übernehmen, erscheint mir lächerlich – es ist die Rhetorik der Machtlosen. Unser Planet sorgt für uns, nicht wir für ihn. Unser aufgeblasenes moralisches Gebot, eine widerspenstige Erde zu zähmen oder unseren kranken Planeten zu heilen, zeigt nur unsere maßlose Fähigkeit zur Selbsttäuschung. In Wirklichkeit müssen wir uns vor uns selbst schützen.[9]

Die menschliche Gesellschaft ist auf dem *besten Wege*, Wilsons Schreckensvision, die für *Max More* eine erstrebenswerte Weltordnung bedeutet, in Form von weiteren radikalen Land-

---

[9] Lynn Margulis, *Der symbiotische Planet,* New York 1998 in Olafur Eliasson, *Symbiotic Seeing*, Ausstellungskatalog Kunsthaus Zürich 2020, S.120

schaftserschließungen, Gefangennahmen der Tiere für Zoos, Aquarien und Zirkussen, Jagd- und Wilderertätigkeiten sowie in Form von Ausbeutungen wie Überfischung oder Massentierhaltungen umzusetzen. Die Menschheit nimmt an, ohne Wildnis und die Vielzahl diverser wilder *species* überleben zu können und schafft seit ihrer *Zivilisierung* künstliche Räume wie Massentierstallungen, Käfige, Gehege aller Art, Aquarien, etc., aber auch moderatere Formen der Gefangenschaften wie *Haustierhaltungen* und *extensive Nutztierwirtschaft*, um deren Leben zu kontrollieren. Nationalparks und Schutzgebiete (*sanctuaries*), insbesondere in afrikanischen Staaten, gehören in die Grauzone der künstlichen Räume, da sich die Tiere dort zwar überwiegend frei und ungestört bewegen können, aber, zumindest in Nationalparks, durch *Trophy Hunting* und *Wildereraktivitäten* stark gefährdet sind.

Durch die Ausdehnung von Siedlungsgebieten sowie aufgrund staatlicher Kontrollmechanismen werden nicht nur nichtmenschliche Arten, sondern auch indigene Stämme an der Migration und Umsiedlung ihrer Völker und Herden gehindert, was teilweise zu Hungersnöten, Armut und Elend führt. Das bedeutet, dass der Mensch mit seinen drastischen Domestizierungs- und Landschaftserschließungsmaßnahmen auch erheblich zu seiner eigenen Degradierung beiträgt.

Folgendes Beispiel weist auf das Dilemma der Doppelbedeutung des Begriffs *Artenschutz* (*species conservation*) in afrikanischen Staaten, in denen *Wilderertätigkeiten* und *Trophy Hunting* stattfinden, hin[10]: Zum Schutz vor Wilderern werden Spitzmaulnashörner aus dem Osten Südafrikas per Hubschrauber in Schutzgebiete der Provinz *Limpopo* transportiert, was zur Folge hat, dass sie dort zwar höchstwahrscheinlich überleben, ihren gewohnten Migrationszyklen jedoch aufgrund von Begrenzun-

[10] „Black Rhino Expansion in South Africa“ (Stand 08/18)

gen nicht folgen können. Somit sind sie zwar vor *Ausrottung* bewahrt, aber in ihren Entfaltungsmöglichkeiten stark eingeschränkt. Vegetationen und Nahrungskettengefüge verändern sich in diesen ursprünglichen Habitaten, da mit der Aussiedelung ein entscheidendes Glied der Kette fehlt. In den neuen Siedlungs-Schutzgebieten wird sich ebenfalls die Flora und Fauna durch die Ansiedlung der Spitzmaulnashörner drastisch verändern, es bleibt unklar, ob zu Gunsten oder zu Ungunsten der Tiere. Es wird also ein neuer *Status quo* geschaffen, dessen Folgen nicht vorhersehbar sind, aber die nach Harmonie und Gleichgewicht trachtenden Ökosysteme massiv stört, wenn nicht sogar evolutive Prozesse in andere Bahnen lenkt.

In unseren Breiten wird versucht, das Aufkommen von Arten wie beispielsweise Wildschweine und Füchse durch hohe Jagdstrecken und in urbanen Räumen durch Bebauung und Verdichtung drastisch zu reduzieren. Der Erfolg ist nicht belegt, sind doch die Arten bestrebt, die Zahl ihrer Nachkommenschaft konstant zu halten; wird mehr geschossen, wird auch mehr produziert. Aufgrund des Missverhältnisses zwischen Lebensraumgröße, Population und der fortwährenden Ausdehnung menschlicher Siedlungstätigkeiten suchen Wildtiere menschliche Siedlungen auf, um dort Nahrung zu finden, was zu Konflikten zwischen Bewohnern und Tieren führt, bei denen die Tiere in der Regel getötet werden. Der Mensch schafft sich mittels seiner Bautätigkeit also seine eigene Legitimation, Tiere zu töten. Nicht viel anders ist die Situation der Eisbären in arktischen Siedlungsgebieten, die aufgrund gestiegener Temperaturen nicht mehr die für ihr Dasein erforderlichen Nahrungsmengen vorfinden, was ebenfalls in Konfliktsituationen mit Menschen mit dem Tod der Tiere endet. Eine eher destruktive Strategie der Konfliktlösung. Sowohl die Ursachen für die drastische Reduzierung als auch die drastische *Konfliktlösung* sind folglich ausschließlich menschengemacht und führen zu einem neuen, nicht *natürlichen Status quo.*

Global gesehen sind Nationalparks und Schutzgebiete weltweit, wie *Edward O. Wilson* beschreibt, *usefull* (*nützlich*, im Sinne einer Instrumentalisierung, *Anm. des Autors*) für die menschliche Spezies, indem sie als eine Art extensive Tierparks vermarktet werden, die vom *Streichelzoo* bis hin zur *Fotosafari* alles bieten und von dem Gewinn das Überleben des jeweiligen *Schutzgebietes* ermöglichen. Es entsteht die paradoxe Situation, dass der Mensch das nichtmenschliche Wesen vor ihm, dem Menschen, meint, schützen zu müssen. Er stellt es unter *menschliche (!)* Kontrolle und behandelt es so, wie er meint, dass es gut für das Wesen sei; handelt es sich also um eine *Verbesserung* trotz Kontrolle? Aus dieser Perspektive gesehen, bieten *Nationalparks* artgerechtere Lebensräume als *Schutzgebiete,* da sich die Tiere in den *Nationalparks* relativ frei und unkontrolliert bewegen können. In Schutzgebieten allerdings sind die nichtmenschlichen Bewohner in ihren Lebensweisen massiv eingeschränkt, aber aufgrund der Kontrolle und Abgeschiedenheit vor Jagd und Wilderei sicher. In beiden Fällen sind menschliche Entscheidungen und deren Wirkungen auf nichtmenschliche Wesen ausschlaggebend: Ein Leben im Nationalpark ohne Gefährdung ist ebenso unrealistisch wie ein *artgerechtes* Leben im Schutzgebiet. Letzthin wäre erstgenanntes nur möglich, wenn die Tiere in ihren eigenen Daseinsformen *gelassen* würden[11].

Ungefähr vergleichbar mit Schutzgebieten sind in Europa *Wildtiergehege.* Allerdings geht es hier nicht so sehr um die Bewahrung von Populationen, sondern um eine Art Entertainment für Waldbesucher. Der eigentliche Feind des Wildes ist der Mensch; solange keine Wolfspopulationen in der Nachbarschaft leben. Und da es sich beim Anblick des Menschen verständli-

[11] siehe auch Kapitel 2.1.4 *Die Jagd*

cherweise entfernt, wird es eingezäunt, damit man es bestaunen kann. Ähnlich wie im afrikanischen Nationalpark ist in heimischen Wäldern ein Leben ohne Gefährdung unrealistisch wie ein artgerechtes Leben im Gehege, nur dass die *Gefährdung* hierzulande nicht primär in der Wilderei besteht, sondern in der legalisierten Jagd. In beiden Fällen jedoch schafft der Mensch wiederum den jeweiligen *Status quo.*

Ein prominentes Thema in Europa betrifft das Verschwinden von *biodiversen* Landschaften, also Gegenden, die von der Vielfalt des Zusammenlebens von unterschiedlichen Tier- und Pflanzenarten geprägt sind. Szenarien des Aussterbens nicht nur ganzer Populationen, sondern auch Arten sind bekannt und füllen inzwischen regelmäßig Ausgaben von Zeitungen und Fachzeitschriften, sie sollen hier im Einzelnen nicht untersucht werden. Mein Anliegen in diesem Zusammenhang betrifft die Bewahrung von Lebensräumen nichtmenschlicher Wesen, die zunehmend von Technisierung und damit Manipulation geprägt ist.

Wildnis und unkontrollierte Lebensräume von Pflanzen und Tieren in oder am Rand von Siedlungsgebieten sind mit bestehenden urbanen Siedlungskonzepten und Gesetzmäßigkeiten, denen im Zuge der Technisierung des allgemeinen Daseins keine Grenzen gesetzt werden, nur schwer vereinbar. Hier hat sich ein Siedlungsverhalten *verselbstständigt*, das Alternativen kaum bis gar nicht zulässt. Meinen Beobachtungen zufolge werden Grünflächen und Gebiete mit Baumbewuchs in urbanen Gegenden, Vorortschaften einberechnet, permanent bearbeitet, gerodet, gemäht, gestutzt, reduziert, geformt, entfernt, weil uns Menschen ein unbeirrbarer (Be-)Siedlungs- und Ordnungswille innewohnt und die technischen Mittel zur *Korrektur der Natur* nicht nur vorhanden, sondern leicht verfügbar sind. Das gilt für den öffentlichen Raum wie für Privatgrundstücke. *Wildwuchs* auf Mittelstreifen oder *Unkraut* um Baumwurzeln herum, Pflanzen an den Hängen von Wassergräben sowie nicht geplantes Wachstum von Blumen und Kräutern auf öffentlichen Flächen müssen entfernt werden. Auf die Argumentation, dass beispielsweise Bepflanzungen der Uferseiten eines Wassergrabens das Klima für alle am Ufer und im Wasser lebenden Wesen regulieren und Erosionsschäden verhindern, erfolgt in der Regel keine nennenswerte Reaktion. Das Wissen darüber, dass mit jeder noch so geringen Manipulation natürlicher Gegebenheiten ganze Ökosysteme gestört, teilweise zerstört werden, müsste ein Bewusstsein zur Folge haben, dass jegliche Manipulationen, bzw. Beeinträchtigungen ausschließt.

Stellen wir uns vor, dass innerhalb eines für die maschinelle Rodung vorgesehenen Grundstückes Wespen leben und ihren in der Einleitung beschriebenen Aufgaben nachgehen, dann ist dieser Tatbestand Grund genug, von der Rodung abzusehen. Beobachte ich eine Pflanze, wie sie sich über einen Zeitraum von mehreren Tagen oder Wochen entfaltet, wächst, als Nahrungsquelle für diverse Insekten dient, Schatten spendet und somit zu einem biodiversen Gefüge beiträgt, so bin ich verpflichtet, die Rodung zu verhindern; auch wenn es sich um eine *selbstverständliche* mehrmals im Jahr wiederholende offizielle Tätigkeit handelt, die jedoch, wenn sie nicht ausgeführt wird, weder Schaden verursacht, noch ein Bedrohungsszenario nach sich zieht. Machen wir uns bewusst, dass mit dem Einsatz von *Laubpustern,* bzw. *-saugern* Tausende Insekten – für die Medien ist das *Insektensterben* zur Zeit zwar *en vogue,* jedoch nicht die Vermittlung von Maßnahmen dagegen im lokalen Umfeld – sterben, müsste ein Gesetz erlassen werden, dass den Einsatz dieser Geräte verbietet. Soweit jedoch wird die Argumentation gar nicht geführt, sie endet mit der *selbstverständlichen Notwendigkeit* des Einsatzes der Maschine, weil alles andere nicht finanzierbar sei etc. Die ungehinderte Verfügbarkeit der Maschine, die Macht verleiht, erzeugt eine Verführbarkeit, auf die Ohnmacht folgt.

Die in diesem Erfahrungsbericht eingenommenen Blickwinkel hinsichtlich dieser Thematik lässt demzufolge die Annahme zu, dass Biodiversitäten erst seit der Industrialisierung und der privaten maschinellen Technisierung in dem Maße zerstört werden, dass man von *Auslöschung* sprechen kann.

Wir sind also nicht nur von ständig aktiven Lebenszyklen unzähliger Lebewesen umgeben, sondern auch von der ständig aktiven Zerstörung dessen, was diese Lebewesen vollbracht haben. Dabei ist es nichts Außergewöhnliches, was die Lebewesen wollen, es handelt sich um selbstverständliche Tätigkeiten: In einem Habitat leben, Nahrung suchen, sich ernähren, sich fortpflanzen und den Nachwuchs großziehen. Das muss einem sehr bekannt vorkommen, denn nichts anderes will der Mensch. Die uns umgebenden Wesen folgen diesem Prinzip bereits seit Millionen und Abermillionen von Jahren, der Mensch hat erst vor ca. 2 Millionen Jahren begonnen, seiner Bestimmung zu folgen. Das sollte einem zu denken geben, bei der Frage, wie es zu dem heutigen Zustand gekommen ist.

Der Philosoph und Ethiker *Thomas Potthast* beschreibt den Prozess folgendermaßen:

> Diese Aktivitäten haben insbesondere seit Mitte dieses Jahrhunderts (technokratischer Schub durch den »Kalten Krieg«; »Grüne Revolution« der Landwirtschaft) in weltweitem Maßstab die Natur nicht nur allmählich verändert; vielmehr hat die großräumige Zerstörung natürlicher und naturnaher Lebensräume einen erheblichen Verlust an Arten und Lebensgemeinschaften verursacht (Myers 1979, Ehrlich & Ehrlich 1991). Es wird häufig betont, daß solche Zerstörungen sich gleichzei-

> tig negativ auf Menschen auswirken bzw. vor allem in Zukunft auswirken werden (z.B. Wilson 1991, 1992a,b). Mit der Entwicklung gentechnischer Methoden und den seit Mitte der 1980er Jahre durchgeführten Freisetzungen transgener Organismen wird derzeit möglicherweise ein weiterer neuer Schritt der Umgestaltung der Evolution vollzogen (Chadarevian et al. 1991, Bartsch & Sukopp 1993)[12]

Potthast erwähnt hier eine zentrale Errungenschaft der Epoche des Menschen: Die Fähigkeit zur Einflussnahme auf evolutive Prozesse durch die Möglichkeit der Genmanipulation; letzthin handelt es sich hier jedoch lediglich um ein weiteres maschinelles Mittel, die dem Menschen *zur Verfügung stehenden* Natur ihrer Natürlichkeit zu berauben, wir haben es weder mit *Fortschritt* noch *Verbesserung*, sondern lediglich mit einer *Variation* der Mittel zu tun.

Ein gegenteiliges Szenario finden wir, wenn wir uns vor Augen halten, dass das nichtmenschliche Wesen in seinem Ursprung kein Interesse an uns menschlichen Mitbewohnern hat – das Interesse ist in der Tat einseitig anthropozentrisch. Sowohl vor der *Ankunft* des Menschen als auch nach seiner möglichen Ausrottung folgen alle nichtmenschlichen Lebewesen auf diesem Planeten, ungestört von maschinellen Vorgängen, lediglich beeinträchtigt von Erdbeben, Vulkanausbrüchen etc., ihren Lebenszyklen; vorausgesetzt, sie sind nicht gänzlich vernichtet, was *Potthast* eher bezweifelt:

> Bleibt die Zerstörungsrate der Lebensräume weiterhin hoch wie derzeit, können irgendwann die zunächst üb-

[12] Thomas Potthast, *Evolution,* Interfakultäres Zentrum für Ethik in den Wissenschaften der Eberhard- Karls-Universität Tübingen, 1994, S.16

riggebliebenen Spezies sich aufgrund der raschen globalen anthropogenen Veränderungen nicht mehr erhalten (Wilson 1992b, Ward 1995). Vor dem Hintergrund eines solchen Szenarios erscheint eine Pflicht zur Aufrechterhaltung und Sicherung der Evolutionsprozesse zunächst unmittelbar einleuchtend.[13]

Der *Status quo* besagt allerdings, dass die Wahrnehmung und damit auch Bewertung von Vernichtungen nichtmenschlicher Wesen sehr unterschiedlich ist, sodass keine klare Aussage darüber getroffen werden kann, inwieweit überhaupt ein Interesse darin besteht, das den Menschen umgebende Wesensgefüge aufrechtzuerhalten. Zieht man die Sterbe- und Aussterberaten von nichtmenschlichen Arten in Betracht, scheint dieses Interesse relativ gering auszufallen. Es existieren statistische Erhebungen, anhand derer die weitere Entwicklung des Aussterbens von Arten abgelesen werden kann, wie im folgenden Zitat von *Edward O. Wilson* zu lesen ist:

> In 2015 an international team of researchers finished a careful analysis of the prehuman rates and came up with a diversififcation rate ten times lower in genera (groups of closely related species). The data, when translated to species extinctions suggests species extinction rates at the present time are closer to one thousand times higher than that before the spread of humanity. Every expansion of human activity reduces the population size of more and more species, raising their vulnerability and the rate of extinction accordingly.[14]

[13] Thomas Potthast, *Evolution,* Interfakultäres Zentrum für Ethik in den Wissenschaften der Eberhard- Karls-Universität Tübingen, 1994, S.16

[14] Edward O. Wilson, *Half-Earth – Our planet's fight for life*, S. 54, Norton, London 2016

Der Philosoph *Beat Sitter-Liver* stellt angesichts dieser Situation fest:

> Überleben der Menschheit in Würde ist nur zu gewährleisten, wenn der letzte Sinnhorizont, auf den gestützt wir uns vorwiegend noch verstehen, gründlich umgestaltet wird.
> ...der es erlaubt, unsere Differenzen, wenn nicht zu versöhnen, so doch zu neutralisieren.[15]

Mit *Sinnhorizont* meint *Sitter-Liver* den angemessenen Umgang mit unserer nichtmenschlichen Mitwelt, nicht nur im Tier-, sondern auch im Pflanzenreich. Es versteht sich nach dieser Sichtweise wie von selbst, dass beispielsweise in sommerlichen Trockenperioden menschliche Bewohner von größeren Ortschaften und Städten Grünflächen und Bäume mit Wasser versorgen, sowie Wasserschalen für Insekten, Vögel und Kleintiere aufstellen müssten und damit ihren Beitrag zur Sicherung von Lebensprozessen leisten. Meine Erfahrung: Das Gegenteil ist der Fall. Es wird allseits der Klimawandel beklagt, diskutiert und als Bedrohung des Planeten bezeichnet, der Transfer zum individuellen Handeln gelingt in der Regel nicht. Zitat einer Passantin im Rahmen einer Umfrage nach vier Wochen Trockenheit:

„Im Jahr 2015 hat ein internationales Forscherteam eine sorgfältige Analyse der vormenschlichen Arten abgeschlossen und eine zehnfach niedrigere Diversifikationsrate in Gattungen (Gruppen eng verwandter Arten) aufgestellt. Die Daten, wenn sie auf Artensterben übertragen werden, lassen darauf schließen, dass das Artensterben heute fast tausendmal so hoch ist wie vor der Ausbreitung der Menschheit. Jede Ausweitung der menschlichen Aktivität verringert die Populationsgröße von immer mehr Arten, was ihre Anfälligkeit und die Aussterberate entsprechend erhöht."

[15] Beat Sitter-Liver *Tierethik als Teil der Naturethik* in Klaus Peter Rippe und Urs Thurnherr (Hrsg.) *Tierisch Menschlich,* Erlangen 2013, S.28

„Ich habe keine Lust, Eimer und Gießkannen aus dem dritten Stock auf die Straße zu tragen. Aber es gibt einen Wasseranschluss im Hof, den man nutzen könnte. Aber ich alleine? Wieso soll ich die erste sein und vielleicht sogar die einzige?“

Bei der Umfrage ging es nicht um *evolutive Prozesse* oder um *Tierschutz*, *vegane Ernährung* oder sonstige sensible Themenbereiche, sondern ganz allein um die Frage, ob man bereit wäre, die sich in unmittelbarer Nachbarschaft angesiedelten Pflanzen und Tiere mit Wasser zu versorgen.[16] Die zitierte Passantin repräsentiert die überwiegende Mehrheit, was darauf hinweist, dass eine Art *Leidensdruck* fehlt, aber auch ein Bewusstsein für die nichtmenschlichen Lebewesen, die im Grunde genommen unsere Gastgeber sind.

Es mangelt an generellem Bewusstsein dafür, Prozesse der Ausrottung von Arten, Prozesse der Beeinträchtigung von Lebensräumen und Lebenszyklen *wahrzunehmen*. Ich hätte den eingangs geschilderten kleinen Ausschnitt der Nahrungszyklen der Wespe nicht kennengelernt, wenn ich nicht einen halben Apfel auf das Fensterbrett gelegt hätte. Wer macht sich Gedanken darüber, dass die Wespe im Grunde genommen ein Wesen mit Interessen wie jedes andere ist? Wer ist sich darüber bewusst, dass Kühe 9 Monate schwanger sind, bevor sie ein Kalb zur Welt bringen und bereits 23 Tage nach der Geburt wieder besamt werden und nur Milch geben, wenn sie schwanger sind? Es wird nicht täglich vermittelt, dass bestimmte Insekten- und Vogelarten unwiederbringlich ausgerottet sind, obwohl dieser Tatbestand permanente Wirklichkeit und von zentraler Bedeutung ist. Diese Beispiele sollen im Alltag nicht gesehen werden, weswegen sie auch nicht thematisiert werden. Oder verhält es sich so, dass sie nicht *gesehen* werden wollen, da, wenn man

[16] siehe auch Kap. 2.2.3 *Die wilde Nachbarschaft*, S.60

sich diese menschlichen Einflussnahmen bewusst macht, jeder Einzelne zur Verantwortung gezogen werden könnte?

Die oben zitierte Passantin hat es auf den Punkt gebracht, sie möchte *nicht die erste* sein, die sich der ausgetrockneten Pflanzen- und Tierwelt zuwendet und schon gar nicht die einzige. Somit muss der Tatbestand des (Aus-)Sterbens ignoriert werden. Aber es kann sich auch ganz anders verhalten: Die Auslöschung von Millionen von Insekten und Kleinstlebewesen wird gar nicht erst in Betracht gezogen, da in unserer Wahrnehmung ein *ranking* existiert, welche Lebewesen *es wert sind* wahrgenommen zu werden und welche es nicht sind. Die *Stubenfliege* wird in ihren Versuchen, durch das Fenster ins Freie zu gelangen, entweder komplett ignoriert oder verfolgt. Dass sie einem Lebenszyklus folgt, der geprägt ist von Nahrungssuche, Fortpflanzung und vielen Aufgaben, von denen wir als Menschen nichts wissen, spielt für die menschliche Wahrnehmung keine Rolle. Der Hinweis, dass es sich bei dem Fenster für die Fliege um eine Falle handelt, aus der man sie befreien müsse, wird eher belächelt als ernst genommen. Der *Igel*, der kurz vor Wintereinbruch aufgrund von Nahrungsmangel vom Kältetod bedroht ist, wird jedoch geborgen und gepflegt. Andernorts wiederum ist der Asphalt die Falle des Igels. Der Wertigkeit, mit der die Tier- und Pflanzenwelt betrachtet wird, ist mein Kapitel 2.1 *Über die Interessen* gewidmet.

Das zurzeit global beklagte *Insekten-* und *Bienensterben* wird in der Regel zwar mit der Anwendung von *Pestiziden* aller Art und dem *Klimawandel* in konkreten Zusammenhang gesetzt, Landschaftsversiegelungen, kriegerische Konflikte und vermutetermaßen in geringerem Maße auch die Ausbeutung durch *Honiggewinnung* werden nicht berücksichtigt. In diesem Zusammenhang sei erwähnt, dass die Singvogelmigration durch klimatische Veränderungen insofern gestört wird, als dass bestimmte

Arten vor dem Schlüpfen der Insektenlarven eintreffen und somit unter extremen Nahrungsmangel leiden. Schlüpfen dann weit weniger Insekten als benötigt, ist das Aussterben dieser bestimmten Singvogelgattung vorprogrammiert. In diesem Zusammenhang habe ich beobachtet, dass in unserer Gegend die Schwalben- und damit auch die Fledermauspopulationen zwischen 2013 und 2019 rapide abgenommen haben; ein sicheres Zeichen für ein ausgeprägtes Insektensterben.

Dieses Wissen jedoch wird, wenn es von Natur- und Tierschutzorganisationen vermittelt wird, keine große Bewusstseinsbildung nach sich ziehen, weil es, wie die Schwangerschaft der Kuh, in keinem unmittelbaren Zusammenhang mit dem eigenen Sein und Erleben steht und diese Zusammenhänge am *Lernort Schule* in der Regel nicht vermittelt werden. Es besteht keine Bedrohung der eigens gewählten Ikonen *Auto, Mobiltelefon, TV, Flatscreen* und *Reisen* ausgestatteten Lebens, um nur einige zu nennen. Wie die oben zitierte Passantin ist kaum ein Einzelner bereit, seine *Wohlstandsoptimierung* zugunsten einer nicht klar definierten, noch wahrnehmbaren Verbesserung von kaum wahrnehmbaren Fremdwesen einzuschränken.

Aber auch ein Anerkennen der längst überfälligen Notwendigkeit des Schützens von *Insekten* und *Bienen* hat keine konkreten Schritte zur Folge, da die Entfaltung des eigenen Daseins ein weitaus tieferes Ansinnen darstellt als der Verzicht auf Optimierung und die Zuwendung zu anderen, nicht domestizierten, also wilden Lebensformen.

Ein Hausbauer eines westlichen Industriestaates möchte seinen Lebensstandard mit dem Bau eines Gebäudes, beispielsweise mit großflächigen Glaselementen, erhöhen und lässt sich von der Tatsache, dass ganze Heerscharen von Kleinstlebewesen und Insektenvölker vernichtet, Vögel irregeleitet werden und auf Kollisionskurs geraten, von seinem Vorhaben nicht abhalten.

Ebenso wird das Leid unter Tieren, insbesondere Kleinstlebewesen, das durch *Schädlingbekämpfungsmittel* ausgelöst wird, unbeachtet gelassen, wie der Philosoph *Julian Nida-Rümelin* feststellt:

> Die Schädlingsbekämpfung fordert, insbesondere in der Landwirtschaft, eine unbekannte Zahl meist qualvoll verendender Tiere. Die Zerstörung der natürlichen Ökosysteme läßt weltweit jährlich viele Tierarten aussterben und verdrängt eine große Anzahl von Wildtieren aus ihren angestammten Lebensräumen, was in vielen Fällen mit Siechtum, Unfruchtbarkeit und Tod bezahlt wird.[17]

Die Philosophin Cora Diamond beschreibt den *status quo* des Mensch-Tier-Verhältnisses folgendermaßen:

> ...sobald sich das menschliche Wohlergehen – auch in ganz belangloser Hinsicht – durch Schädigung von Tieren steigern ließe, gibt es (scheinbar) keine ernstzunehmende Einschränkung dieses Verhaltens, wenn Tiere keine Rechte haben.[18]

Cora Diamond versäumt, den Begriff *menschliches Wohlergehen* näher zu definieren. Es ist zu vermuten, dass mit dem *Wohlergehen* die erwähnte materielle Ikonisierung im Rahmen der *Verbesserung (enhancement)* des eigenen Lebensstandards gemeint ist. Das Trachten nach Wohlstand ist eng verknüpft mit konsequenter Destruktion und Degradierung von Lebensräumen

---

[17] Julian Nida-Rümelin, *Angewandte Ethik-Tierethik I, Kröner Stuttgart 2005, S. 515*

[18] Cora Diamond, *Menschen, Tiere und Begriffe,* Suhrkamp Berlin 2012, S.151

und Lebensformen überwiegend im nichtmenschlichen Reich. Warum gestattet die Umweltgesetzgebung, Totholz aus Bäumen und Sträuchern das ganze Jahr über entfernen und Bäume fällen zu können, obwohl mindestens ein halbes Jahr Nisttätigkeiten stattfinden? Es fallen als Begründung Begriffe wie *Verkehrssicherheit*, *Optik*, *Baumgesundheit* etc. Wird in anderen Bereichen akribisch nach *Alternativen* zu gängigen, aber nicht unbedingt gewinnbringenden Lösungen gesucht, so fehlt im Falle von *Korrekturarbeiten* in der *Natur* jegliche Bereitschaft, aus *Tier-* bzw. *Vogelschutzgründen* nach lebensraumverträglichen Alternativen zu suchen.

So wie sich die zitierte Passantin in stellvertretender Weise für einen Großteil der Gesellschaft der Verantwortung für das Wohlergehen aller Mitwesen entzieht, so tun es Staat und Kirche ebenfalls. Würden die Gründe für das Artensterben ernsthaft thematisiert, stünde das *Tier- und Pflanzenwohl* an erster Stelle in der regulativen Gesetzgebung, dann müsste zugunsten der Mitwesen gehandelt werden; und zwar um der Mitwesen willen und nicht aus Gründen einer oder mehrerer menschlicher oder gesellschaftlicher Gewinnmaximierungen. Deswegen wird meines Erachtens bewusst vermieden, den Schutz der nichtmenschlichen Lebewesen in den Fokus zu rücken[19]. Das Paradoxe ist, dass nicht mal die Möglichkeit, dass der Mensch Schaden trägt, zum Handeln zwingt, obwohl es nicht von der Hand zu weisen ist, dass der Mensch längerfristig gesehen ohne gesunde Biodiversitäten nicht wird überleben können und bestimmte Ernährungsformen und *Schädlingsbekämpfungs- maßnahmen* sowie eine Vielzahl von synthetischen Inhaltstoffen in Gebrauchsgütern zu Schäden im menschlichen Organismus führen.

In Berichten, die die Destruktion des Lebensraums Erde zum Thema haben, spielen Zersetzung und Zerstörung von Biodiver-

[19] siehe auch Kap. 2.2.1 *Das Tier und das Gesetz*

sität aus der Position der in Mitleidenschaft gezogenen Tiere oft keine Rolle.[20] Vielmehr ist ausschließlich vom Menschen die Rede, wie er handelt, was er verursacht und was diese Vorgehensweisen für Folgen für ihn und seine Nachkommen haben könnten, woraus sich dennoch kein dringender Handlungsbedarf ableiten lässt. Noch einmal *Sitter-Liver:*

> Westliches Kultur- und Zivilisationsverständnis, über Kolonisation und Imperialismus in alle Welt hinausgetragen, durchdringt die Gemeinschaften fast überall auf der Erde.[21]

Zum *Status quo* gehört die Domestizierung von Tieren und die Kolonisierung von deren Lebensräumen. Und die Wesen, die sich nicht domestizieren lassen, weil sie ein eigenes Dasein führen und ihre Lebensräume verteidigen, werden schlichtweg zum Feind erklärt und vernichtet: *Wespen, Haie, Ratten, Spinnen, Insekten, usw.* Die Tiere, die ihre Habitate nicht wahrnehmbar vor anderen schützen (können), werden geduldet; oder benutzt: *Nutztiere, Haustiere, Vögel, Mehrzahl der Meeresbewohner, gute Wildtiere* wie Rehe, Igel etc.

Aber auch *gute* Tiere, wie *Vögel* oder *Insekten,* nennen wir sie *Luftraumbewohner,* werden in ihren Lebensräumen zunehmend bedroht. Am Beispiel des Verwendens von *Drohnen* kann diese – noch lauernde – Bedrohung verdeutlicht werden. Zwar wird mit der Verwendung von *Drohnen* als Hobby vor der Möglichkeit des Ausspionierens privater Gegebenheiten oder Irritationen

[20] Dagmar Röhrlich: *Eingriffe in die Natur – Schafft der Mensch sein eigenes Erdzeitalter?* Deutschlandfunk, 8.1.2016, http://www.deutschlandfunk.de/eingriffe-in-die-natur-schafft-der-mensch-sein eigenes.676.de.html?dram:article_id=341957

[21] Beat Sitter-Liver *Tierethik als Teil der Naturethik* in Klaus Peter Rippe und Urs Thurnherr (Hrsg.) *Tierisch Menschlich,* Erlangen 2013, S.28

des Flugverkehrs, also schädlichen Folgen für die Gesellschaft gewarnt, ein Hinweis auf die naheliegenden Irritationen der Orientierungsverhalten und -systemen von Insekten und Vögeln hingegen fehlt völlig. Es liegt auf der Hand, dass zerstörerische Eingriffe in Meeresdiversitäten beispielsweise durch Sonarübungen oder Bohrungen ihre Entsprechung in der Luft durch Drohnenverkehr haben können und haben werden.

Die Menschen benutzen den Verstand u.a. zur Vernichtung ihrer eigenen Spezies, was ihr gutes Recht ist. Tiere in diese Vernichtungszyklen mit einzubeziehen, steht uns Menschen nicht zu, da diese in ihrem Wohl von unserer Gunst als Menschen abhängen; solange der menschliche Machtanspruch von uns als Menschen nicht in Frage gestellt wird.

Abb. 3

2.1 Über die Haltung

Meines Erachtens kann ein *Tier* weder *erworben,* noch *gehalten* werden, da es ein eigenes, selbstständiges *Lebewesen* mit eigenen Interessen und Verhaltensformen ist, die einzuschränken nicht begründet werden kann.

Nun ist der Umgang mit nichtmenschlichen Lebewesen in unserer Gesellschaft geprägt von Domestizierungen, Zähmungen und *Haustieren*, die *gehalten* werden und die inzwischen in engen Sozialgemeinschaften mit ihren menschlichen Mitbewohnern leben. Mir liegt es fern, diese gewachsenen Beziehungen in Frage zu stellen oder gar zu verunglimpfen. Meine Vision liegt in einer Welt ohne *Tiere in Haltungen* ab einem bis ins Detail vorbereiteten *Tag X*, der als Beginn einer tierleidfreien Welt im Zusammenleben mit uns Menschen zelebriert wird. Ab diesem *Tag X* können keine Tiere mehr erworben werden, Haltungen sind – bis auf die bestehenden Haltungen, auch *Haustierhaltungen,* die mit dem Tod der Tiere enden – per Gesetz untersagt, Schlachthöfe und Nutztierhaltungen werden nach der letzten Schlachtung, bzw. nach der letzten Milchproduktion abgewickelt, der Fleischkonsum wird nach und nach beendet. Die Übergangsphase, die x Jahre vor dem *Tag X* beginnt und x Jahre nach dem *Tag X* endet, wird geprägt sein von auslaufenden Nutztier- und Haustierhaltungen, von Umstrukturierungen der Landwirtschaft, der Ernährungsindustrie und der gesamten Tierproduktindustrie, von Schließungen von Zoos, Aquarien und Zirkussen mit Tierhaltung, umsichtigen Auswilderungen, bzw. Transfers der Tiere in Schutzgebiete. Preise für Produkte mit tierischen Anteilen werden rasant ansteigen und von denselben Produktkategorien, nur eben ohne tierische Stoffe, im niedrigen bis mittleren Preissegment abgelöst. Tierversuchsanordnungen und deren Labore werden umgewidmet in komplett tierversuchsfreie Anstalten, Genmanipulationen an Tieren oder Pflanzen werden ebenfalls per Gesetz verboten, folglich auch jegliche Zucht von nichtmenschlichen Lebewesen. Wildgehege werden aufgelöst, Jagdpachten nicht erneuert, gesetzliche Maßnahmen zum Schutz von Wildtieren, Vögeln und Insekten ergriffen, kontrolliert und umgesetzt. Gleichzeitig werden Haus- und Gartenbesitzer verpflichtet, je nach Grundstückgröße eine bestimmte Anzahl von Quadratmetern für bienen- und insektenfreundlichen Pflanzen vorzusehen, Vogel- und Insektentränken aufzustellen und unnötige Lichtquellen zu vermeiden, um die *Lichtverschmutzung (light pollution)* so gering wie möglich zu halten, damit nächtliche Vogelzüge nicht fehlgeleitet werden. In urbanen Gebieten werden Wildnisgürtel und -zonen eingerichtet, die nicht betreten werden dürfen, nachts werden alle Leuchtkörper, inkl. Werbe- und Straßenbeleuchtung gedimmt, Flughäfen geschlossen, u.v.m.. Bisherige Insekten anlockende Außenlichtquellen werden ersetzt durch Leuchtmittel, die keine UV-Strahlung emittieren, also nicht anziehend auf Insekten wirken.[22]

Die Gründe, die zu dieser Vision geführt haben, liegen in erster Linie in meinen Beobachtungen natürlicher Lebensformen und Erfahrungen im Umgang mit diesen Lebensformen. Während ich an diesem Buch in unserem wildnisähnlichen Garten arbeite, bin ich von einer Vielzahl von überwiegend unsichtbaren exis-

[22] Bis vor kurzer Zeit wurde allgemein als Alternative die Natriumdampfhochdrucklampe (SE/ST-Lampe) empfohlen, die einen niedrigen Strahlungsanteil im kurzwelligen Bereich hat. Aufgrund der langen Lebensdauer und der hohen Lichtausbeute ist sie die ökonomischste Lichtquelle für die Straßenbeleuchtung. Im Spektrum der Helleempfindlichkeit des Nachtfalterauges wird fast keine Strahlung emittiert. Die SE/ST-Lampe lockt um bis zu 80 Prozent weniger Insekten an. Mittlerweile gibt es aber neuere Technologien wie LED-Lampen, die noch besser abschneiden.
http://regionhannover.bund.net/themen_und_projekte/artenschutz/insekten/insektenfreundliche_aussenbeleuchtung/
(Stand 05/19)

tenzbedingten und -sichernden Tätigkeiten nichtmenschlicher Lebewesen umgeben. Nur die wenigsten sind sichtbar, hier eine Auswahl: Das *Eichhörnchen* legt Nussdepots an, der *Bussard* fliegt rufend über der angrenzenden Wildnis, *Schmetterlinge* lassen sich auf bestimmten Pflanzen nieder, eine *Hornisse* höhlt eine Birne aus, *Wespen* versammeln sich an der Wasserschale, eine *Waldtaube* wird von ihrem Nachwuchs bedrängt. Diese Lebensgefüge sind äußerst fragil und permanent gefährdet: Bautätigkeiten, *Schädlingsbekämpfungen,* Rasen mähen, Baumarbeiten, etc., die bewirken, dass die Freude über die Erlebnisse und der Wunsch, dass die Lebewesen ungestört ihren Lebensaufgaben folgen können, massiv beeinträchtigt wird. Betrachte ich diese kleinen Ausschnitte von vielfältigen Lebensformen genauer, so wird mir immer unverständlicher, warum ein gesellschaftlicher Konsens darüber besteht, dass nicht-menschliche Lebensvielfalt mittels *Haltung* und *Domestizierung* ein- und beschränkt werden muss. Wir finden diese Einschränkungen in Monokultur-Gärten, in der Verwendung entsprechender *Pflanzenschutzmittel* (ein Widerspruch in sich), in Kiesaufschüttungen anstatt Rasen und in der ständigen Bekämpfung von *Wildnis*. Vielleicht kann der Mensch das einfache *SoSein* der nichtmenschlichen Welt nicht aushalten?

Trotz der Widersprüchlichkeit, die dem Begriff *Haltung* anhaftet, verwende ich ihn, da er den aktuellen *Status quo* wiedergibt: Es geht um die *Haltung gegenüber* und die *Haltung von Lebewesen,* wobei bemerkt werden muss, dass in der *Haltung von Lebewesen* die *Haltung gegenüber Lebewesen* fest verankert ist. Dieses Kapitel widmet sich den erwähnten *Widersprüchlichkeiten* und der Frage, ob es sich wirklich um *Widersprüche* und nicht um Varianten ein und derselben *Haltung* handelt. Der Philosoph und Ethiker *Julian Nida-Rümelin* stellte 2005 fest:

> Allein in der Bundesrepublik Deutschland werden jährlich ca. 330 Mio. Tiere geschlachtet. Die meisten dieser Tiere leben bis zu ihrer Schlachtung in industrieller Massentierhaltung. In der Forschung werden in Deutschland jährlich ca. 2 Mio. Tiere *verbraucht.* Allein in der Bundesrepublik Deutschland leben mehr als 90 Mio. *Haustiere*, von denen ein nicht unerheblicher Teil nicht artgerecht gehalten wird. Den meisten Menschen erscheint dies jedoch nicht genuine moralische Probleme aufzuwerfen.[23]

Julian Nida-Rümelin hat mit dieser Auflistung die durch uns Menschen verursachten Lebenssituationen eines großen Teils unserer nichtmenschlichen Mitbewohner in *Haltungen* zusammengefasst[24]; dem ist eigentlich nichts mehr hinzuzufügen.

Ergänzen möchte ich Nida-Rümelins Liste dennoch mit der hohen Dunkelziffer von unscheinbaren bis unsichtbaren Kleinstlebewesen, die in ihren Sozialsystemen, Habitaten und Migrationszyklen durch menschliche Einflussnahme gestört und zerstört werden. Diese sekündlichen Auslöschungen sind eine Folge der menschlichen Haltung *gegenüber* den Wesen in unmittelbaren menschlichen Umgebungen.

Mich interessiert, wie der Mensch seine anthropozentrische und speziesistische Haltung gegenüber seinem nichtmenschlichen Mitbewohner begründet. Aus meiner Wahrnehmung, aber auch aus Gesprächen ergeben sich Vermutungen, die immer wieder auf den vermeintlich paradoxen Widerspruch hinauslaufen, dass die einen Wesen offenbar *geliebt*, die anderen aber *geschlachtet* werden. Bevor wir jedoch diesen verwirrenden

[23] Julian Nida-Rümelin, *Angewandte Ethik-Tierethik I,* Kröner Stuttgart 2005, S. 516/17

[24] Im Folgenden beziehe ich in meinen Diskurs grundsätzlich Fische mit ein, auch wenn ich von *Fleischkonsum* spreche.

Umgang mit unseren Mitbewohnern näher untersuchen, müssen wir uns an den Anfang der Frage, wie es zu dem *status quo* der Haltung gekommen ist, begeben und feststellen, dass, bevor sie *geliebt* oder *geschlachtet* werden, sie erst einmal gefangen genommen werden müssen.

Die Philosophin und Tierethikerin *Ursula Wolf* konstatiert:

> Da auch Tiere aktive Wesen sind, die nach ihrem Gedeihen streben, die ein Gut haben, sind auch Fragen der Behandlung von Tieren eine Sache der Gerechtigkeit. Tiere haben als solche Wesen einen Anspruch, ihr Gut zu verfolgen.[25]

Es wird deutlich, dass es in der *Haltung gegenüber* nichtmenschlichen Wesen keinen großen Unterschied macht, ob das Wesen eingesperrt wird, um es später zu *schlachten*, oder ob es eingesperrt wird, um es zu *lieben*. In beiden Fällen werden die Tiere gehindert, *ihr Gut zu verfolgen*, und das ist nicht im Interesse der Tiere. Diese Beobachtung ist Gegenstand des folgenden Abschnitts.

Die sechs Pfeiler des direkten Domestizierens, also des Aufzwingens eines Abhängigkeitsverhältnisses, bilden die erwähnte *Nutztierhaltung,* die Unterbringung von Tieren in *Zoos*, alle Arten von *Tier-Shows,* die *Jagd,* die *Versuche und Experimente an und in Tieren* und schließlich die *Haustierhaltung*, indirekte Arten der Einflussnahme sind *diversitätsarme Gartengestaltung, Glasbauten, Versiegelung von Flächen, Nachlässigkeiten* und *Verantwortungsresistenz* gegenüber allen *Mitwesen*, sowie *Projektionen der eigenen Befindlichkeiten* auf die Tiere.

[25] Ursula Wolf, *Ethik der Mensch-Tier-Beziehung,* Klostermann, Frankfurt 2012, S.52

In der westlichen, unter menschlichen Wesen zurzeit weitestgehend friedlichen Gesellschaft sind insbesondere *Nutz-*, aber auch *Zirkus-* und *Zootiere* oft unangemessenen Behandlungs- und Lebensbedingungen ausgesetzt, aber auch *Haustiere* befinden sich, wie unschwer im Alltag beobachtet werden kann, in nicht artgerechten Lebenssituationen.

2.1.1 Nutztierhaltung

Das mit der land- und meereswirtschaftlichen Tierhaltung verbundene Leid, die damit in engem Zusammenhang stehende Konsumentenhaltung und Ernährungsindustrie, sowie die entsprechenden Wirtschaftsfaktoren sind weitestgehend bekannt, im Detail darauf einzugehen ist hier nicht der Raum. *Bewusste* Befürworter von einer Ernährungsform mit Tierprodukten sprechen gerne von *glücklichen Tieren*, um letzthin ihre Ernährungsform zu legitimieren. Der Begriff *glückliches Tier* stellt in dem geschilderten Zusammenhang einen Widerspruch in sich dar. Zunächst einmal ist die Bezeichnung *glücklich* unglücklich gewählt, da es sich ja um ein nichtmenschliches Wesen handelt, deren Seinszustand schwerlich mit menschlichen Begriffen umschrieben werden kann. Ersetzen wir *glücklich* mit *artgerecht*, dann wird der Widerspruch schon fassbarer, da eine *artgerechte Haltung* schlichtweg nicht möglich ist. Natürlich sind Befürworter von Tierprodukten nicht daran interessiert, auf diesen Widerspruch hingewiesen zu werden. Deren *Haustierhaltung* jedoch fällt nicht unter das *Nutztiergesetz*, was bestätigt, dass das *Lieben* und das *Schlachten* der Tiere keinen Unterschied macht, da bei beiden Vorgehensweisen die Quelle im Tatbestand der *Gefangennahme* liegt. Wird ein Tier um des Tieres willen geliebt, kann es nicht eingesperrt und schon gar nicht mit Tierprodukten gefüttert werden.

Ein Beispiel, wie sehr den Befürwortern daran gelegen ist, die Tiere, deren Verarbeitung sie gutheißen, als *glücklich* bezeichnen zu können, finden wir in der vom Bundeslandwirtschaftsministerium ins Leben gerufenen *Tierwohl-Initiative*[26]*:* Sie greift den Wunsch des Tierprodukte befürwortenden Verbrauchers auf, keine Mitverantwortung an eventuellem *Tierleid* zu tragen und nimmt die Supermarktketten in die Pflicht, bei den Erzeugern auf das Label *Tierwohl* zu bestehen, das garantiert, dass die *Nutztiere artgerecht* gehalten werden.

Tiere in landwirtschaftlichen Kontexten sind grundsätzlich der Willkür der Halter ausgeliefert, die in erster Linie ökonomisch handeln, egal, ob Biohof oder Massenhaltung. Tatsache ist, dass auch auf *Biohöfen* die Kälber von ihren Mutterkühen getrennt, die Mutterkühe ausschließlich zum Gebären *genutzt*, die Hühner nach Leistungsfähigkeit des Eierlegens und des Fleischansetzens klassifiziert und männliche Ziegen oder Schafe unter völlig unangemessenen Bedingungen exportiert oder auf nicht transparente Weise entsorgt werden. Vor diesem Hintergrund sind die anthropozentrischen Bezeichnungen *glücklich* und *Tierwohl* – übrigens ein von Tierschutzorganisationen eingebrachter Begriff – fehl am Platz. Oft wird *Tierwohl* mit freilaufenden, nicht selten sogar personalisierten *Nutztieren* gleichgesetzt, deren Charaktere und Wesen, insbesondere auf *Kinderbauernhöfen,* beschrieben werden. Spätestens hier kann die geschilderte Widerspruchslage nicht mehr übertroffen werden: Es soll der Eindruck entstehen, dass das *Tierwohl* durch menschliche Nähe gefördert und nachhaltig vermittelt wird. Aber ist diese Liebe, die im Schlachten des Tieres endet – wohlweislich nicht in Anwesenheit von Bauernhofgästen – nicht eher ein zynisches Spiel mit

---

[26] https://www.bmel.de/DE/Tier/Tierwohl/tierwohl_node.html (Stand 02/20)

scheinbar emotionalen Zuständen? Insbesondere, wenn man sich vor Augen hält, in welchem Maße der Planet Erde (und dessen Bewohner) durch die Fleischindustrie belastet wird, was auf keinem touristenfreundlichen Bauernhof vermittelt wird.

Die Ernährungsjournalisten *Chloe Scott-Moncrieff* sieht im *Carnism* (Fleischkonsum) ein grundsätzliches ethisches Fehlverhalten:

> A typical meat-eater's diet requires up to 2.5 times the amount of land than that of a vegetarian (and five times a vegan's): eating meat is causing mass deforestation, generating the same levels of greenhouse emissions as all cars, planes and traines combined. I can't see there is much justification for eating meat in this age. Ethical carnism can't exist.[27]

Die von ihr geschilderten Tatsachen sind nicht unbekannt. Unbekannt und vielleicht auch unbequem ist die Tatsache, dass menschliche Wesen in hochindustriell entwickelten Staaten nicht notwendigerweise Fleisch essen müssen. Die Ernährunslage und -möglichkeiten im 21. Jahrhundert sind so vielfältig wie nie zuvor, die Zusammenhänge zwischen Ernährung und menschlichem Dasein sind weitestgehend erforscht, ein Ergebnis könnte sein, dass der Fleischkonsum zu bereits erwähntem *Tag*

---

[27] Chloe Scott-Moncrieff *The meat on my plate is now personal,* The Guardian weekly 07.07.17, S. 31
„Die Ernährung eines typischen Fleischessers erfordert bis zu 2,5-mal so viel Land wie ein Vegetarier (und fünf Mal so viel wie ein Veganer): Der Verzehr von Fleisch verursacht Abholzungen in ungeahnten Ausmaßen und verursacht die gleichen Treibhausgasemissionen wie alle Autos, Flugzeuge und Schienenverkehr zusammen. Ich kann nicht erkennen, dass es in diesem Zeitalter auch nur einen einzigen Grund gibt, Fleisch zu essen. Ethischer Karnismus kann nicht existieren."

X komplett eingestellt wird. Nur in bestimmten gesundheitlichen Problemlagen kann es erforderlich sein, Fleisch zu sich nehmen zu müssen. Bisher gilt das Gegenteil: Medizinische Diagnosen beinhalten zunehmend die Empfehlung, Fleischverzehr im individuellen Ernährungskatalog drastisch zu reduzieren.

Fleischessen erzeugt nur bei den erwähnten *bewussten Befürwortern* eine Art von Schuldgefühlen, wenn man sie auf ihren Fleischkonsum anspricht. In der Regel haben wir es jedoch mit einer *Selbstverständlichkeit* zu tun, dass der individuelle Speiseplan Fleisch enthält. Fleisch besitzt auch die Wirkungen einer Droge, die ein Gefühl von *Glück, Wohlstand* und *Zufriedenheit* erzeugt. Und wie bei jeder Droge wird jeder selbstkritische Ansatz durch deren Konsumierung ausgeschaltet. Dass der Fleischkonsum, wie *Drogen* auch, zu gesundheitlichen Schäden führen kann, ist für den *Fleischkunden* nicht von Belang, ebenso wenig will er von der Erzeugung, von den Problemen, die Schlachthofmitarbeiter haben können, und der Verarbeitung etwas wissen. Die Droge soll rein sein.

Melanie Joy berichtet in ihren Recherchen von Formen gesundheitlicher Gefährdungen von Schlachthofmitarbeitern:

> Die meisten Menschen ertragen Gewalt nur bis zu einem bestimmten Punkt ohne davon traumatisiert zu werden. Studien mit Kriegsveteranen zum Beispiel machen immer wieder deutlich, welche tiefgreifenden Auswirkungen der Kontakt mit Gewalt auf die Psyche hat. Traumatisierte Arbeiter (von *Schlachthöfen Anm. des Autors*) werden zunehmend gewalttätig, sowohl gegenüber Tieren, als auch gegenüber Menschen und entwickeln oft ein Suchtverhalten, mit dem sie ihren Stress zu betäuben versuchen.
> ... Viele haben Alkoholprobleme, sie müssen trinken,

> anders können sie nicht damit umgehen, dass sie den ganzen Tag lebende, zappelnde Tiere töten.[28]

In der Massentierhaltung und fleischverarbeitenden Industrie finden wir die extremste Form der Gewalt, die tiefe psychische und physische Irritationen auslöst, wie ein Bericht im *Texas Observer* zeigt.

> It will come as no surprise that the consequences of such emotional dissonance (working in a slaughterhouse, Anm. des Autors) include domestic violence, social withdrawal, drug and alcohol abuse, and severe anxiety. As slaughterhouse workers are increasingly being treated for posttraumatic stress disorder, researchers are finally starting to systematically explore the results of killing sentient animals for a living.
> Amy Fitzgerald, a criminology professor at the University of Windsor in Canada, has found a strong correlation between the presence of a large slaughterhouse and high crime rates in U.S. communities. One might object that a slaughterhouse town's disproportionate population of poor, working-class males might be the real cause, but Fitzgerald controlled for that possibility by comparing her data to counties with comparable populations employed in factory-like operations. In her study released in 2007, the abattoir stood out as the factor most likely to spike crime statistics. Slaughterhouse workers, in essence, were "desensitized," and their behavior outside of work reflected it.[29]

---

[28] Melanie Joy *Warum wir Hunde lieben, Schweine essen und Kühe anziehen*, compassion media, Münster 2013, S.95

[29] https://www.texasobserver.org/ptsd-in-the-slaughterhouse/ (Stand 05/17)

Wenn man die außergewöhnlich hohe Gewaltbereitschaft in Betracht zieht, die für die Effektivität und das Wachstum der Fleischindustrie benötigt wird, so fragt man sich, wie es sein kann, dass für diese ausschließlich von Leid geprägte Aufgabe ausreichend Arbeitskräfte zur Verfügung stehen. Es ist zu vermuten, dass die in diesem Bereich tätigen Personen bereits *vor* Aufnahme der Tätigkeit *desensitized* (desensibilisiert) sein müssen, um die Aufgabe überhaupt bewältigen zu können. Regelmäßiger *Drogenkonsum* überdeckt die massiven Negativeinwirkungen auf die menschliche Seele, entsprechende Abhängigkeiten sind in diesem Industriezweig weit verbreitet.

Der *gewalttätige Sektor*, von dem *Melanie Joy* spricht, betrifft jedoch nicht nur die Arbeit im *Schlachthof*, sondern er beginnt bei der Rodung von Waldgebieten, naturnahen Flächen und intakten Ökosystemen zugunsten des Anbaus von Tierfuttermitteln und Weideflächen von *Nutztieren* und endet mit dem Verzehr von Fleisch. In semikorrupten Staaten werden nur in Ausnahmefällen die Organisationen, die hinter illegalen Rodungen stecken,

---

„Es wird nicht überraschen, dass die Folgen einer solchen emotionalen Dissonanz (Arbeit in einem Schlachthaus, Anm. Des Autors) häusliche Gewalt, sozialen Rückzug, Drogen- und Alkoholmissbrauch und schwere Angstzustände einschließen. Da Schlachthofarbeiter zunehmend wegen posttraumatischer Belastungsstörungen behandelt werden, beginnen die Forscher nun systematisch, die Ergebnisse der Tötung von lebenden Tieren zum Zwecke des Lebensunterhalts zu erforschen.
Amy Fitzgerald, Professorin für Kriminologie an der Universität von Windsor in Kanada, hat eine starke Korrelation zwischen dem Vorhandensein eines großen Schlachthofs und hohen Kriminalitätsraten in US-Gemeinden festgestellt. Man könnte einwenden, dass eine unverhältnismäßig große Population armer Arbeiter in der Schlachthausstadt die wahre Ursache sein könnte, aber Fitzgerald kontrollierte diese Möglichkeit, indem sie ihre Daten mit Landkreisen mit vergleichbaren Populationen verglichen, die in fabrikähnlichen Betrieben beschäftigt waren. In ihrer Studie, die 2007 veröffentlicht wurde, sticht der Schlachthof als der Faktor hervor, der die Kriminalitätsstatistik am ehesten ansteigen lässt. Schlachthausarbeiter waren im Wesentlichen „desensibilisiert“ und ihr Verhalten außerhalb der Arbeit spiegelte dies wider.“

zur Rechenschaft gezogen, allerdings in der Regel erst nachdem Angehörige indigener Völker in Mitleidenschaft gezogen worden sind und diese Übergriffe von NGOs[30] in die Öffentlichkeit gebracht wurden[31]. Die Anonymisierung lebewesenvernichtender Tätigkeiten wird von der Medienberichterstattung übernommen, das Fleisch auf dem Teller von der Erzeugung, der Schlachtung und der Verarbeitung komplett abgespalten. Die Schlachthöfe sind aus den Städten entfernt worden, ein gewinnbringender Schachzug der Fleischindustrie. Ebenso wenig finden wir in urbanen Gebieten einen Hinweis auf *Massennutztierhaltung*. Der Beruf des *Schlächters*, heutzutage *Schlachthofmitarbeiter* genannt, führt ebenso ein *Schattendasein* wie der *Henker* in vergangenen Jahrhunderten. Dagegen steht der *Landwirt*, der den Beruf des *Schlachthofmitarbeiters* erst ermöglicht, in der Hierarchie der Anerkennung von Berufszweigen relativ weit oben. Wir sehen, dass die Wahrnehmung der fleischproduzierenden Industrie in der Öffentlichkeit äußerst komplex ist und unter den fleischverarbeitenden Protagonisten Konsens herrscht, die eigentliche *Vernichtungstätigkeit* weder zu benennen, noch an Personen festzumachen. Solange hier eine übergeordnete Lizenzvergabe zum *Roden* und *Töten* existiert, die gesellschaftlich überwiegend akzeptiert ist, besteht weder für die Ausführenden noch für die Konsumenten ein Anlass, Verantwortung zu übernehmen.

In einer von dem Biologen *Brian Machovina* verfassten Studie kann nachgelesen werden, welches Ausmaß die globale Zerstörung 2015 angenommen hat, um Gesellschaftssysteme, die es sich leisten können, mit Fleisch zu versorgen.

---

[30] Non Government Organisation

[31] siehe auch Kap. 4.3 *Tierschutzorganisationen und ihre Wirkungen*

Although some agricultural expansion is driven by farmers growing crops for direct human consumption, livestock production, including feed production, accounts for approximately three-quarters of all agricultural land and nearly one-third of the ice-free land surface of the planet, making it the single largest anthropogenic land use type (Steinfeld et al., 2006a). Livestock comprise one-fifth of the total terrestrial biomass, and consume over half of directly-used human-appropriated biomass (Krausmann et al.,2008) and one-third of global cereal production (Foley et al., 2011; Alexandratos and Bruinsma, 2012). Though difficult to quantify, animal product consumption by humans (human carnivory) is likely the leading cause of modern species extinctions, since it is not only the major driver of deforestation but also a principle driver of land degradation, pollution, climate change, overfishing, sedimentation of coastal areas, facilitation of invasions by alien species, (Steinfeld et al., 2006a) and loss of wild carnivores (Ripple et al., 2014a) and wild herbivores (Ripple et al., 2015).[32]

---

[32] Brian Machovina, *Biodiversity conservation: The key is reducing meat consumption* in *Science of the Total Environment*, www.elsevier.com/locate/scitotenv, 2015, S. 420 *Introduction*
„Obwohl einige landwirtschaftliche Betriebe von Landwirten betrieben werden, die Getreide für den direkten menschlichen Verbrauch anbauen, macht die Viehzucht, einschließlich der Futterproduktion, etwa drei Viertel aller landwirtschaftlichen Flächen und fast ein Drittel der eisfreien Landfläche des Planeten aus. Es handelt sich um den größten einzelnen anthropogenen Landnutzungstyp (Steinfeld et al., 2006a). Die Tiere machen ein Fünftel der gesamten terrestrischen Biomasse aus und verbrauchen mehr als die Hälfte der direkt genutzten menschlichen Biomasse (Krausmann et al., 2008) und ein Drittel der weltweiten Getreideproduktion (Foley et al., 2011; Alexandratos und Bruinsma , 2012). Obwohl schwer zu quantifizieren, ist der Konsum tierischer Produkte durch Menschen (menschliche Fleischfresser) wahrscheinlich die zentrale Ursache für das Aussterben der Arten, da es nicht nur die Hauptursache für

Ein weniger prominent aufgestellter Aspekt soll im Zusammenhang mit der *Nutztierhaltung* nicht unerwähnt bleiben: Die Vernichtung von Fleisch als Nahrungsmittel. Dazu *Machovina:*

> A large amount of food, including animal products, is wasted worldwide. In the United States, 30% of all food, worth more than US $48 billion is thrown away each year (Nellemann, 2009). Reducing this waste, especially related to animal products, would impart large environmental benefits. Wasting 1 kg of feedlot-raised boneless beef is estimated to have ~24 times the effect on available calories as wasting 1 kg of wheat (~98,000 kcal versus ~3800 to 4125 kcal), because of the inefficiencies of caloric and protein conversion from plant to animal flesh (West et al., 2014).[33]

In Deutschland verhält es sich etwas anders: Ca. 50% eines geschlachteten Wesens wird konsumiert, die andere Hälfte wird in der Tierfutter- und Chemieindustrie verarbeitet. Hier fehlt inso-

---

Entwaldung ist, sondern auch für Bodendegradation, Verschmutzung, Klimawandel, Überfischung, Sedimentation von Küstengebieten, Invasionen durch gebietsfremde Arten ist (Steinfeld et al., 2006a) Verlust von wilden Fleischfressern (Ripple et al., 2014a) und wilden Pflanzenfressern (Ripple et al., 2015)."

[33] Brian Machovina, *Biodiversity conservation: The key is reducing meat consumption* in *Science of the Total Environment,* www.elsevier.com/locate/scitotenv, 2015, S. 426 *Reduce*„
Eine große Menge an Lebensmitteln, einschließlich tierischer Produkte, wird weltweit verschwendet. In den USA werden jedes Jahr 30% aller Lebensmittel im Wert von mehr als 48 Milliarden US $ weggeworfen (Nellemann, 2009). Die Reduzierung dieser Abfälle, insbesondere im Zusammenhang mit tierischen Produkten, würde große Vorteile für die Umwelt mit sich bringen. Es wird geschätzt, dass die Produktion von 1 kg futterlosem, knochenlosem Rindfleisch etwa 24 mal so viel Kalorien verbraucht wie 1 kg Weizen (~ 98.000 kcal gegenüber 3800 bis 4125 kcal), wegen der Ineffizienz der Kalorien- und Proteinumwandlung von Pflanzen zu Tierfleisch (West et al., 2014)"

fern jegliche Transparenz, als dass auf *Seifen-*, *Wasch-* und *Zahnpastaverpackungen* – um nur einige wenige zu nennen – nur selten ersichtlich ist, ob die Basis zu einigen Inhaltsstoffen aus der Tierproduktindustrie stammen. Im 21. Jahrhundert wäre es unproblematisch, diese *Tiernebenprodukte* durch reine chemische Produkte zu ersetzen. Aber wir haben es mit einer anonymen Masse von Entscheidungsträgern zu tun, die im Zuge der vom Staat nicht nur legitimierten, sondern auch gewünschten Gewinnmaximierung arbeiten und keine Verantwortung für ihre Beteiligung an Massenvernichtungen von nichtmenschlichen Wesen übernehmen müssen. Es ist davon auszugehen, dass auch eine Menge X dieser Entscheidungsträger *Haustiere* hält und – wie bereits erwähnt – widerspruchsfrei in der Gemeinschaft der *Haustierbesitzer* leben kann, obwohl er tagtäglich dafür sorgt, dass Unmengen von Tieren geschlachtet werden, auch, um Futter für sein *eigenes* Haustier herzustellen.

Die Außenkommunikation der fleischverarbeitenden Industrie ist geprägt von *Intransparenz* und *Schweigen*. Sollten in werbemäßigen Darstellungen *Nutztiere* vorkommen, so sind sie immer positiv konnotiert. Kein Landwirt, auch nicht *Bio*-Landwirte, würden das Wohl der Tiere in Frage stellen. So war es auch in Bezug auf die Wahrnehmung von Zigarettenkonsum nach dem Zweiten Weltkrieg: Das Rauchen war selbstverständlich, hat angeblich für Entspannung und Gemütlichkeit gesorgt, jede Negativ-Äußerung war einem Imageschaden gleichzusetzen. Heute sieht man auf Zigarettenpackungen Fotos von gesundheitlichen Schäden – verursacht durch Nikotin – was bedeutet, dass eine Kehrtwende um 180° stattgefunden hat, die in Bezug auf den Fleischkonsum noch auf sich warten lässt.

Fraglich ist allerdings, ob abschreckende Darstellungen aus der Tierprodukte-verarbeitenden Industrie dazu führen, dass der Fleischkonsum sinkt, oder ob positive Darstellungen der Lebewesen, wie sie miteinander leben würden, wenn sie keine *Nutztiere* wären, den Menschen zum Innehalten und Verzicht bringen würden. Wird auf Lammsteak-Packungen ein Bild mit auf einer Wiese umhertollenden Lämmern gezeigt, so kann diese positive Darstellung als Vorlage für eine Gewissensberuhigung insofern dienen, als dass die Lämmer ja ein glückliches Leben gehabt haben. Man isst also ein Tier, das einmal ein *artgerechtes* Leben geführt hat. Bezieht man diese weit verbreitete Haltung (*ich kaufe Fleisch nur vom Biobauern*) auf das Tier, so zeigt sich eine erschreckende Absurdität: Das Wesen wird angemessen ernährt und gehalten, es kann sich (bedingt) entfalten, um dann geschlachtet zu werden, weil der Mensch Fleisch von einem *glücklichen* und nicht von einem *unglücklichen* Tier essen möchte. Darstellungen von mehr oder weniger *artgerecht* gehaltenen Tieren auf Fleischpackungen erhöhen wahrscheinlich die Bereitschaft, dieses Fleisch zu essen.

Finden wir auf Produktverpackungen Szenen aus der Massentierindustrie, sinkt die Motivation, dieses Fleisch zu kaufen, weil der Mensch befürchtet, sich selbst zu schädigen.

Das Gehirn weigert sich, einen Zusammenhang zwischen dem Stück Fleisch in der Packung, das man unbedingt essen möchte, und der Destruktion des Tötens herzustellen, die auf *glückliche* Tiere ebenso zutrifft wie auf *unglückliche* Tiere. Die Lust hat hier eindeutig Vorrang, würde aber durch abschreckende Bilder geschmälert. Positiv konnotierte Darstellungen beruhigen das menschliche Gewissen.

Diese Hinweise auf den Zusammenhang zwischen *Lust* und *Zerstörung* finden wir in den abschreckenden Darstellungen auf Zigarettenpackungen. Diese und andere damit in Zusammenhang stehenden Fragestellungen werden in den kommenden Kapiteln erörtert.

2.1.2 Zoos/Aquarien

Tierhaltung in Zoos und Aquarien ist sowohl vergleichbar mit der in vergangenen Jahrhunderten praktizierten *Sklavenhaltung* als auch den sogenannten *Freak-Shows* und *Menschenzoos* auf Jahrmärkten und in Tierparks, in denen Angehörige indigener Völker als *Exponate* ihr Dasein gefristet haben. Diese verschiedenen Varianten der menschlichen Instrumentalisierung sind hinreichend erforscht und in ihren wesensverachtenden Details bekannt. Aufgrund dessen verzichte ich auf einen tiefergehenden Diskurs und stelle am Beispiel des Menschen und seines Zwanges, Tiere *nicht lassen zu können,* die Notwendigkeit dar, warum Zoos und Aquarien spätestens am eingangs erwähnten und visionären *Tag X* geschlossen werden müssen.

Fast alle nichtmenschlichen Wesen folgen lebenslangen *Migrationszyklen*, die je nach *Spezies* weiter oder enger gefasst sind. Großkatzen benötigen zudem noch Gebiete, die von Nahrungsnetzen geprägt sind, in denen sie ihrem Jagdinstinkt folgen können. Die oftmals extremen Begrenzungen von Zoos verhindern diese essenziellen Lebensaufgaben vollständig und damit auch die Entfaltung der jeweiligen Wesensarten. Das von Zoo-Befürwortern vorgebrachte Argument, man würde der kindlichen, aber auch jugendlichen und erwachsenen Besucherschaft von Zoos die Wesen, Eigenarten und Vielfalten der Tierwelt anschaulich vermitteln können, ist ein Schein-Argument, das vor dem Hintergrund der nicht vorhandenen Entfaltungsmöglichkeit keinen Bestand hat. Auch das Argument, dass ein Großteil der Tiere in Zoos aufgewachsen sind und deshalb *nichts anderes kennen*, dient nur dem Versuch einer Legitimation einer Daseinsberechtigung von *Tierparks*. Wesen tragen ihre natürlichen Lebensaufgaben und Lebensinteressen in sich, die Gefangenschaft in Zoos ist für die dort lebenden Wesen alternativlos, weswegen sie sich assimilieren müssen, auch wenn dieses Leben über keine Schnittmenge mit einem artgerechten Dasein verfügt.

Schon als Kind habe ich tiefes Mitgefühl mit den in Zoos und Tierparks gefangenen Wesen verspürt und mich gefragt, ob sie nur dort leben, um baldmöglichst in die Freiheit entlassen zu werden, oder ob sie ihr ganzes Leben in Gefangenschaft zubringen. Als ich dann so weit war, zu verstehen, dass ersteres nicht der Fall sein wird, habe ich überhaupt nicht mehr verstanden, warum die Tiere dort hinter Gittern leben und von ihren menschlichen Mitbewohnern angeglotzt werden müssen. Also begann ich, die Gesichter der Besucher zu *studieren.* Mir fiel auf, dass in den wenigsten Mienen auch nur ein Hauch von Mitgefühl zu entdecken war. Viel eher fiel mir zuweilen eine seltsame *Befriedigung* auf, die ich von Gesichtern ablas, aber auch *Spott* und *Gelächter* kamen vor. In Einzelfällen *Bewunderung,* aber auch *Ärger* darüber, dass man nun gekommen sei, um das Tier XY zu sehen, dieses sich aber nicht zeige. Nie habe ich verständnisvolle Blicke oder Worte vernommen, wenn Tiere sichtlich apathisch in einer Ecke ihres Käfigs hockten oder an den Gitterstäben traumatisch auf und ab wanderten. Dafür gab es großes *Hallo,* wenn Fütterungszeit war, ein für mich in jungen Jahren schon unverständliches, seltsam anmutendes Vergnügen für die Besucherschaft. Wenn ich auf Informationstafeln erfuhr, wo das Tier herkommt, wie es in der Freiheit lebt, welche Distanzen es zurücklegt, habe ich mich immer gefragt, auf welche Weise es in diesen Zoo gekommen ist und warum, wenn es sich in Freiheit doch entfalten kann, nun hier sein muss. Zufriedenstellende Antworten habe ich keine erhalten. Folglich blieben unangenehme Gefühle des Mitleids, des Unverständnisses und der Resignation. Gerne hätte ich den Tieren geholfen; und das war kein kindlicher Wunsch, sondern ein sehr erwachsener, wie ich inzwischen feststelle, wenn ich diese Ereignisse rekapituliere.

Zoologische Anlagen gelten als Tourismusmagneten, also als unantastbare Finanzquellen. Selbst der inzwischen in Verruf geratene Zoo der indonesischen Hafenstadt *Surabaya* wird zwar von 20% der Besucher als *ungenügend*, aber immerhin von 16% als *sehr gut* und 33% als *befriedigend* bezeichnet[34]. Daran kann abgelesen werden, dass es ein besonderes Faszinosum ausübt, gefangene Tiere anzuschauen, auch wenn sie sichtbar leiden. Ist der Impuls, gefangene Tiere zu betrachten, eins zu eins vergleichbar mit dem, sich Angehörige ehemals indigener Völker oder sogenannte *freaks* anzuschauen? Der Vergleich liegt nahe, weil es sich bei den Anschauungsobjekten um einen verführerischen Mix aus fremd und vertraut handelt, der letzthin als Projektionsfläche der gesamten menschlichen Gefühlspalette dient. Wenn es also einem Tier im Zoo sichtbar nicht gut geht, könnte dies eine Möglichkeit der Identifikation mit dem eigenen Leiden eröffnen und eine gewisse Erleichterung verschaffen. Auch auf mich haben, als ich im Kindesalter den Berliner Zoo besucht habe, die Tiere, denen es schlecht ging, einen besonderen Reiz ausgeübt, ohne zu wissen, warum und wieso. Vielleicht konnte ich in meinem Unterbewusstsein erleichtert sein, dass es mir dann letzthin doch noch besser ging. Erst im Nachhinein überwog das Mitleid mit den Mitgeschöpfen und ich hatte kein Interesse mehr, mich diesem Leid auszusetzen.

Nur so ist es zu erklären, dass die in *Surabaya* augenscheinlich verhungernden, missbrauchten und vollkommen vernachlässigten Lebewesen keinen Anlass zum Protest oder gar Boykott geben. Nichtmenschliche Lebewesen sind als Tourismusattraktionen unermesslichem Leid ausgesetzt. Dies an die Öffentlich-

[34] https://www.tripadvisor.de/Attraction_Review-g297715-d1979093-Reviews-Surabaya_s_Zoo-Surabaya_East_Java_Java.html (Stand 06/19)

keit zu bringen, liegt nicht im Interesse des indonesischen Tourismusministeriums. Ebenso unbeliebt bei Besucherschaft und Management sind hierzulande Forderungen nach Schließungen von Zoos generell. Dass es den Tieren in deutschen Zoos *besser* geht als im Zoo von *Surabaya*, ist unbenommen, aber gefangen sind sie in derselben Art und Weise. Zudem ist das Geschäftsmodell *Zoo* global auch deswegen so erfolgreich, weil ein reger Handel mit Tieren existiert, teilweise im Zoo ausschließlich für den Verkauf gezüchtet oder aus Platzgründen geschlachtet oder der Tiermedizin zur Verfügung gestellt werden. Diese Imageschädigenden Geschäftssegmente werden in der Regel vor der Öffentlichkeit verborgen gehalten. Schafft es eines dieser Vorkommnisse auf die Titelseiten der Printmedien, ist der allgemeine Aufschrei groß, verebbt jedoch schnell und mutiert zum Gegenteil, wie 2014 in Kopenhagen geschehen.[35] Ein Beweis, dass der Zoobesuch den (legitimierten) *Kick* der Macht über das Tier bewirkt.

Meeresbewohner, die in Aquarien *gehalten* werden, sind ebenso wie gefangene Landbewohner vollständig künstlichen Lebensbedingungen ausgesetzt, die dazu führen, dass sich ihre Verhaltens- und Ernährungsmerkmale komplett ändern, was ich an einem Beispiel verdeutlichen möchte: Die im freien Meer herrschende Komplexität der Lichtverhältnisse, die einen entscheidenden Einfluss auf die Nahrungskettengefüge hat, ist in Aquarien schlichtweg nicht vorhanden. Der Biologe *Edward O. Wilson* beschreibt die Bedeutung des Lichtes am Beispiel der unterschiedlichen Schichten eines bestimmten ozeanischen Gebietes:

---

[35] https://www.spiegel.de/panorama/gesellschaft/giraffe-marius-getoetet-zoodirektor-wird-kopenhagener-des-jahres-a-971858.html (Stand 06/19)

> As the sunlight fades, a dense concentration of fish, accompanied by squid and crustaceans, ascend from a depth of about 270 to 360 meters, where they have cruised and floated hidden in darkness during the daylight hours. The cover deeper water gives them is not complete, however, because predators swimming at even greater depths still see them silhouetted against the light far above. As a second defense some species use counter-illumination, the production on their undersides of bioluminescence, the light provided by their own symbiotic bacteria carried inside their bodies. The illumination matches the brightness around them coming from the sun or the moon above, rendering the animal less visible.[36]

Dieser kleinste Ausschnitt aus einem Lebensgefüge verdeutlicht das sinnlose Unterfangen eines Aquariums, die Lebensgewohnheiten und Lebenszyklen von Wesen zu veranschaulichen. Die hier geschilderten perfekten Tarnmechanismen können in Gefangenschaft nicht aktiviert werden, weil es die Nahrungskette schlichtweg nicht gibt. Überwiegend wird das nichtmenschliche Wesen nur in Gefangenschaft und dort gezwungenermaßen nur

---

[36] Edward O. Wilson, *Half-Earth – Our planet's fight for life*, Norton, London 2016, S. 118 „Während das Sonnenlicht nachlässt, steigt eine dichte Konzentration von Fischen, begleitet von Tintenfischen und Krustentieren, aus einer Tiefe von etwa 270 bis 360 Metern auf, wo sie sich während der Tagesstunden im Dunkeln aufgehalten haben. Der Schutz, der tieferes Wasser ihnen gibt, ist jedoch nicht vollständig, weil Raubtiere, die in noch größeren Tiefen schwimmen, sie immer noch im Schatten des Lichts weit oben sehen. Als zweite Abwehr nutzen einige Arten die Gegenbeleuchtung, die Erzeugung von Biolumineszenz an ihren Unterseiten, das Licht, das von ihren eigenen symbiotischen Bakterien geliefert wird, die in ihren Körpern transportiert werden. Die Beleuchtung entspricht der Helligkeit, die von der Sonne oder dem Mond über ihnen ausgeht, wodurch das Tier weniger sichtbar wird.“

in seinem stark beeinträchtigten Dasein wahrgenommen. Dort ist es immer verfügbar und bietet zudem auch noch einen hohen (garantierten!) Anteil an Entertainment. Die Kostbarkeit und Einzigartigkeit des *wilden Wesens* und seine außergewöhnlichen Lebensgewohnheiten, integriert in einen komplexen Lebensraum, kann weder erfahren noch erkannt und keinesfalls begriffen werden. Aber das ist vielleicht auch gar nicht der Wunsch des Einzelnen, weil der Aufwand zu hoch und die Verfügbarkeit keineswegs garantiert ist. Und auch hier fällt auf: Das auf Informationstafeln verbreitete Wissen über die gefangenen Wesen müsste zu der augenblicklichen Freilassung führen, damit sie (die Wesen) so leben können, wie auf den Tafeln beschrieben.

Um eine im Ansatz wesensgerechten Haltung in Zoos anzustreben, hat der *WWF (World Wildlife Fund)* in Kooperation mit dem *EEP (Europäischen Erhaltungszuchtprogramm)* ein Programm in ausgewählten Zoos initiiert, das zum Ziel hat, vom Aussterben bedrohten Arten einerseits in Form von speziell gestalteten Gehegen, andererseits in Form von Auswilderung die Existenz zu sichern. Hier muss betont werden, dass es sich in der Regel um nur ca. 15% der in Zoos lebenden Tiere handelt. Die restlichen 85% betreffen Arten, die in Zoos bis an ihr Lebensende gefangen gehalten werden.

Auf der website des *WWF* werden die Lebensbedingungen von existenziell bedrohten Arten sowie Konzepte, ihnen durch Gehegeerweiterungen und -gestaltungen angemessene Lebensräume zu ermöglichen, vorgestellt. Im Wesentlichen geht es dem *WWF* um die Vermittlung von Wissen über das Leben der Tiere in der Freiheit <u>und</u> in Zoos, bzw. nach ihrer eventuellen Auswilderung. Dieser tierschützende Ansatz ist neu und besitzt ein Alleinstellungsmerkmal, weil der Zoo nicht primär als Unterhaltungsquelle *benutzt*, sondern auch die Notwendigkeit vermittelt wird, auf die Existenzbedrohung bestimmter Arten hinzuweisen, um diese Bedrohung langfristig in eine Sicherung umzuwandeln. Besonders erwähnenswert ist, dass sich die Vorschläge zur Gehegegestaltung, die der *WWF* den Partnerzoos unterbreitet, konkret an den Bedürfnissen der jeweiligen Tierarten orientiert. Das Wissen darüber erlangen die für den *WWF* arbeitenden Biologen, Naturwissenschaftler und Ranger aus den Original-Lebensräumen dieser speziellen Arten. Das bedeutet, dass sich die Architekturen der Gehege eng an den Bedürfnissen der Tiere orientieren. Es handelt sich trotz alledem um Kompromisse, weil die Begrenzungen bleiben. Aber es werden Rückzugsräume, Beschäftigungsprogramme und Auslaufflächen geschaffen, die in den gängigen Zoos in der Regel nicht zur Verfügung stehen. Zudem werden die Tiere bis auf tierärztliche Untersuchungen im Rahmen vereinzelter *protected-contact*-Methoden[37] sich selbst überlassen und sind somit auch nicht dem ständigen Besucherstress ausgesetzt. Parallel zu den existenzsichernden Maßnahmen in den Zoos wird die Wilderei im Heimatland der jeweiligen Tierarten bekämpft, es wird daran gearbeitet, die Nahrungsketten wieder herzustellen und menschliche Eingriffe in die Lebensgebiete zu verringern. Dem *WWF* ist es in Einzelfällen gelungen, in Europa und Asien Populationen von bedrohten Arten nicht nur zu stabilisieren, sondern auch zu vermehren, allerdings muss eingeräumt werden, dass kommerzielle Zoos, insbesondere in asiatischen Ländern, in denen Tiere zum Verkauf gezüchtet werden, die Arten bewahrenden Konzepte des *WWF* und seiner Partnerzoos konterkarieren. Werden Arten beispielsweise in Asien erfolgreich ausgewildert, besteht die Möglichkeit, dass einzelne Tiere wieder eingefangen und zu kommerziellen Zuchtzwecken in kommerziellen Zoos gefangen

[37] https://www.wwf.de/spenden-helfen/zoo-kooperationen/team-elefant-stuttgart/ (Stand 05/19)

gehalten werden. Diese Kreisläufe zu durchbrechen hat sich der *WWF* ebenfalls zur Aufgabe gemacht.

Es stellt sich dennoch die berechtigte Frage, ob eine Art, wenn sie erfolgreich gezüchtet und ausgewildert ist und ihre Existenz in originalen Lebensräumen als gesichert angesehen werden kann, damit also die Grundlage für die Kooperation des *WWF* und dem *EEP* bzw. dem jeweiligen Zoo nicht mehr zutrifft, das entsprechende Gehege in dem entsprechenden Zoo geschlossen wird. Das ist höchstwahrscheinlich nicht der Fall, da der Zoo an sich kein Interesse hat, die zu seinen *Attraktionen* gehörenden *exotischen* Tierarten zu verlieren. Im Juni 2019 wurden aus europäischen Zoos insgesamt 12 Wisente in Kaukasien ausgewildert. Im Rahmen dieser Berichterstattung wird nicht erwähnt, wie viele Wisente in den Zoos verbleiben. Zudem ist sowohl auf der website des *WWF* als auch auf der des *EEP* nur von *einzelnen* Tieren die Rede, die ausgewildert werden.[38] Allerdings ist auch unklar, ab wann man davon sprechen kann, dass eine bestimmte Art in ihrem Heimatland langfristig gesehen nicht mehr gefährdet ist. Das Zusammenspiel vieler Faktoren für diese Untersuchungen ist ein hochkomplexes Gebilde, das in seinem Ergebnis nicht so einfach zu durchschauen ist. Andererseits bildet der *WWF* in den betroffenen Gebieten zunehmend Personal aus, vermittelt zwischen der Bevölkerung und Rangern/Tierschützern, sodass die Wahrscheinlichkeit steigt, dass ein bestimmter Bestand ab einem *Tag X* als nicht mehr gefährdet eingestuft werden kann; vorausgesetzt, es sind genug Tiere ausgewildert worden und es gibt seitens der jeweiligen Regierungen keine Interessensbekundungen, in den entsprechenden Gebieten Baumaßnahmen durchzuführen oder Jagdpachten zu verkaufen.

[38] https://www.wwf.de/themen-projekte/bedrohte-tier-und-pflanzenarten/wisente/zwoelf-wisente-ziehen-in-die-wildnis/

Die Kosten, die mit der Schließung von Gehegen eingespart werden würden, könnten in die verstärkte Ausbildung von Wildhütern, Rangern, Biologen, etc., investiert werden, die vor Ort für die Sicherung der Existenz der dann vormals bedrohten Tiere sorgen. Dass diese im Sinne der Tiere ausgerichtete Vorgehensweise nicht umgesetzt wird, lässt den Verdacht aufkommen, dass es auch in dem, durchaus erwähnens- und im Ansatz unterstützenswerten, Konzept des *WWF* in letzter Konsequenz nicht um die Lebewesen geht, sondern um die Menschen, die steuern und damit eingreifen möchten. Der *WWF* möchte mit seinem Partnerschaftskonzept die Besucherschaft der Zoos für den Artenschutz gewinnen und begeistern, doch ist anzuzweifeln, dass sich durch diese Vermittlungsarbeit grundlegend das allgemeine Bewusstsein für Tiere, Arten und deren Schutz ändert. Der Zoo an sich ist ein Ort der Unterhaltung und nicht der Naturbildung, daran ändern auch die Programme des *WWF* und das *EEP* nichts. Würden diese Programme zu Ende gedacht, also dahin führen, dass die Besucherschaft eines Tages vor einem leeren Gehege steht, an dessen Gitterstäben ein Schild mit konkreten Informationen über die erfolgreiche Auswilderung hängt, dann stünde des Tier im Zentrum des Programms und nicht der Mensch. Das Zoomanagement müsste jedoch in diesem Falle mit finanziellen Einbußen rechnen, weil kein Besucher vor einem leeren Käfig stehen möchte, sei der Grund für diese Schließung noch so wesenszugewandt.

Heutzutage sind die meisten Zoos hochdefizitär und erhalten Subventionen aus Steuergeldern. Zoo-Verantwortliche haben ein existenzielles Interesse daran, das *System Zoo* aufrechtzuerhalten, denn sie bestreiten daraus ihren Lebensunterhalt. Die lukrativen Führungspositionen in zoologischen Einrichtungen bringen oftmals Prestige und Ansehen in der Gesellschaft und in der Wissenschaft mit sich. Dafür haben die Zoo-Verantwortlichen auch keine Hemmungen, die Öffentlichkeit mit vorgeschobenen Argumenten zu täuschen. Vor diesem Hintergrund kann die Initiative des *WWF* nicht ganz ohne anthropozentrischen Eigennutz gesehen werden, im Rahmen dessen sich der *WWF* instrumentalisieren lässt, um das generelle Image aufzubessern, das den Zoologischen Parks anhaftet. Trotzdem muss die Initiative anerkannt werden, weil sie einzelnen Tieren eine Rückführung in ihre Wildnis ermöglicht und im Heimatland dieser Tiere eine bewusstseinsbildende Vermittlung betrieben wird.

2.1.3 Unterhaltung und das Tier

Kritischen Kommentaren wird in der Regel mit dem auch auf Zoos zutreffenden Argument begegnet, dass die in diesen Kontexten lebenden Tieren keine andere Lebensumgebung kennen und sich an die dort herrschenden Verhältnisse gewöhnt hätten. Zuweilen wird noch weiter argumentiert, dass man die Tiere sogar schützt, weil sie in ihren natürlichen Lebensräumen nicht überleben würden. Auch das Argument eines Zirkusbetreibers, dass man ja nun mittlerweile 40 Jahre mit dem Schimpansen *R.* zusammenwohnt, soll tierschützende Kommentare entkräften. Diesem Argument, dessen sich auch *Besitzer* amerikanischer Sklaven immer wieder bedient haben, ist nichts hinzuzufügen, da es sich um einen ausschließlich anthropozentrische orientierten Versuch handelt, die eigenen Vorgehensweisen zu rechtfertigen; wie im Falle der *artgerechten Nutztierhaltung* auch. In der Tat muss man überlegen, ob es für Tier und Mensch von Gewinn ist, eine beispielsweise 40-jährige Beziehung zwischen einem Schimpansen und seinen menschlichen Partnern auseinanderzureißen und das Tier in ein Schutzgebiet zu bringen. Ich halte hier eine Trennung für wenig sinnvoll, in diesem Fall muss das gewachsene Sozialgefüge an vorderster Stelle stehen. Es wäre auch weder im Sinne des Tierschutzes noch des sozialen Miteinanders, einem *Besitzer* eines Haustieres, das über Jahre bei ihm wohnt, dieses wegzunehmen und in eine entsprechende Gruppe eingliedern zu wollen. Wie eingangs am Beispiel des *Tag X* dargestellt, sollen diese vielen gewachsenen Gefüge Bestand haben, aber nach dem Ableben der jeweiligen Tiere nicht durch andere Tiere ersetzt werden.

Überwiegend wird jedoch in Entertainment-Shows in Aquarien und Zirkussen (*Seaworld/USA, Ozeaneum/D, Circus Krone/D)* die grundsätzliche Achtung vor dem Tier ausgeklammert, da die Wirtschaftlichkeit des Unternehmens federführend ist. Zirkuswagen mit Gitterstäben, in denen Wildkatzen ihr Dasein fristen, oder enge Abteile, in denen Giraffen oder Kamele stehen, sind weitestgehend bekannt. Sterben Tiere in Gefangenschaft, werden neue *erworben*, um das Geschäft am Laufen zu halten.

Der Schritt von der *Zur-Schau-Stellung* von Menschen zu dem der *Zur-Schau-Stellung* von Tieren ist nicht weit: Wir haben es zwar größtenteils überwunden, menschliche Spezies als *Exponate* zu benutzen, dennoch existieren zahlreiche ausbeuterische Verhältnisse zwischen Angehörigen *indigener Völker, Ureinwohnern* und Regierungen, bzw. Unternehmen. Zwar nicht mehr in der Funktion als Bestandteile von *Entertainment-Shows*, sondern als *billige Arbeitskräfte*. Auch hier wird verbreitet argumentiert, dass die (ausgebeuteten) Menschen außerhalb dieses Beschäftigungsverhältnisses keine, bzw. nur geringe Überlebenschancen hätten. Das im letzten Jahrhundert erfolgte Umdenken in Bezug auf den Verzicht der Ausstellung von Minderheiten basiert auf einer Erkenntnis, die zu einem *Ethos* führt, das von moralisch-ethischen Grundsätzen gespeist wird und in der Gesellschaft einen *common sense* erwirkt hat, der besagt, dass man Menschen nicht *zum Vergnügen* anderer zur Schau stellen darf.

Dieses Umdenken könnte vollständig auf die Haltung gegenüber nichtmenschlicher Wesen übertragen werden. Die Realität lehrt uns jedoch, dass diese Übertragung kaum möglich ist, da Macht und Moral weitaus wichtigere Rollen spielen als Tiere:

Während sich die Menschheit zwischen menschlichen Macht- und Gewaltszenarien auf kriegerische Auseinandersetzungen konzentriert und mittels einer Art *Moralkodex* das *Ausstellen* von lebenden Menschen verurteilt, gilt im menschlich-nichtmenschlichen Bereich ein *laissez-faire,* das ermöglicht, Tiere als *Belustigungs-* und *Anschauungsobjekte* zu benutzen. Die mit diesem *laissez-faire* verbundene *Domestizierung*, *Zähmung* und *Dressur* ist schlichtweg der Ausdruck von Macht über das Tier; und über das Publikum, das der Tierhalter zum *Staunen* und *Bewundern* bringt. Der *Freak*, dessen individuelle Wesensentfaltung, genauso wie im Falle des Tieres, geschäftsschädigend wäre, hat zu lernen, was ihm beigebracht wird, um vor einem staunenden Publikum zu reüssieren. Da dem Menschen im 21. Jahrhundert diese zwischenmenschliche Machtebene aus *moralischen* Gründen verwehrt bleibt, konzentriert er sich auf die *Nebenschauplätze Zirkus, Tiershow*, *Zoo.* Die Protagonisten sind beispielsweise *Bären* oder *Löwen* im Zirkus, *Delfine* und *Wale* in *Aquashows* und alle gefangenen Wesen in Zoos. Diese Haltung dem Tier und letzthin der Natur gegenüber wird von frühester Kindheit an nicht nur vermittelt, sondern gefördert. Hier zwei Beispiele:

1) Kinder im Wattenmeer, *ausgestattet* mit kleinen Netzen, sind konzentriert damit beschäftigt, Meeresbewohner einzufangen, zu lagern und/oder gleich wieder ins Wasser zurückzubefördern. In diesen Aktionen liegt bereits ein durch

Erwachsene in die Wege geleiteter *Lernerfolg:* Die Vermittlung einer Hierarchie, die die Menschheit über die Nichtmenschheit stellt, also die Legitimation der (vorübergehenden) Gefangennahme von Lebewesen.[39]

2) Ausflugsreedereien bieten sogenannte *Erlebnisfahrten* an, im Rahmen derer Meerestiere mittels Schleppnetzen gefangen und an Bord gehievt werden, um sie zu betrachten, zu kommentieren und entfernt von ihren Habitaten zurückzusetzen.

Natürlich habe ich es in jungen Jahren zusammen mit Freunden geliebt, im flachen Wasser das Treiben von diversen Kleinstlebewesen zu beobachten, jedoch war es mir fremd, diese aus ihrem gewohnten Lebensumfeld herauszuholen. Und bis heute frage ich mich, warum das gemacht werden muss. Diese Aktionen stören und irritieren die Lebensgewohnheiten und -räume empfindlich, da die Lebewesen aus ihren Daseins- und gegebenenfalls sozialen Zusammenhängen gerissen und willkürlich wieder zurückgesetzt werden, was nicht im Interesse der Tiere ist. Der Informationsgehalt im Rahmen dieser Betrachtungen ist, objektiv gesehen, äußerst dünn. Außer, dass man sich Farben und Formen des jeweiligen Lebewesens anschauen und paradoxerweise mit denen, die in *Aquarien leben*, vergleichen kann. Was bleibt, ist die Tatsache, dass das Wesen einem fremd ist und nur dadurch eine Art Reiz ausübt. Im Großen und Ganzen sollen die *fremden Wesen* durch ihr *Fremdsein* unterhalten. Erkennen, Begreifen, Wissen ist nicht gefragt, käme man in diese Dimensionen, würde sich eventuell ein *Mitgefühl* bemerkbar machen, das den Unterhaltungswert und die Lust am *Fischen* eintrübt, was weder im Interesse der Ausflugsreedereien noch

[39] siehe auch Kap. 2.2.3 *Die Sprache*

der Touristen wäre. Hier steht Spaß an erster Stelle, nicht das Thema *Tier*.

Ähnlich verhält es sich im Falle der erwähnten *Tier-Shows*, nur ist hier die Kategorie *Entertainment* extrem ausgeprägt und begleitet von einem weiteren Aspekt:

Dem des *Eigentums*, der im nächsten Abschnitt *Haustierhaltung* eine zentrale Stellung einnimmt. Die Betreiber von Zirkussen und Tiershows sind dem Gesetz nach *Eigentümer* von Lebewesen und präsentieren stolz Ergebnisse aus Dressur und Drill. In *Freak-Shows* und *Eingeborenen-Dörfern* herrschten ähnliche *Eigentumsverhältnisse*. Die Philosophin Cora Diamond hat zum Thema der *Eigentumsrechte* geschrieben:

> Die Rechte der Eigentümer von Menschen – also deren Eigentumsrechte – prägen das Problem, das die Sklaverei in dieser Welt darstellt. Man denke an die 1840er Jahre und male sich aus, wie es war, wenn jemand meinte, die Personen, die verhungern oder an Krankheiten zu sterben drohten, hätten ein Recht auf Leben; deshalb sollten ihnen die von diversen Hilfsorganisationen gehorteten Nahrungsmittel zur Verfügung gestellt werden. Ein entsprechendes Vorgehen wurde jedoch von den Behörden untersagt, denn die Hungernden umsonst oder gegen einen günstigen Preis mit Nahrungsmitteln zu versorgen, hätte das allgemeine Preisniveau gesenkt und somit den Gewinn reduziert, was einen Eingriff in die Eigentumsrechte bedeutet hätte.[40]

Tiere haben, wie zu Zeiten der Sklaverei oder menschlicher *Zur Schau Stellungen* einen bestimmten Marktwert, an dessen Stabi-

---

[40] Cora Diamond, *Menschen, Tiere und Begriffe,* Suhrkamp Berlin 2012, S.158

lität und Steigerung diejenigen, die mit diesen Tieren handeln, ein fundamentales Interesse haben. Würde nun *Tierrechts-Organisationen* gestattet, Tiere aus Zirkussen und Tier-Shows zu befreien, *auszuwildern* oder in *Schutzgebiete* zu bringen, würde der Marktwert sofort anfangen, rapide zu sinken, was sich unmittelbar auf die Eigentumsrechte, bzw. auf die Rechte, Lebewesen zu *erwerben* und mit ihnen *Geschäfte zu machen*, auswirken würde. *Wilde Lebewesen* nützen dem Menschen nichts, da sie keinen Mehrwert besitzen; außer wenn man sie gegen hohe Gebühren erlegt. In der Regel jedoch ist es der Besitz, der den Wert steigert. Und da gibt es nach der aktuellen Gesetzgebung keinen Unterschied zwischen Lebewesen und Sachen.[41]

Früher hatte ich im Rahmen meiner wenigen Zirkusbesuche immer die stille Hoffnung, dass den Artisten etwas passiert, dass ein Sprung danebengeht oder das Netz reißt. Den Tieren wünschte ich jedoch Glück und Unversehrtheit. Meine missgünstigen Fantasien den Menschen gegenüber stellten keine bösen Wünsche dar, sondern eher erste Regungen von Sensationslust. Und diese Sensationslust gehört zur Grundausstattung derjenigen, die *Aqua-Shows* oder *Zirkusse* besuchen oder TV-Dokumentationen über das *wilde Leben in der Savanne* anschauen. Es geht hier nicht um die Tiere, die, genauso wie die Menschen, zuweilen bedrohlichen Situationen ausgesetzt sind, sondern einzig und allein um den Menschen und seiner Lust, das Leid des *niederen Wesens* zu erleben. Der *Stierkampf* ist das Präzedenzbeispiel der destruktiven Freude an diesem Leid. Wenn allerdings auf bestimmte Zirkusnummern oder Vorführungen in Aqua-Parks verzichtet wird, dann geschieht das nicht aus einer Empathie für die nichtmenschlichen Wesen, sondern

---

[41] siehe auch Kap. 2.1.1 *Das Gesetz*

ganz allein aufgrund dessen, dass der Mensch aus seinen eigens kreierten Darbietungen Schaden erleiden könnte.

So werden also bei *SeaWorld* in Florida Shows mit *Orca-Walen* deswegen nach und nach eingestellt, weil es zu Unfällen mit Menschen kam.[42] Aus der Gefangenschaft werden sie deshalb noch lange nicht entlassen, lediglich die Fortpflanzung wird *unter Kontrolle* gehalten. Hier sind Marktwert und Besitzanspruch die *entscheidenden* Kategorien.

Wenn es um *Entertainment* geht, scheint der *Verwendung* von Tieren keine Grenzen gesetzt zu sein. Hier besteht grundsätzlich, aber auch aufgrund der Entwicklung der digitalen Unterhaltungswelt, beim Gesetzgeber ein dringender Nachholbedarf, was die Ausbeutung und Nutzung von Lebewesen anbelangt. Inzwischen ist es populär, in den *social media* Fotos und kurze clips von den *eigenen* Haustieren zu posten, selbst eigene accounts der Tiere sind en vogue. Ein großer online-Versandhandel fordert auf der Startseite dazu auf, sein *Haustier-Profil* zu erstellen. Neben dem geschilderten groß angelegten Unterhaltungssektor haben wir es hier mit einer Art privatgesellschaftlichen Zwang der Präsentation von Haustieren, überwiegend besonderen Züchtungen zu tun, die ausschließlich der Unterhaltung dienen. Die Frage nach der Berücksichtigung der Lebensinteressen dieser Tiere erübrigt sich, da dieses Geschäft nur dem eigenen *Profil*, wie der erwähnte Versandhandel ungewollt korrekt formuliert dient. Hier wird noch einmal besonders deutlich, dass Tiere *in realiter* ungeschützte Wesen sind.

---

[42] http://rtlnext.rtl.de/cms/orca-nachwuchs-in-seaworld-es-ist-das-letzte-killerwal-baby-in-gefangenschaft-4111378.html (Stand 09/18)

2.1.4 Die Jagd

Ich möchte dieses Kapitel mit einem Zitat des Biologen *Edward O. Wilson* einleiten:

> The full scale of the assault *(on non human animals)* began at the start of the Industrial Revolution. It was foreordained by the extermination of most of the mammal species in the world more than ten kilograms in weight, collectivily called the megafauna, a process begun by Paleolithic hunter-gatherers and thereafter increased in stages enabled by technological innovation.[43]

Anhand dieses Zitates wird ein seltsam anmutender Widerspruch in der Menschheitsgeschichte deutlich: Der *archaische* Instinkt, jagen zu müssen, um existieren zu können, nimmt mit Zunahme der *Zivilisierung* nicht ab, sondern zu, da die Instrumente für die Jagd im Zuge der Industrialisierung immer *effektiver* und *perfekter* werden, obwohl aufgrund der Technisierung der Ernährungsindustrie, der allgemeinen Technisierung und seit kurzem der Digitalisierung vieler Industriezweige ohne weiteres auf das Jagen verzichtet werden könnte. Man kann sogar davon sprechen, dass die Jagd mit immer ausgeklügelteren Waffensyste-

[43] Edward O. Wilson, *Half-Earth – Our planet's fight for life*, Norton, London 2016, S. 72
„Das Ausmaß der Jagdtätigkeiten (auf nicht menschliche Tiere) begann zu Beginn der industriellen Revolution. Es wurde vorherbestimmt durch die Ausrottung der meisten Säugetierarten in der Welt, mehr als zehn Kilogramm schwer, kollektiv die Megafauna genannt, ein Prozess, der von paläolithischen Jägern und Sammlern begonnen und danach schrittweise durch technologische Innovationen gesteigert wurde."

men ein zunehmender gesellschaftlicher Zeitvertreib wurde, der völlig losgelöst von existenzieller Relevanz oder einer vermeintlichen zivilisatorischen Entwicklung der Gesellschaft an sich existiert. Wir haben es offenbar mit einem Urinstinkt zu tun, auf den wegen seines exklusiven Reizes, Macht zu beweisen, nicht verzichtet werden kann. Oder steckt im Menschen eine tiefe Angst, dass sich, wenn nicht gejagt wird, Eigentumsverhältnisse zugunsten der nichtmenschlichen Lebewesen ändern? Wenn eine Errungenschaft der Zivilisation die der Ausprägung und Weiterentwicklung der *Ratio* sein sollte, dann wird sie beim Thema *Jagd* komplett deaktiviert; ungeachtet der *rational* anmutenden Begründungen von Notwendigkeiten der Jagdstrecken seitens Förstern und Jägern in heimischen Wäldern. Die Liste der Argumente für die Jagd im europäischen Gebiet ist lang und behördlich autorisiert. Der beim Staat angestellte Förster/Jäger unterscheidet sich demnach von privat agierenden, ob legal oder illegal, sei dahingestellt, lediglich durch die behördliche Legitimierung.

Ein Ergebnis dieser Verfolgung der Tiere ist eine tiefe Scheu eben dieser Tiere vor uns Menschen, die bewirkt, dass wir Menschen diese *wilden Wesen* nur selten zu Gesicht bekommen, da sie sich verbergen müssen. Also werden *Wildgehege* angelegt, damit die Tiere wenigstens in Gefangenschaft beobachtet werden können, was das gestörte Verhältnis vom Menschen zum Tier unterstreicht: Er jagt das Tier, das sich versteckt, und nimmt es gefangen, um es anzusehen.

Wolfsrudel könnten die Tätigkeit des Jägers ersetzen, was aber offenbar nicht gewünscht ist, da, wie dargestellt wurde, es sich bei der Tätigkeit des Jagens eher um die Folge eines teilweise zwanghaften archaischen Urinstinktes handelt als um eine das Zusammenleben mit Tieren förderliche Profession.

Nicht anders zu erklären ist die Tatsache, dass in Landstrichen, in denen Wölfe angesiedelt wurden – ein ebenfalls zu hinterfragender Akt des menschlichen Eingreifens – um das Aufkommen des Rot- und Schwarzwildes zu regulieren, die Jagdtätigkeit nicht abgenommen hat, obwohl die Wolfsrudel ihren Aufgaben nachgekommen sind.

> Die Jäger in der Oberlausitz erlegen auf gleicher Fläche etwa zehnmal so viel Rot- und Schwarzwild wie die Wölfe. Und obwohl die Wölfe nahezu ebenso viele Rehe wie die Jäger erbeuten, sind auch hier die Abschüsse so gut wie unverändert. Der Tribut, den die Wildbestände den Wölfen zollen, schlägt sich in den amtlichen Jagdstrecken also bislang nicht nieder. (...) Geht man davon aus, dass ein vier- bis zehnköpfiges Wolfsrudel in der Lausitz auf durchschnittlich 25.000 ha (250 km) jagt, so ergibt sich eine Wolfsdichte von 0,02 bis 0,04 Tieren pro 100 Hektar. Zum Vergleich: auf 100 ha Jagdfläche kommt in Deutschland durchschnittlich ein Jäger.[44]

Unabhängig *von wald- und wildregulierenden* Maßnahmen, die zum üblichen Aufgabengebiet des Försters gehören, ist es nicht im Interesse des Försters oder Jägers, auf das Töten von Tieren zu verzichten. In der Tat wäre eine Langzeitstudie mit anschließender Evaluation notwendig, dessen Gegenstand der Verzicht auf jegliche Jagdtätigkeit und die daraus resultierende Wirkung auf das Berufsbild und Leben des jeweiligen Försters wäre. Die Alternative zur Jagd wäre die ökologische Bewirtschaftung des Waldes: Schutzgebiete für Baumwuchs, Wildnisgebiete, die

[44] *Mit Wölfen leben,* Ministerium für Umwelt, Gesundheit und Verbraucherschutz des Landes Brandenburg (MUGV, Hrsg.) S.20/23

nicht betreten werden dürfen, ausgedehnte Ruhezonen für die Tiere, etc. Diese Studie würde allerdings voraussetzen, dass der Wald nicht mehr als *Wirtschaftsgut* genutzt, sondern als sich selbst überlassenes Ökosystem definiert wird. Der Förster/Jäger müsste die Möglichkeit zur Weiterbildung zum *Ranger*, also *Waldschützer,* erhalten und lernen, mit den die Wildpopulationen regulierenden Wölfen zu leben.

Die Studie könnte beispielsweise 100 Jahre vor dem genannten *Tag X* beginnen, von dem an die Jagd grundsätzlich nicht mehr gestattet ist.

Eine gegenteilige Entwicklung ist hingegen Realität. Während ich an diesem Bericht schreibe, wurde das Jagdgesetz des Landes *Nordrhein-Westfalen* novelliert.[45] In weiten Teilen der Novelle erfolgt keine Anpassung an zwingende gesetzliche Notwendigkeiten oder neue ökologische oder wildbiologische Erkenntnisse, weswegen der Verdacht eines Lobbyismus der Politik mit den Jagdverbänden naheliegt. Zentraler Kritikpunkt am Gesetzentwurf aus Sicht von Natur- und Tierschutzverbänden ist unter anderem die Wiederaufnahme von Säugetierarten wie Wildkatze und Fischotter in das Jagdrecht. Nach einem Gutachten des Bundesumweltministeriums ist eine Aufnahme solcher Arten, die im Anhang 4 der FFH-Richtlinie gelistet sind und zudem nach Bundesnaturschutzgesetz streng geschützt sind, sowohl verfassungsrechtlich als auch EU-rechtlich nicht zulässig. Ähnlich sieht es bei einigen Vogelarten aus, die wieder in das Jagdgesetz aufgenommen werden sollen, aber nach EU-Vogelschutzrichtlinie nicht für die Jagd in Deutschland freigegeben sind. Dazu zählen beispielsweise Greifvögel, Graureiher, Gänsesäger, Haselhuhn, Turteltaube und Schneegans.

[45] https://www.bund-nrw.de/themen/natur-landwirtschaft/naturschutz/im-fokus/jagd/novelle-landesjagdgesetz-2018 (Stand03/19)
https://www.wildoekologie-heute.de/themen/landesjagdgesetz-nrw/ (Stand 02/20)

Diese Entscheidungen beweisen einmal mehr, dass es sich bei der Jagd um eine Tradition des *Tötens* handelt, die, wie bei japanischen Walfängern auch, um keinen Preis aufgegeben werden darf.

Nicht ohne Grund wird die Jagd in ihrer heutigen Form sowohl vom Naturschutz als auch vom Tierschutz kritisch gesehen. Eine wichtige Ursache dafür ist das Reformdefizit des Jagdrechts: So sind in das seit 1952/53 im Wesentlichen unverändert fortgeltenden Bundesjagdgesetz wichtige Erkenntnisse der Wildtierökologie sowie des Natur-, Arten- und Tierschutzes ebenso wenig eingeflossen wie die veränderten gesellschaftlichen Anforderungen an die Jagdausübung.

In der Öffentlichkeit wird die *Jagd*, genauso wie die jagenden Personen selbst, nicht besonders kritisch wahrgenommen oder kommentiert, es sei denn, es kommen versehentlich Menschen zu Tode.

Die Gründe für diese *selbstverständliche* und eher positive Bewertung finden wir auch in der Verklärung des Jagens aus Kindertagen anhand von Kinderbüchern, in denen die Jagdgemeinschaft von Kindern und Erwachsenen mit *Waidmannsheil* begrüßt wird, der Dackel *niedlich* ist und der *Förster/Jäger* als Hüter des Waldes dargestellt wird. Auch im deutschen Volksliedgut kommt der Jäger ganz gut weg. Wieder begegnet uns eines dieser *Selbstverständnisse*, die nicht in Frage gestellt werden dürfen, weil es einen breiten gesellschaftlichen Konsens gibt. Und dies, obwohl diesem Selbstverständnis eine Gewaltideologie zugrunde liegt.

Aber auch hier gilt der Grundsatz, dass die oben erwähnte Öffentlichkeit mit den Folgen des Schießens auf Tiere, also dem Prozess der Verarbeitung, nichts zu tun haben will, um nicht in Gefühlszonen zu geraten, die in Konflikt mit dem Selbstverständnis stehen. Genau wie in der fleischverarbeitenden Industrie sind die Hot Spots des Jagens und Schlachtens nicht erkennbar. Lediglich Hochsitze weisen auf die Tätigkeiten hin, die realen Tötungsmaßnahmen finden im Morgengrauen statt, wenn der Mensch noch ruht und das Tier sich im Rahmen seiner Nachtaktivität zum Fressen auf die weiten Flächen wagt und *überlistet* werden kann.

Jagdpachten können online gekauft werden – ein nicht ganz unprofitables Geschäft für die Landkreise, bzw. Forstämter –, auch diese treten in der Öffentlichkeit nicht in Erscheinung und wenn, dann mit dem Label des Naturschutzes (*Jagd ist aktiver Naturschutz*), was angesichts der *Lust am Töten* kein Tatbestand ist, sondern einer bemühten Rechtfertigung gleichkommt. *Hobbyjäger* erwerben – wie *Hobbyangler* auch – Lizenzen zum Jagen und regen mit diesen teilweise kostspieligen Genehmigungen Wirtschaftskreisläufe an, die Geld in die Kassen der Landkreise spülen. Besonders in finanzschwachen Gemeinden sind diese Einnahmequellen von nicht minderer Bedeutung, wie folgendes Zitat belegt:

> ... die Stadt Lychen unterhält 2 Eigenjagdbezirke die eigenständig durch Forstpersonal bzw. ortsansässige Jäger bewirtschaftet werden.
> Die Ausnahme bildet die Vergabe von Jagdmöglichkeiten an Jagdgäste. Es ist nicht beabsichtigt, den Jagdtourismus in den Eigenjagdbezirken der Stadt Lychen weiter zu etablieren, gleichwohl es aufgrund der Haushaltslage der Stadt Lychen nicht ganz ausgeschlossen ist.[46]

[46] Antwort auf eine den Jagdtourismus betreffende Anfrage an den Magistrat der Stadt Lychen. Forstamt der Stadt Lychen am 11.7.2017

Die vorsichtige Formulierung in diesem Zitat lässt darauf schließen, dass der Schritt zum *Jagdtourismus* nicht mehr weit ist.

Im Folgenden ein kleiner Exkurs zu den schädigenden und nachhaltigen Folgen des Jagens:

Durch die Jagd werden stabile Sozialstrukturen zerstört. Füchse beispielsweise haben entgegen ihrer Lebensgewohnheiten kaum noch feste Reviere, die sie für eine beständige Paarbindung benötigen, sie wandern umher und pflanzen sich unkontrolliert fort. So bedingt die Jagd nicht nur einen Anstieg der Geburtenrate, sondern trägt darüber hinaus zur Verbreitung potenzieller Krankheiten bei.

Für den Angler spielt zusätzlich die *Trophäe* eine Rolle, wenn er nicht gerade aus finanziellen Notständen darauf angewiesen ist, selbst gefangene Fische zu essen. Das Angeln ist eine, von der Gesellschaft weitestgehend akzeptierte, Variante der Großwildjagd in afrikanischen Staaten.

Das Bild des Anglers hat immer auch etwas Verklärendes, fast schon Romantisches, weswegen es niemals eingetrübt werden kann, da die Wirkung so massiv ist. Die geduldvolle, fast schon meditative Haltung des *Angelnden* inmitten schönster Natur vermittelt die Sehnsucht nach Ruhe und Entspannung fern von der hektischen Welt. Kinder können den Fang im Eimer bewundern und der Angler gibt bereitwillig Auskunft über die Art, Größe und Geschmack der gefangenen Fische, vielleicht können sie ja auch gestreichelt werden. Was hier wie eine idyllische kleine Welt klingt, in der auch noch eine Art *Tierpädagogik* stattfindet, bedeutet für die Tiere purer Stress, bevor sie getötet werden. Die Aufgabe der Eltern wäre es, ganz objektiv gesehen, dem Kind eben genau dieses Leid der Fische zu vermitteln, um Zuwendung, empathische Fähigkeit und Lebenszugewandtheit zu fördern. Leider findet diese Form der Sicht auf die Realität im Falle der Fische nicht statt. Wird hingegen eine Giraffe von einem Jagdtouristen getötet, löst diese Aktion in der Regel eine globale Welle des Protestes aus. Dieser Speziesismus findet im zwischenmenschlichen Kontakt permanent statt. Die gesellschaftliche Wertigkeit von Migranten aus der *Dritten Welt* und die damit verbundene Form der Berichterstattung und Wahrnehmung in der *Ersten Welt* ist eine komplett andere als die unter den Mitgliedern der *Ersten Welt.* In kriegerischen Auseinandersetzungen werden in der Regel für eine getötete Person des höher angesehenen Volkes eine Vielzahl von Personen des niedriger bewerteten Volkes getötet. Mit diesem Mechanismus eines festgefügten Bewertungssystems haben wir es auch bei dem Vergleich des Angelns mit der Großwildjagd zu tun. Setzen wir diese Betrachtungen der Wertekategorien fort, so kann die unterste Kategorie in der Insektenwelt gefunden werden, die permanent unzählige Opfer von Verlusten zu verzeichnen hat. Fronten von Autos, Lkws, Bussen und Triebfahrzeugen der Bahn sind Kollateralinstrumente des Jagens. Die Jagd ist also nicht beabsichtigt, sondern eine Begleiterscheinung des menschlichen Fortbewegungsverhaltens. Wird schon bei Fischen das Leid ignoriert, dass die Tiere aufgrund der Jagd erleben, so fehlt in Bezug auf diesen Tatbestand komplett jegliche Wahrnehmung. Lediglich eine zynische Bilanz ist weit verbreitet: Anhand der abnehmenden Mengen von getöteten Insekten auf Fronten von Verkehrsmitteln wird ein Rückgang der Insektenarten festgestellt.[47] Die Diskussionen um Geschwindigkeitsbegrenzungen sind bekanntermaßen ausschließlich auf menschliches Fehlverhalten zurückzuführen. Auf eine Gesetzesnovelle, die Geschwindigkeiten sowohl im Straßen- als auch im Bahnverkehr auf 80km/h zu reduzieren, um einen konkreten Beitrag

[47] https://www.br.de/nachricht/insektensterben-weniger-insekten-auf-der-windschutzscheibe-factfox-100.html (Stand 05/19)

zur Regenerierung der Insektenwelt zu leisten, würde auf breites Unverständnis stoßen. Die *unfreiwillige* Jagd auf Insekten, an der der überwiegende Teil der Menschheit beteilig ist, wird und kann nicht zum gesamtgesellschaftlichen Thema gemacht werden, weil auf diese Thematisierung massive Einschränkungen in der Mobilität folgen müssten, die nicht zu vermitteln sind.

Es mutet seltsam an, dass der fortbewegende Mensch zwar das Insektensterben beklagt, sich jeglicher Mitverantwortung entzieht, anhand seiner Autofrontscheibe jedoch erkennen müsste, dass er an dieser Auslöschung beteiligt ist. Stattdessen zieht er seine Beobachtung als Bilanz eines Niederganges heran, die jenseits seines Aktionsradius und seines Gefühls, Verantwortung übernehmen zu müssen, liegt. Hier zeigt sich die fast schon unauflösbare Widersprüchlichkeit des Verhältnis Mensch zum Tier in ihrer klarsten Form.

Der *Homo erectus* hat vor ca. 1.5 Mio. Jahren mit der Jagd und vor ca. 150.000 Jahren mit dem Fischen begonnen. Die Gründe sind weitestgehend bekannt: Einerseits hatte der archaische Jagdtrieb eine zentrale Bedeutung, andererseits musste die Ernährung gesichert werden und schließlich war auch die Verteidigung, besonders im Falle von nahrungssuchendem Großwild, der Grund, das Jagen zum Alltagsgeschäft zu machen.

Heute ist davon lediglich die *Lust am Töten* und der *Machtbeweis* übriggeblieben, also eine zum Teil als *Profession* getarnte *Freizeitbeschäftigung*, die ihre *Legitimation* lediglich durch das Berufen auf *Tradition* erhält. Diese *Lust am Töten* findet im zwischenmenschlichen Bereich ihre destruktive Anwendung in Kriegsszenarien, ist aber ebenso wie das Vernichten von nichtmenschlichen Lebewesen Alltagsbestandteil, da sie massiv über die Medien vermittelt wird. Die Nachrichten über Tötungen von Menschen üben einen nahezu existenziellen Reiz aus, der dem Trachten des Menschen nach Zerstörung Rechnung trägt. Ich bin der Überzeugung, dass nach dem anvisierten *Tag X* ausschließlich Nachrichten über Tötungen von nichtmenschlichen Lebewesen und deren strafrechtliche Verfolgung den Menschen zu einer Art Besinnung bezüglich seines Hangs zur Destruktion bringen würde. Das Zerstören nichtmenschlicher Lebensräume würde dann wie ein Spiegel des universellen menschlichen Zerstörungstriebes wirken.

Abb. 4

2.2 Über die Interessen

> Da manchmal gesagt wird, das Leben im menschlichen Kontext entspreche nicht der „Natur“ der Tiere oder sei nicht „artgerecht“, stellt sich hier die Vorfrage, ob unter ethischen Gesichtspunkten nicht die ganze Domestizierung von Tieren ein Irrweg war.[48]

Jeder Mensch übernimmt eine Verpflichtung und eine Verantwortung den Lebewesen gegenüber, mit denen er sich entschieden hat, zusammenzuleben. Wenn ich den Umgang mit Pflanzen und Tieren in meinem Alltag beobachte, so fällt mir überwiegend auf, dass es offenbar nicht um das Lebewesen geht, sondern um den Menschen an sich. Zurzeit ist es global gesehen *en vogue,* Billionen von Bäumen zu pflanzen. Was nur selten an die Oberfläche der Berichterstattung sickert, ist die Tatsache, dass ca. 50% dieser Neuanpflanzungen eingehen, weil sie nicht nachhaltig gepflegt, d.h., mit Wasser versorgt werden oder falsch eingepflanzt wurden. Das Image eines Unternehmens, das sich aus werbewirksamen Gründen dafür einsetzt, dass Bäume gepflanzt werden, erhält mit dieser *guten Tat* weitaus mehr Aufschwung, als wenn es bekannt geben würde, sich um die Pflege bestehender Pflanzen zu kümmern. Es ist im Interesse des Unternehmens, das sich Input und Output die Waage halten. Im folgenden ein regionales Beispiel:

Es haben sich eine Gruppe von Nachbarn, die einen großen Garten anteilig mitgemietet haben und sich dort zuweilen treffen, entschlossen, von *Milch* auf *Haferdrink* im Kaffee, Tee oder Müsli umzusteigen, weil sie festgestellt haben, dass sie nach der Umstellung weniger körperliche Probleme haben. Nun könnte

[48] Ursula Wolf, *Ethik der Mensch-Tier-Beziehung,* Klostermann, Frankfurt 2012, S.95

man denken, dass sie sich darüber bewusst sind, mit dieser Entscheidung zur Reduzierung des Tierleids beizutragen und dies als *Kollateralnutzen* in ihre Überlegungen/Entscheidungen miteinzubeziehen. Ich wollte noch weitergehen und an die oben erwähnte Verantwortung appellieren und vorschlagen, auf Eier und Butter zu verzichten. Bevor es jedoch zu meinem Hinweis auf diese mögliche *Korrespondenz* zwischen ihrer Entscheidung für den *Haferdrink* und dem *aktiven Tierschutz* kam, wurde der Verdacht geäußert, ich würde belehren, wenn nicht sogar maßregeln wollen.

Diese Reaktionen bestätigten meine Beobachtungen und bestärkten meine Vermutung, dass es sich, wenn man sich mit Tieren und Pflanzen umgibt, in erster Linie um *Eigeninteressen* handelt und nicht um die der Wesen. In dem Beispiel aus der Nachbarschaft schwingt noch eine andere Komponente mit: Man möchte nicht in den *Verruf* geraten, dass eine persönliche Entscheidung für ein tierproduktfreies Lebensmittel vom *Tierschutz* motiviert ist. Ganz im Gegenteil: Es soll sogar vermieden werden, dass die individuelle Entscheidung mit dem *Tierschutz* in Zusammenhang gebracht werden könnte. Mich erinnert diese Kategorisierung an die Haltung gegenüber der Sklaverei. Man stelle sich vor, der *Sklavenhalter* würde die Interessen seines Sklaven berücksichtigen, indem er seinen Sklaven an seiner, von besonders guten und wertvollen, gesundheitsfördernden Produkten geprägten Ernährung teilhaben lässt, damit es diesem gut geht, und diese Haltung noch als eine Pioniertat für eine zukunftsweisende Behandlung der Sklaven darstellt. Der Imageschaden dieses *Sklavenbesitzers* wäre nicht wieder zu beseitigen.

Was also fürchten nun die Nachbarn? Einen Imageschaden? In die Nähe des in der Gesellschaft eher nicht angesehenen *Tierschutzes* gerückt zu werden? Oder sich für Wesen einzusetzen, die eine eindeutig mindere Stellung in der Hierarchie alles Lebenden haben? Mir ist es nicht gelungen, dieses Rätsel zu lösen, da sich bei dem Thema der Beziehung zwischen Mensch und Tier unweigerlich eine hohe emotionale Komplexität entfaltet, in der *Schuld* und *Gewissen* zentrale Rollen spielen. Stelle ich die Frage, ob die Nachbarn sich nun, da sie auf *Haferdrink* umgestiegen sind, als partielle *Tierschützer* fühlen, was sie objektiv gesehen sind, so erhalte ich als Reaktion nahezu ausschließlich Abwehr. Demzufolge können natürlich auch die Vogel- und Insektentränken nicht nachgefüllt, geschweige denn aufgestellt werden, da der Mensch im Zentrum des Interesses steht und nicht das (niedere) Tier. Der Graben zwischen Empathie (Interesse) für das Tier und Empathie für den Menschen, wenn es sich nicht gerade um einen *Sklaven* handelt, ist tief und kann nur schwer überbrückt werden.

Dieses Beispiel stammt aus der Welt der *Nicht-Tierhalter* und ist somit in gewisser Weise nachvollziehbar, da die erwähnten Nachbarn weder bewusst noch aktiv mit Tieren in Berührung kommen, <u>obwohl</u> sie Mitmieter eines großen Gartengrundstückes und damit Verpflichtungen eingegangen sind, die jedoch an dieser Stelle nicht weiter vertieft werden sollen.

Wenden wir uns *Besitzern* von Tieren zu, deren *Interesse* darin besteht, mit *ihrem* Tier zusammenzuleben. Hier haben wir es mit in der Regel einseitigen Abhängigkeiten zu tun.

Was also dramatisch klingt, im Detail betrachtet auch dramatisch ist, wirkt im Alltag *selbstverständlich:* Hunde und Katzen leben mit ihren *Haltern* in Wohnungen, Vögel leben zumeist in *Käfigen,* Fische schwimmen in *Aquarien*, Kaninchen fristen in *Käfigen* oder *Gehegen* ihr Dasein, Reptilien in *Terrarien* und Kühe in *Ställen*, um nur einige zu nennen.

Dazu kommt das geschilderte *Interesse* des *Tötens* und des *Verzehrens*, das ebenfalls eine *selbstverständliche* Gewohnheit unseres täglichen Seins darstellt, und schließlich das *Interesse*, nichtmenschliche Wesen als Objekte der Unterhaltung zu benutzen.

Kein *Interesse* hat der Mensch am Verspeisen seines *eigenen* Tieres, an Präsentationen von Zerlegungsprozessen des geschossenen oder geschlachteten Wesens, der Fischkonsument möchte nicht mit den Tötungs- und Verarbeitungsschritten in der Fischerei konfrontiert werden und die Gäste zum *Gänsemahl* an entsprechenden Festtagen legen keinen Wert auf Informationen über das Vorleben des Tieres, das größtenteils von Mästen und Gefangenschaft geprägt war.

Die *Interessenlagen* sind also von scheinbaren Widersprüchen geprägt, die jedoch durch eine alles umfassende Schnittmenge widerlegt werden: Die *Gefangenschaft.*

Die ist beispielsweise nötig, um Ernährungsgewohnheiten, insbesondere in westlichen Industrienationen in ihrer größtmöglichen Vielfalt zu sichern, wie ich am Beispiel des weit verbreiteten Nahrungsmittels *Milch* deutlich machen möchte. Zu Beginn ein Zitat der auf Ernährung spezialisierten Journalistin *Daisy Buchanan*:

> The Food Standards Agency has found that, among young People, a deliberate avoidance of milk is becoming common: 46% of 16- to 24-years-olds now believe they are allergic to cow's milk compared to 8% of people aged over 75. (...) The culture that is causing us to avoid milk is encouraging us to be frightened of food.[49]

---

[49] Daisy Buchanan *We should be wary of demonising milk*, The Guardian Weekly, 14.4.2017
„Die Food Standards Agency hat herausgefunden, dass immer mehr junge Menschen bewusst auf Milch verzichten: 46% der 16- bis 24-Jährigen glauben nun, dass sie gegen Kuhmilch allergisch sind, verglichen mit 8% der über 75-

Dieses Beispiel erinnert an meine nachbarschaftlichen Erfahrungen in Bezug auf Milch-Konsum. Es zeigt dieselben Resultate: Es geht bei dem Verzicht auf Milch nicht um das Tier, aber das Tier profitiert davon; glücklicherweise. Deswegen ist derjenige, der verzichtet, noch lange kein Tierschützer, da seine Interessen eigenbestimmt sind. Es liegt mir fern, mit diesem Bericht auf Tierschützer-Akquise zu gehen, vielmehr ist es mir ein Anliegen, auf die wirtschaftlichen und letzthin auch inzwischen als nicht korrekten Erkenntnisse bezüglich der Verträglichkeit von Milch hinzuweisen.

Milch war und ist für den überwiegenden Teil der Menschheit ein selbstverständliches Nahrungsmittel, das auch noch die Aura einer starken Gesundheit und glänzenden Kraft umgibt. Auf Milch zu verzichten hieße Lebensqualität aufzugeben. In meiner (Nachkriegs-) Generation der 1960er Jahre wäre niemand auf den Gedanken gekommen, die guten und Kraft spendenden Wirkungen von Milch anzuzweifeln oder auf die Ausbeutung von Kühen zum Zwecke der Milchgewinnung hinzuweisen. In meinen Freundeskreisen war das Wissen, wo die Milch herkommt, rudimentär bis gar nicht vorhanden. Noch heute begegnen mir Menschen, die der Meinung sind, dass Kühe immerzu Milch geben; auch wenn sie nicht schwanger sind. Milch wurde in ihren verschiedenen Verarbeitungsformen ikonisiert, besonders Schlagsahne stand für Wohlstand, Geborgenheit und intakte Natur, inkl. ihrer nichtmenschlichen Bewohner. In meiner frühen Jugend war das Sinnbild der *reinen* Kondensmilch ein *Teddy*, der über intakte Almwiesen taumelte. Die begleitende Melo-

---

Jährigen. ...) Die Kultur, die uns Milch meiden lässt, bewirkt, Angst vor Essen zu haben."

die war ein Ohrwurm, die in mir noch heute Bilder von den animierten Darstellungen wachruft.

Nach heutigem Erkenntnisstand wären keine signifikanten gesundheitlichen Schäden aufgetreten, wenn die deutsche Bevölkerung in der Nachkriegszeit bis heute ausschließlich *Hafer,-Mandel,-Reis-* oder *Sojadrink* anstatt *Milch* zu sich genommen hätte. Die sich am *Tierwohl* orientierende Haltung kommt zu einem ähnlichen Ergebnis: Das Leid und der unermessliche Schaden an nichtmenschlichen Lebewesen hätte nicht stattgefunden. Im Gegenteil: Krankheiten, zu deren Ausbrechen die fettintensive Ernährung mit Produkten aus der milchverarbeitenden Industrie beigetragen haben, hätten verhindert und gelindert werden können, wäre auf dieses Nahrungsmittel verzichtet worden.

Der *Mythos Milch*, von der Nahrungsmittelindustrie, den landwirtschaftlichen Erzeugergemeinschaften und deren Werbestrategen mit ausschließlich positiven Botschaften verbreitet, ist tief in der Gesellschaft verankert. *Milch* in all ihren Varianten ist der Sehnsuchtsort der westlichen Konsumgesellschaft, der von der Werbeindustrie *inhaliert* und gewinnbringend *ausgeatmet* wird: Milch steht für blühende Landschaften, gesunde Wesen, Wiesen, Wohlstand, Frieden und Kraft. Schon das Wort *Milch* zergeht auf der Zunge. *Milchbars*, *Kaba* und *Kondensmilch* sind die Devotionalien, die das Wirtschaftswunder, wenn nicht ermöglicht, so doch immerhin gewinnorientiert begleitet haben. Es liegt auf der Hand, dass diese Sehnsucht, die im nächsten Supermarkt leicht erfüllt werden kann, nicht durch Darstellungen und Vorgehensweisen in der Viehhaltung eingetrübt werden darf.

Aber folgende Situation ist nun mal Tatsache: Kühe geben nur Milch, wenn sie schwanger sind und nach einer Tragzeit von neun Monaten ihr Kalb zur Welt gebracht haben. Ab einem Alter von zwei Jahren beginnt die Dauerschwangerschaft, die darin besteht, dass sie jedes Jahr einmal gedeckt werden. Lässt die *Milchleistung* einige Wochen nach der Geburt nach, werden sie erneut gedeckt, um in eine neue *Laktationsphase* zu treten. Ohne diese neue Schwangerschaftsphase wären sie wirtschaftlich nutzlos, was sie nach ca. fünf Jahren ohnehin sind und geschlachtet werden. Die natürliche Lebenserwartung läge bei 15 bis 20 Jahren.

Die Kälber werden frühzeitig von ihren Müttern getrennt, erhalten auf künstlichem Wege Milch, da in den meisten Betrieben der Milchfettgehalt so hochgezüchtet ist, dass die Muttermilch die Verdauungsorgane des Kalbes schädigen könnte.

Vor diesem Hintergrund entstehen Zweifel darüber, ob diese das Leben der Tiere massiv beeinträchtigenden und letzthin schädigenden Maßnahmen in einem Verhältnis zu einem völlig ungeklärten Mehrwert der Milch für den Menschen stehen können.

Ein Widerspruch, den ich im Folgenden erwähnen möchte, wird komplett ignoriert, eine Thematisierung würde diesem Zweig des Tourismus einen Abwärtstrend bescheren: Das Kalb, das von Kindern auf *Kinderbauernhöfen* gepflegt und gehegt, vielleicht sogar geliebt und mit Illustrationen in Bilderbüchern verglichen wird, hat in der landwirtschaftlichen Realität entweder eine Karriere als Milch- und Gebär*maschine* vor sich, oder einen frühen Tod, was in der Pädagogik konsequent tabuisiert wird, wie die Psychologin und Soziologin *Melanie Joy* ausführt:

> Nicht zufällig gehören junge Kälber, die noch wackelig auf den Beinen sind, zu den beliebtesten Figuren für Kinderbücher. Man kann sich daher vorstellen, wie schockiert viele Menschen sind, wenn sie vom Elend der Millionen Kälber erfahren, die jedes Jahr als un-

> erwünschte Nebenprodukte der Milchindustrie geboren werden. Ohne die Milchindustrie gäbe es nämlich die Kalbfleischindustrie wahrscheinlich gar nicht.[50]

Jedoch hat niemand Interesse, Details über die *Kalbfleischindustrie* zu erfahren, ebenso wenig über die *Milchindustrie,* insbesondere nicht über die Verabreichung von Antibiotika gegen entzündete Euter oder die Massentierhaltung.

Die oben zitierte Autorin *Daisy Buchanan* schreibt in ihrem Artikel:

> Subconsciously I've started to believe that drinking Cow's milk is worse than smoking.[51]

So ganz Unrecht hat die Journalistin nicht, es hängt natürlich immer von der Menge, dem individuellen Organismus und den Ernährungskontexten ab, inwieweit Milch (oder Zigaretten) konkrete Gesundheitsschäden zur Folge haben.

In der Sichtweise eines den Tieren zugewandten Menschen hingegen kann Milch insofern in der Tat als *schlimmer als Rauchen* bezeichnet werden, als dass für die Milch unzählige Tiere leiden und einer Gewaltideologie zum Opfer fallen; nur, weil sie *schmeckt*? Dazu *Melanie Joy*:

> Der moderne Karnismus baut auf flächendeckender Gewalt auf. Dieses Ausmaß an Gewalt ist notwendig,

---

[50] Melanie Joy *Warum wir Hunde lieben, Schweine essen und Kühe anziehen – Karnismus – Eine Einführung,* Münster 2013, S.70

[51] Daisy Buchanan *We should be wary of demonising milk,* The Guardian Weekly, 14.4.2017
„Unterbewusst habe ich angefangen zu glauben, dass das Trinken von Kuhmilch schlimmer ist als das Rauchen."

um genug Tiere zu schlachten ...[52]

Würden allerdings objektiv verwertbare Erkenntnisse, dass *Milch* irreparable Schäden[53] – wie beispielsweise das Nikotin – im menschlichen Organismus verursacht, in die Gesetzgebung einfließen, würden höchstwahrscheinlich ähnliche Darstellungen wie bei Zigarettenpackungen auf Milchpackungen veröffentlicht, jedoch nicht aus Tierschutzgründen, sondern aus Menschenschutzgründen. Es ginge, wie üblich, um die *Interessen* der Menschheit und nicht um die der nichtmenschlichen Wesen.

Interessant an *Buchanans* Zitat ist, dass sie es kritisiert, Milch abzulehnen, weil ihr Milch schlichtweg *schmeckt*. Im Unterbewusstsein entwickelt sie hingegen eine Abneigung gegen Milch, deren Herkunft sie aber nicht eindeutig klären kann. Wahrscheinlich entsteht die Abneigung aus dem gemeinschaftlichen Kodex einiger jugendlicher Bevölkerungsschichten, die von Milch auf vegane Varianten umgestiegen sind. Die Berichte aus der Tierhaltung werden mit an Sicherheit grenzender Wahrscheinlichkeit nicht der Auslöser für die unterbewusste Entfremdung von der Milch sein.

Aus ethischer Sicht ist es nicht zu verantworten, das Leid unzähliger Kühe in Kauf zu nehmen, nur weil das Produkt dieses Wesens *schmeckt*. Hier gilt es auch zu untersuchen, ob es nicht viel mehr auf die Gewohnheit zurückzuführen ist, Milch zu trinken, als dass sie wirklich *schmeckt*. In ethischem Sinne wäre dies noch kritischer zu betrachten.

In der Öffentlichkeit, in den Medien und in der Werbung wurde und wird Milch stets in einen positiven, romantisierenden Kontext gesetzt, der in erster Linie Kinder und junge Erwachse-

---

[52] Melanie Joy *Warum wir Hunde lieben, Schweine essen und Kühe anziehen- Karnismus – Eine Einführung* Münster 2013, S.36

[53] Dr. med Ernst Walter Henrich, *Wie gesund ist Milch wirklich?* https://www.provegan.info/de (Stand 04/17)

ne ansprechen soll, die mit diesen Strategien ein Leben lang an das *Lebenselixier* Milch gebunden werden. Mich hat als Kind die *lila Kuh* eines Schokoladenfabrikanten fasziniert, insbesondere deren farbliche Korrelation mit den Wiesen, auf denen sie ihr sichtbar *glückliches* Dasein fristete.

In unserer Familie war auch das Kondensmilchprodukt *Milchmädchen* sehr prominent aufgestellt, es wurde direkt aus der Tube zu sich genommen. Meines Erachtens eine Folge des kriegs- und nachkriegsbedingten Mangels. Auch die Schlagsahne zum nicht minder tierfetthaltigen Kuchen war ein sonntägliches Highlight. Zuweilen war uns Kindern die Schlagsahne wichtiger als der Kuchen. Schon die gewachsten hellbeige oder rosafarbenen Tetrapacks im Westen oder die Milchflaschen mit unterschiedlich farbigen Aluminiumdeckeln im Osten hatten es uns angetan. Die gewachste Pappe war gut anzufassen und die verschiedenfarbigen Deckel auf den Flaschen gaben den Hinweis auf den Inhalt und damit Anlass zu Ratespielen. An der Öffnung in beiden Varianten hatte sich zudem immer ein außerordentlich gut schmeckender fester Sahnerand abgesetzt, der stets zum Streitgegenstand wurde, wer ihn abschlecken darf. Diese (auch unbewussten und suggestiven) Erfahrungen haben sich tief in unser – und wir werden nicht in der Minderheit gewesen sein – Bewusstsein eingegraben und dem Produkt *Milch* ein durch und durch positives Image verpasst. Nicht zuletzt auch wegen dessen *selbstverständlicher* Verfügbarkeit.

Die Süßwarenindustrie hatte die Zeichen der Nachkriegszeit erkannt und Top-Seller wie *Milky Way (Der schwimmt sogar in Milch), Kindermilchschnitte und Milka* ins Rennen geschickt, die bis heute ihre suggestiven Wirkungen ungehindert entfalten. Im 21. Jahrhundert hingegen wurde und wird zunehmend auf eine positiv-suggestive Terminologie gesetzt. *Glückliche Kühe, gesunde Wiesen* und der *Biobauernhof* garantieren einen unbeschwerten Genuss. In Verruf geraten ist eher die in der Milch enthaltene Lactose und die Vollfettmilch. Zwar wenden sich immer mehr Konsumenten lactosefreien oder fettreduzierten Milchprodukten zu, signifikante Auswirkungen auf die Tierhaltung und die tierproduktverarbeitende Industrie haben diese Umschichtungen hingegen nicht. Auch die inzwischen allseits bekannte Belastung von Milchprodukten mit Antibiotikarückständen sowie die Tatsache, dass tierische Fette die Arterien verstopfen, den Kreislauf belasten, den Körper übersäuern und diverse andere negativen Begleiterscheinungen haben, ändert kaum die Ernährungs*gewohnheiten* des Menschen, ganz zu schweigen von der vermutetermaßen minderen, also gesundheitsbeeinträchtigenden Qualität der tierprodukthaltigen Nahrungsmitteln, die in Kantinen, in Kitas, Krankenhäusern oder Altenheimen angeboten werden. Je minderer die Qualität, desto katastrophaler die Haltung der Tiere, desto erschwinglicher die Produkte; ein destruktiver Kreislauf, am Laufen gehalten von konsumorientierten Interessensgemeinschaften, die aufgrund ihrer *Selbstverständlichkeit* nicht in Frage gestellt werden.

Das Rätsel, warum man ein tierisches Produkt zu sich nehmen soll, das für den Nachwuchs des Tieres bestimmt ist, bleibt ungelöst.

Aber es gibt auch konstruktive, dem Tier zugewandte Entwicklungen: In der jüngeren Generation ist ein Trend zu tierproduktfreien Nahrungsmitteln zu beobachten, der global gesehen jedoch (noch) nicht besonders zu Buche schlägt. Da zeigt die Forderung der Partei *Die Grünen*, innerhalb der nächsten 20 Jahre die Massentierhaltung abzuschaffen, schon mehr Wirkung. Es bleibt aber auch ohne Massentierhaltung bei der Gefangennahme und der Ausbeutung der Tiere. Die Großraumstallhaltung zu beenden bedeutet nicht, das Leid der Tiere zu beenden, dieses

Bewusstsein liegt, wie wir gelesen haben, auf einem anderen Wahrnehmungsgebiet.

Letzthin aber hängt es vom Einzelnen ab, in seinem Alltag ein aufmerksames Bewusstsein und eine gewisse Achtsamkeit dafür zu entwickeln, wie es zu dem Milchprodukt kommt, das er vorhat zu verzehren, und ob und warum es verzehrt werden muss.

2.2.1 Das Gesetz

In Bundesgesetzbuch der Bundesrepublik Deutschland existiert nicht nur ein detailliert ausformuliertes Tierschutzgesetz, sondern der Tierschutz ist auch erklärtes Staatsziel.

Es ist von Verboten, Tieren Leid und Schaden zuzufügen, die Rede, allerdings werden diese Verbote durch umfangreiche Ausnahmeregelungen relativiert, wenn nicht sogar außer Kraft gesetzt, was zu der Vermutung Anlass gibt, dass es sich bei dem Gesetz in erster Linie um eines im *Interesse des Menschen* und nicht um eines *im Interesse des Tieres* handelt, weswegen besser von *Tiernutzgesetz,* als von *Tierschutzgesetz* gesprochen werden sollte. Die Frage ist natürlich auch, wo eine Leidzufügung eigentlich beginnt. Dazu die Philosophin und Tier-Ethikerin *Ursula Wolf*:

> Für die Erklärung der mangelnden Effektivität der Tierschutzklausel (Tierschutz ist Staatsziel, Anm. des Autors) genügt wohl schon der Umstand, dass es sich nicht um die Verleihung einklagbarer subjektiver Grundrechte, sondern um eine Staatszielbestimmung handelt. Eine solche setzt (...) kein Maß fest, weshalb von Tierschutzinteressierten ein „Untermaß“ bei faktischen Entscheidungen moniert, bzw. die fehlende Fest-

> setzung von Kriterien beklagt wird, die nach der Verfassungsänderung im Tierschutzgesetz vorgenommen werden müsste.[54]

Ist ein Kriterium für die Missachtung des *Tierschutzes* beispielsweise die Angewohnheit vieler *Hundehalter*, ihren Hund zum Zwecke der Erziehung oder aus Unachtsamkeit ständig an der kurzen Leine zu führen und ruckartig zu ziehen? Ganz objektiv und eindeutig handelt es sich um eine unangemessene Form der Maßregelung, ist aber offenbar nicht weiter erwähnenswert und schon gar nicht vor dem Tierschutzgesetz anzufechten. Auch die gesamte Nutztierhaltung mit ihren allseits bekannten Leid verursachenden Vorgehensweisen werden durch das Tierschutzgesetz nicht in Frage gestellt. Vergleicht man meine beiden Beispiele, würde man sich schnell einigen, dass es dem Hund ja viel besser ginge als dem Rind im Massenstall. Aber ist hier ein Vergleich überhaupt möglich? Erlebt man in der Nachbarschaft die erwähnten Maßregelungen, dann kann man das Leid des Hundes nur in seinem aktuellen Lebenskontext empfinden. Betrachte ich Milch- oder Fleischprodukte, kann ebenfalls das Leid der *Nutztiere* zunächst einmal nur in deren aktuellem Lebenskontext beurteilt werden. Es kann hier weder verglichen noch ein Unterschied zu Wesen, denen es angeblich *besser geht*, gesehen werden. Viel eher muss man verwundert feststellen, dass weder das eine noch das andere Tier durch das *Tierschutzgesetz* geschützt ist, obwohl mit der Novellierung des Tierschutzgesetzes 1987 der Begriff *Mitgeschöpf* ins Grundgesetz aufgenommen wurde. Dieser Begriff impliziert eigentlich ein achtvolles und dem Tier gegenüber empathisches Verhalten, das aber definitiv nicht stattfindet. Somit handelt es sich mit

[54] Ursula Wolf, *Ethik der Mensch-Tier-Beziehung*, Klostermann, Frankfurt 2012, S.71

erschreckender Aktualität doch um ein *Tiernutzgestz* als um ein *Tierschutzgesetz*; die Widersprüche sind nicht zu übersehen. Die Philosophin *Cora Diamond* bringt die Rechtlosigkeit von Tieren auf den Punkt:

> ... sobald sich das menschliche Wohlergehen – auch in ganz belangloser Hinsicht – durch Schädigung von Tieren steigern ließe, gibt es (scheinbar) keine ernstzunehmende Einschränkung dieses Verhaltens, wenn Tiere keine Rechte haben.[55]

Diese menschlichen Interessenslagen regulieren den Umgang mit den nichtmenschlichen Wesen, was paradoxerweise dem Tierschutzgesetz entnommen werden kann, wie auch der Philosoph Julian Nida-Rümelin feststellt:

> Triebhafte Regungen des Tieres, die darüber hinausgehen, wie etwas das Bedürfnis nach Gemeinschaftsbildung, Paarung, Bewegung müssen – sofern ihre Einschränkung ohne Schmerzzuführung erfolgen kann – dem Tier nach der bisherigen Fassung des Gesetzes aber nicht ermöglicht werden.[56]

Im folgenden die zentralen Abschnitte des deutschen Tierschutzgesetzes:

> Zweck dieses Gesetzes ist es, aus der Verantwortung des Menschen für das Tier als Mitgeschöpf dessen Leben und Wohlbefinden zu schützen. Niemand darf

---

[55] Cora Diamond, *Menschen, Tiere und Begriffe,* Suhrkamp Berlin 2012, S.151
[56] Julian Nida-Rümelin, *Angewandte Ethik-Tierethik II, Kröner Stuttgart 2005, S. 549*

einem Tier ohne vernünftigen Grund Schmerzen, Leiden oder Schäden zufügen.

Eine Betäubung ist nicht erforderlich,

1. wenn bei vergleichbaren Eingriffen am Menschen eine Betäubung in der Regel unterbleibt oder der mit dem Eingriff verbundene Schmerz geringfügiger ist als die mit einer Betäubung verbundene Beeinträchtigung des Befindens des Tieres.

Eine Betäubung ist ferner nicht erforderlich

1. für das Kastrieren von unter vier Wochen alten männlichen Rindern, Schafen und Ziegen, sofern kein von der normalen anatomischen Beschaffenheit abweichender Befund vorliegt,
2. für das Enthornen oder das Verhindern des Hornwachstums bei unter sechs Wochen alten Rindern,
3. für das Kürzen des Schwanzes von unter vier Tage alten Ferkeln, sowie von unter acht Tage alten Lämmern,
4. für das Kürzen des Schwanzes von unter acht Tage alten Lämmern mittels elastischer Ringe,
5. für das Abschleifen der Eckzähne von unter acht Tage alten Ferkeln, sofern dies zum Schutz des Muttertieres oder der Wurfgeschwister unerläßlich ist,
6. für das Absetzen des krallentragenden letzten Zehengliedes bei Masthahnenküken, die als Zuchthähne Verwendung finden sollen, während des ersten Lebenstages,
7. für die Kennzeichnung

a) durch implantierten elektronischen Transponder,

b) von Säugetieren außer Schweinen, Schafen, Ziegen und Kaninchen durch Ohr- oder Schenkeltätowierung innerhalb der ersten zwei

Lebenswochen,

c) von Schweinen, Schafen, Ziegen und Kaninchen durch Ohrtätowierung,

d) von Schweinen durch Schlagstempel und

e) von landwirtschaftlichen Nutztieren durch Ohrmarke oder Flügelmarke.[57]

Objektiv gesehen haben wir es mit einer Liste von differenzierten Formen der Schmerzzufügung zu tun, in menschlichen Kontexten würde man von *Folter* sprechen.

In dem Gesetz wird sogar der Mensch als Empfindungsmaßstab herangezogen. Dieser Maßstab wird im selben Text aber komplett aufgelöst, wenn man liest, welche Körpereingriffe an Tieren ohne Betäubungen gestattet sind. Die ultimative Forderung wäre natürlich, auf dieser Art Eingriffe komplett zu verzichten, was durch den erwähnten *Tag X* auch geschehen würde. Aber die Realität lehrt eine andere Sichtweise, wie unschwer an dem Beispiel mit der Maßregelung mittels Hundeleine zu erkennen ist.

Nähmen wir den Hinweis auf die menschliche Empfindsamkeit ernst, so brauchen wir uns nur vor Augen zu halten, wie es wohl den sogenannten *Freaks* auf entsprechenden Jahrmärkten ging, angeleint zu werden, oder Sklaven, die einen Teil ihres Lebens in Ketten zubringen mussten. Nicht anders wird es einem Hund in den geschilderten Situationen gehen. Inzwischen ist das Gesetz so weit, dass es menschliche Anbindung untersagt, warum untersagt das Gesetz nicht grundsätzlich die Anbindung von Lebewesen, obwohl dem Gesetz eine gewisse Weitsicht nicht

---

[57] Bundesministerium für Justiz und Verbraucherschutz, *Tierschutzgesetz – Erster Abschnitt Grundsatz, Vierter Abschnitt Eingriffe an Tieren* Ausfertigungsdatum: 24.07.1972 Tierschutzgesetz in der Fassung der Bekanntmachung vom 18. Mai 2006 (BGBl. I S. 1206, 1313), das durch Artikel 141 des Gesetzes vom 29. März 2017 (BGBl. I S. 626) geändert worden ist.

abzusprechen ist? Aber eben nur ein *gewisse*, die durch Ausnahmen und Aufweichungen aufgehoben wird.

Diese Widersprüche, die wir auch in anderen westeuropäischen *Tierschutzgesetzen* vorfinden, sind ein Abbild der Haltung der Gesellschaft gegenüber dem nichtmenschlichen Wesen, das es als *Sache* definiert, um zu vermeiden, ihm *Würde,* also *Rechte* verleihen zu müssen. Noch ein Begriff neben dem der *Mitgeschöpflichkeit*, der eigentlich ein ganz bestimmtes Verhalten impliziert: *Mitgeschöpfen* wird mit *Würde* begegnet, allen *Mitgeschöpfen* wird *Würde* zugestanden; es handelt sich um einen Grundkodex gesellschaftlichen Miteinanders.

Tun wir dies nicht, erklären wir das Wesen zur *Sache* und der Schutz fällt unter das *Eigentums- bzw. Sachschutzgesetz,* was besagt, dass jeder mit seinem Eigentum machen kann, was er will, solange keine Mitbürger geschädigt werden.[58]

Das Eigentum besteht auch in Rudeln, Herden, Gruppen von Tieren, die auch *Sozialgefüge* genannt werden können. Es ist schädigend, wie auch bei uns Menschen, wenn diese *Sozialgefüge* ge- oder zerstört werden. Im Falle der nichtmenschlichen Lebewesen durch Verkauf, Schlachtung einzelner Tiere oder Aufstellen von Zäunen.

Besonders im Bereich der Haltung von Weidetieren[59] werden *Sozialgefüge* weder beachtet noch gefördert, was auf den Umstand zurückgeht, dass es sich bei der Weidetierhaltung nicht um *Tierschutz*, oder gar *Artenschutz*, wie fälschlicherweise oft dargestellt, sondern um *Landwirtschaft* handelt. Die Tiere werden als Landschaftspfleger *genutzt*, Nachwuchs und männliche Tiere *entfernt*, bzw. zwecks Nachwuchskontrolle hinzugefügt, die Sozialverbände spielen also nur eine untergeordnete Rolle. Be-

---

[58] Siehe auch Kap. 4.3.2 *The Non human Rights Project*

[59] https://www.outfox-world.de/blog/kleines-handbuch-der-tierischen-landschaftspflege.html (Stand 09/18)

sucher von Gebieten mit Weidetierhaltung, die oft im Rahmen von *Umweltbildungsprogrammen* unterwegs sind, werden leicht in die Irre geführt, da der Eindruck entsteht, dass die Tiere *glücklich* und *in Freiheit* ihre Lebensformen und -zyklen entfalten, ihren Ernährungsgewohnheiten folgen können und frei in ihren Bewegungsformen sind. Es wird das Bild vermittelt, dass hier eine *Tierzugewandheit* – im Gegensatz zur Stallhaltung – erreicht worden ist. Die Zäune jedoch hindern die Tiere an der Migration, die Halter entscheiden nach ihrem eigenen Gutdünken, wann und wie viele Nachwuchstiere entfernt werden, ob nur weibliche Tiere auf der Fläche stehen, ob zugefüttert wird oder nicht, etc. etc. Auch hier haben wir es mit einer Fokussierung auf menschliche Interessen zu tun, im Rahmen derer Tiere diesen Interessen unterworfen werden. Und vor diesem Hintergrund ist ein Vergleich mit Stallhaltung nicht möglich. Vielmehr geht es hier um den negativ konnotierten Begriff *Stall* und den positiv konnotierten Begriff *Weide.* Dem Haltenden ist daran gelegen, als *tierschützender Tierbesitzer* verstanden zu werden, was dadurch, dass er die *Weide*haltung fördert und finanziert, widerspruchslos ermöglicht wird. Dass er jedoch primär seinen kommerziellen Interessen folgt, fällt bei der Darstellung nach außen nicht ins Gewicht.

Im *Tierschutzgesetz* fehlt jeglicher Hinweis auf schützenswerte Sozialgefüge von Gruppen nichtmenschlicher Wesen. Da aber der Vergleich mit dem Menschen im Gesetz bereits vorhanden ist, läge es nahe, die Förderung und Bewahrung von sozialen Systemen und Gefügen unter Gruppen per Gesetz zu sichern. Ähnlich wie bei uns Menschen führen fremdbestimmte Eingriffe in soziale Strukturen beispielsweise bei Pferden, Büffeln, Schafen zu Irritationen und Destruktionen mit für die Tiere unabsehbaren und für uns Menschen oft nicht wahrnehmbaren Folgen, die nur durch Bewahrung der Sozialstrukturen verhindert werden können. Nur dass wir oft nicht wahrnehmen können, wie sich die Befindlichkeiten der Tiere ändern. Wenn ein Gruppenmitglied *entfernt* wird, heißt das nicht, dass die Tiere in ihrem Dasein nicht beeinträchtigt werden.

Im Folgenden drei aktuelle Beispiele für vom Menschen verursachte Irritationen unter Rudeltieren, die für den nicht involvierten Menschen dennoch nachvollziehbar sind:

1) Werden beispielsweise Wölfe zur Tötung freigegeben, verringert sich die Rudelstärke, die dann nicht mehr in der Lage ist, Rotwild zu erlegen, sodass die Tiere einzelne und leicht zu erbeutende domestizierte Weidetiere angreifen. Das führt zu weiteren Tötungen von Wölfen seitens der Weidetierhalter, aufgrund derer der Bestand weiter verringert wird. Der Wolf wurde somit zu einer vom Aussterben bedrohten Spezies ausschließlich durch menschliche Initiative; abgesehen von Interpretationen, die ein negatives Bild vom Wesen des Wolfes gezeichnet haben.

2) Werden dem Fuchs durch Bautätigkeiten in urbanen Randgebieten Lebensräume genommen, verlagert er seine Nahrungssuche auf besiedelte Flächen und wird dort vertrieben, bzw. erlegt, was den Bestand drastisch reduziert. Die überlebenden Füchse werden aufgrund ihrer Vereinzelung geschwächt, zunehmend anfällig für Krankheiten und beginnen, ihr Migrationsgebiet zu verlassen, zu streunen und in menschlichen Siedlungen Nahrung zu suchen. Es entsteht ein Teufelskreis.

3) Landwirtschaftliches Flächenmanagement reduziert die Lebensräume des Feldhasen, der, wie wir wissen, auf dichtes Gesträuch zwischen weiten Flächen angewiesen ist, da er, im

Gegensatz zum Kaninchen, keine Tunnel gräbt. Die Feldhasenrudel lösen sich auf, die Nahrungsketten werden gestört, Wolf und Fuchs begeben sich in Siedlungsgebiete, der Wildkräuter- und Wildpflanzenwuchs lässt nach, da der auch als Dünger dienende Kot der Feldhasen sich drastisch verringert, was zur Folge hat, dass aufgrund monokulturartiger Flächen die Nahrungsketten der Insekten empfindlich gestört werden.

Diese hier dargestellten Lebenszusammenhänge müssten vom Gesetzgeber komplett geschützt und damit gesichert werden. Dazu bedarf es jedoch der Überzeugung, dass das Tier zählt und dass der Schutz der Tiere – und damit auch der des Menschen – den Impuls für die gesetzgeberische Maßnahme gibt und nicht der Mensch. Hat die vegane Ernährungsweise einen Kollateralnutzen für die Tiere, so hätte im geschilderten Falle der Schutz der tierischen Sozialverbände einen Kollateralnutzen für uns Menschen

Ein weiterer Widerspruch in dem zitierten Tierschutzgesetz liegt in der Verwendung des Begriffes der *Vernunft*, der nur dann angewendet werden dürfte, wenn es als *vernünftig* bewertet wird, Tieren generell kein Leid zuzufügen und Gruppen von Tieren zu bewahren. Auffällig aber ist die widersprüchliche Verwendung des Begriffs *Vernunft:*

> Niemand darf einem Tier ohne vernünftigen Grund Schmerzen, Leiden oder Schäden zufügen.[60]

---

[60] Bundesministerium für Justiz und Verbraucherschutz, *Tierschutzgesetz – Erster Abschnitt Grundsatz, Vierter Abschnitt Eingriffe an Tieren* Ausfertigungsdatum: 24.07.1972 Tierschutzgesetz in der Fassung der Bekanntmachung vom 18. Mai 2006 (BGBl. I S. 1206, 1313), das durch Artikel 141 des Gesetzes vom 29. März 2017 (BGBl. I S. 626) geändert worden ist.

Die *Vernunft* an sich verbietet die Zufügung von Schmerzen, demzufolge kann aus *Vernunftsgründen* weder Tier noch Mensch Schmerzen zugefügt werden.

Beispiel: Pro Ei, das verzehrt wird, stirbt in der Regel ein männliches Küken. Das ist vom Gesetzgeber legitimiert, aber ist es *vernünftig?* Vielleicht muss diese Frage sogar bejaht werden, weil ein totes männliches Küken eventuell leidvermeidender ist als ein lebendes, das mit an Sicherheit grenzender Wahrscheinlichkeit über keinen angemessenen Lebensraum verfügt. Diese Vermutung kann mit *vernünftig* jedoch nicht gemeint sein, nirgendwo in der Gesetzgebung oder in der Landwirtschaft, nicht mal unter Tierschützern, wird die Frage thematisiert, wo und wie die männlichen Küken untergebracht werden können. Es müssten angemessene Lebensbedingungen für rund 45 Millionen Küken im Jahr geschaffen werden. Nicht mal für weibliche Tiere existieren lebenszugewandte Bedingungen, ganz im Gegenteil, der überwiegende Teil der Tiere vegetiert mehr, als dass er lebt; vom Grundgesetz legitimiert. Die Nicht-Thematisierung der Forderung nach Leben für die männlichen Küken seitens der Landwirtschaftsverbände basiert schlichtweg auf einer Überforderung, sowohl finanzieller als auch räumlicher Art.[61]

Also scheint es sich beim Töten grundsätzlich aller männlichen Küken in der Geflügelhaltung nicht nur als eine vom Gesetz gebilligte *vernünftige* Maßnahme, sondern auch um eine Art *glückliche Fügung* für die Gesetzgebung zu handeln, da es *unvernünftig* wäre, die männlichen Küken auf dieselbe Weise zu halten wie die weiblichen. Hier führt sich das Tierschutzgesetz selbst *ad absurdum.*

Die Lösung kann nur darin liegen, auf Eier in der Nahrung zu verzichten, denn Eier sind, ebenso wenig wie Milch, von maßgebender Bedeutung für den Fortbestand der Menschheit.

---

[61] Siehe auch Kap. 4.3.3 *Animal Equality*, S. 171

Im Folgenden ein kleiner Ausflug in die Welt der *Vernunft:*

Der im Tierschutzgesetz verwendete Begriff der *Vernunft* hat seine Wurzeln in der Epoche vor der Aufklärung[62] und wird beispielgebend in einer von dem Philosophen *René Descartes*[63] 1637 veröffentlichten Schrift verwendet, in der er seiner tierverachtenden Philosophie freien Lauf lässt und mit teilweise, objektiv betrachtet, konstruierten Argumenten untermauert:

> Denn es ist sehr merkwürdig, dass selbst der stumpfsinnigste und dümmste Mensch, ja sogar die Verrückten einzelne Worte verbinden und daraus eine Rede herstellen können, wodurch sie ihre Gedanken mittheilen, während selbst das vollkommenste und besterzeugte Thier dies nicht vermag. Dies liegt nicht an einem Mangel der Organe; denn die Elstern und die Papageien können Worte wie wir aussprechen und können doch nicht reden wie wir, d.h. ihre Gedanken äussern, während die Taubstummen, die der Organe des Sprechens ebenso oder mehr als die Thiere beraubt sind, aus sich selbst Zeichen erfinden, durch die sie sich denen verständlich machen, welche Musse haben, ihre Sprache zu lernen.
>
> Dies zeigt nicht blos einen niederen Grad von Vernunft bei den Thieren an, sondern dass sie ihnen ganz abgeht; denn zum Sprechen gehört nur wenig Vernunft. Da die einzelnen Thiere einer Gattung sich ebenso wie die einzelnen Menschen unterscheiden, und die einen leichter als die anderen zu dressiren sind, so würde der

---

[62] Der Begriff *Aufklärung* bezeichnet die um das Jahr 1700 einsetzende und um 1800 endende Entwicklung, durch rationales Denken alle den Fortschritt behindernden Strukturen zu überwinden. Es galt Akzeptanz für neu erlangtes Wissen zu schaffen (Wikipedia)

[63] René Descartes, französischer Philosoph, 1596 – 1650

> vollkommenste Affe oder Papagei in seiner Art gewiss es dem dümmsten Kinde oder einem blödsinnigen Kinde gleich thun, wenn ihre Seele nicht von der unsrigen völlig verschieden wäre.[64]

Diesen speziesistischen und rassistischen Äußerungen ist nichts mehr hinzuzufügen, außer dass sie einer sehr beschränkten, subjektiven und von Eigenüberschätzung geprägten Haltung entspringen.

Ein ganz anderes Beispiel des Vernunftbegriffs finden wir in einem 1752, also im ersten Zeitabschnitt der Aufklärung, verfassten Brief von *Wilhelmine von Baireuth* an ihren Bruder *Friedrich der Große* aus Anlass des Todes seiner von ihm sehr *geliebten* Hündin *Biche:*

> Offen gestanden deckt der vulgäre Titel Schwäche viele Empfindungen, die die Vernunft als Tugend bezeichnet.(...) Ein zärtliches, mitleidiges, anhängliches Herz ist nie eine Schwäche[65]

Diese beiden sehr konträren historischen, aber nichtsdestotrotz aktuellen Sichtweisen auf den Begriff der *Vernunft* spiegeln Interessenslagen wieder: Im Falle von *Descartes* das Interesse an der Hierarchisierung, also der Unterwerfung der in seinen Augen minderwertigen Lebewesen (interessanterweise auch menschlichen Lebewesen), um der Rasse des gesunden Menschen das Überleben zu sichern. Im Falle von *Wilhelmine von Baireuth* haben wir es mit einer empathischen Haltung zu tun,

---

[64] Réne Descartes, *Abhandlung über die Methode, richtig zu denken und die Wahrheit in den Wissenschaften zu suchen,* Leiden, 1637, Abschnitt 5

[65] Sibylle Prinzessin von Preußen, Friedrich Wilhelm von Preußen, *Friedrich der Große-Vom anständigen Umgang mit Tieren,* MatrixMedia, Göttingen 2012, S.72

die das Tier als *Wert* in die menschliche Wahrnehmung integriert. Während die Sichtweise *Descartes'* dem aktuellen Umgang mit nichtmenschlichen Lebewesen sehr nahe kommt, stellt die an *Wilhelmine von Baireuth* orientierte Haltung eher eine Utopie dar. Setzen wir bei ihr den Maßstab, dann müssten *vernünftige* Möglichkeiten und Bedingungen geschaffen werden, die ein dem Tier angemessenes Leben garantieren. Entscheidet sich ein Mensch für das aktive Zusammenleben mit nichtmenschlichen Wesen, so übernimmt er Verpflichtungen, die zwar *irgendwie* durch das Tierschutzgesetz vorgegeben, aber fundamental nur in der Ethik und Moral des Zusammenlebens verankert sind. Also ist es unumgänglich, dass Verantwortung für das anvertraute Tier und allen seinen artbedingten Lebensformen, -zyklen und -räumen übernommen werden muss. Das hat *Wilhelmine von Baireuth* mit ihrer Bestimmung des Begriffs *Tugend* gemeint.

Das Leben *meines* Kanarienvogels in meiner Jugend im Käfig war weder *vernünftig* noch *tugendhaft*. Ich wusste auch nicht so recht, warum wir ihn hatten. Eine Vermutung ist die, dass meine Mutter das *Singen* des Kanarienvogels mochte und deswegen den Impuls gab, einen anzuschaffen. Für mich gehörte auf Reisen in den Süden Europas in meiner Kindheit und Jugend der *Singvogel im Käfig* zu den *Selbstverständlichkeiten* der fremden Länder, die eben da waren. Somit fand ich es weder besonders verwerflich noch besonders erstrebenswert, bei uns zu Hause einen Singvogel im Käfig zu haben. Dass der Käfig an sich, wie für den Menschen auch, Leid und massive Beschneidungen von Lebensräumen bedeutet, wurde logischerweise in unserer Familie niemals reflektiert. Der Vogel diente der Unterhaltung und Stimmungsaufheiterung, er hatte also die Aufgabe, eine selbstgemachte trübe Alltagsatmosphäre durch fröhliches Singen aufzuhellen.

Wenn die Verantwortung, die der *Besitz* eines Tieres mit sich bringt, nicht geleistet werden kann, ist das Zusammenleben mit einem nichtmenschlichen Wesen nicht möglich. Diesen Kausalzusammenhang sieht das deutsche Tierschutzgesetz nicht vor, was nicht nur in der fragwürdigen Verwendung des Begriffs *Vernunft*, sondern auch im Rahmen der Strafverfolgung deutlich wird. Fazit: Der Begriff der *Vernunft* hat immer zwei Seiten, je nachdem von welcher Position man die Zusammenhänge betrachtet, von der menschlichen oder der nichtmenschlichen Seite aus. Aber da wir in unserem Zusammenleben mit nichtmenschlichen Lebewesen deren Lebensräume und -zyklen permanent und grundsätzlich beeinträchtigen, stören und zerstören, sollte im Sinne eines ethischen Denkens nur die Sichtweise der *Vernunft* aus der nichtmenschlichen Perspektive Geltung haben. *Wilhelmine von Baireuths* Verständnis der *Vernunft* ist demzufolge aktueller denn je.

Seltsamerweise unterscheidet das Tierschutzgesetz in Wesen mit und Wesen ohne Wirbeln. Letztere fallen offenbar nicht unter das Tier- oder Naturschutzgesetz, sondern sind durch das *Sachschutzgesetz geschützt*, wobei anzuzweifeln ist, dass es sich hierbei in realiter um einen *Schutz* handelt. Diese Regelung stiftet Verwirrung. Anglern beispielsweise ist es gestattet, Regenwürmer auf Angelhaken zu spießen oder Gartenbesitzern, Schnecken mit den schädlichsten Bekämpfungsmitteln zu vernichten, ohne dass diese Quälereien an Lebewesen geahndet werden können. Gilt diese freizügige Regelung auch für Tierversuche?
Dazu das Tierschutzgesetz:

> Tierversuche sind auf das unerlässliche Maß zu beschränken. Im Einzelnen gilt für die Durchführung folgendes:

§9 Satz 2 Abschn. 4: Versuche an sinnesphysiologisch höher entwickelten Tieren, insbesondere warmblütigen Tieren, dürfen nur durchgeführt werden, soweit Versuche an sinnesphysiologisch niedriger entwickelten Tieren für den verfolgten Zweck nicht ausreichen. Versuche an Tieren, die der Natur entnommen worden sind, dürfen nur durchgeführt werden, soweit Versuche an anderen Tieren für den verfolgten Zweck nicht ausreichen.

§4 Satz 4 Abschn. 4 : Versuche an Wirbeltieren dürfen nur durchgeführt werden, wenn die zu erwartenden Schmerzen, Leiden oder Schäden des Versuchstieres im Hinblick auf den Versuchszweck ethisch vertretbar sind.[66]

Zu der Frage der Unterscheidung von Wirbeltieren und wirbellosen Tieren äußert sich der Philosoph *Julian Nida-Rümelin:*

Versuche an wirbellosen Tieren

Laut dem Tierschutzgesetz in der Fassung vom 18. Dezember 2007 sind Versuche an Cephalopoden (Kopffüßer) und Dekapoden (Zehnfußkrebse) zwar anzeigepflichtig, nicht aber - wie Versuche an Wirbeltieren – genehmigungspflichtig. Versuche an anderen wirbellosen Tieren unterliegen keiner Anzeigepflicht. Dieser Doppelstandard (Wirbeltiere - wirbellose Tiere) geht offenbar auf die Auffassung zurück, wirbellose

[66] Bundesministerium für Justiz und Verbraucherschutz, *Tierschutzgesetz – Fünfter Abschnitt Tierversuche, Vierter Abschnitt Eingriffe an Tieren* Ausfertigungsdatum: 24.07.1972 Tierschutzgesetz in der Fassung der Bekanntmachung vom 18. Mai 2006 (BGBl. I S. 1206, 1313), das durch Artikel 141 des Gesetzes vom 29. März 2017 (BGBl. I S. 626) geändert worden ist.

> Tiere seien grundsätzlich nicht oder nur vermindert schmerzfähig und deshalb in geringerem Maße schützenswert.
> In jüngerer Zeit hat sich demgegenüber die Auffassung durchgesetzt, dass zumindest einige wirbellose Tiere über ein Schmerzempfinden verfügen, das dem von Wirbeltieren vergleichbar ist. Besonders Kopffüßer gelten als in diesem Sinne hochentwickelt. In der 2010 neu aufgelegten Versuchstier-Richtlinie der EU (2010/63/EU) werden diese Erkenntnisse berücksichtigt, indem Kopffüßer ausdrücklich in den Geltungsbereich der Richtlinie einbezogen werden.[67]

Der Umgang mit wirbellosen Wesen ist demnach gesetzlich nicht geregelt, was angesichts der sonstigen Genauigkeit und Akribie von Gesetzestexten völlig unverständlich ist. Im Folgenden zum Vergleich der Gesetzesabschnitt zur Regelung des Tötens von Wirbeltieren:

> Ein Wirbeltier darf nur unter wirksamer Schmerzausschaltung (Betäubung) in einem Zustand der Wahrnehmungs- und Empfindungslosigkeit oder sonst, soweit nach den gegebenen Umständen zumutbar, nur unter Vermeidung von Schmerzen getötet werden. Ist die Tötung eines Wirbeltieres ohne Betäubung im Rahmen weidgerechter Ausübung der Jagd oder auf Grund anderer Rechtsvorschriften zulässig oder erfolgt sie im Rahmen zulässiger Schädlingsbekämpfungsmaßnahmen, so darf die Tötung nur vorgenommen

[67] Nida-Rümelin, Julian / von der Pfordten, Dietmar (1996): *Tierethik II: Zu den ethischen Grundlagen des deutschen Tierschutzgesetzes.* In: Nida-Rümelin, Julian (Hg): *Angewandte Ethik. Die Bereichsethiken und ihre theoretische Fundierung*. Stuttgart: Alfred Kröner, 484-509.

> werden, wenn hierbei nicht mehr als unvermeidbare Schmerzen entstehen. Ein Wirbeltier töten darf nur, wer die dazu notwendigen Kenntnisse und Fähigkeiten hat.[68]

Wir haben es also mit einer *Auffassung* zu tun, die besagt, dass wirbellose Wesen kaum oder keine Schmerzen empfinden, nicht betäubt werden müssen und ohne besondere Genehmigung getötet werden können, gegen tierquälende, bzw. -missbrauchende Tätigkeiten und Interessen weder vorgegangen werden kann noch muss. Selbst Tierversuchsvorhaben an Wirbeltieren liegen, was den Umfang anbelangt, im Ermessen der Ausübenden, die im Übrigen selten bis gar nicht kontrolliert werden. Legitimiert ist bereits die Gefangennahme eines Tieres zum Zwecke des Versuchs. Schon allein diese Legitimation verstößt gegen jegliche Ethik und Achtung eines Lebewesens.

Paradoxerweise liegt es in der Natur der Gesetzgebung, dass es zu keinen Gesetzesverstößen kommen kann, da die Gesetzgebung sehr weit interpretierbar ist. Bleiben wir bei dem Beispiel des Anglers. Die weitläufige Meinung ist, dass Fische keinen Schmerz empfinden. Hier tritt derselbe Mechanismus zu Tage wie in der Gesetzgebung und der generellen Haltung nichtmenschlichen Wesen gegenüber: Der Mensch passt seine Sichtweise auf die Tiere haargenau seinen Interessen an, die *Freizügigkeit* des Umgangs mit den Tieren ist somit garantiert. Die höchste Instanz im Staat legitimiert diese *Freizügigkeit*, sodass nur an ein ethisch-moralisches Restdenken im Angler appelliert werden kann. Denn allein dadurch, dass dem Köder Regenwurm

---

[68] Bundesministerium für Justiz und Verbraucherschutz, *Tierschutzgesetz – Erster Abschnitt Grundsatz, Vierter Abschnitt, Eingriffe an Tieren* Ausfertigungsdatum: 24.07.1972 Tierschutzgesetz in der Fassung der Bekanntmachung vom 18. Mai 2006 (BGBl. I S. 1206, 1313), das durch Artikel 141 des Gesetzes vom 29. März 2017 (BGBl. I S. 626) geändert worden ist.

und dem Fisch durch die Angeltätigkeit Leid zugefügt werden und er seinem Sozialverband und Territorium entnommen wird, ist das Angeln aus ethisch-moralischer Sicht abzulehnen

Das Gesetz gibt dem Bürger in geschildertem Falle freie Hand. Die Geschichte hat gezeigt, dass, wenn der Staat Unrecht legitimiert, ein überwiegender Teil der Gesellschaft Unrecht ausübt. Nun haben wir es hier mit einer gewissen, sich verselbstständigten Doppelbödigkeit zu tun. Auf der einen Seite gehen Jäger und Angler ihren *Leidenschaften* nach, auf der anderen Seite stehen sie offenbar unter einem Rechtfertigungsdruck. Der Angelnde versichert, dass Fische keinen *Schmerz* empfinden, ja, nicht einmal merken, dass sie an der Angel hängen und der Jäger begründet seine Tätigkeiten mit *aktivem Naturschutz*. Das Gesetz spricht einerseits von *unseren Mitgeschöpfen,* die *schützenswert* sind, fasst Formulierungen allerdings so weit, dass im privaten Sektor Gesetzesverstöße nahezu nicht möglich sind. Warum kann der Mensch nicht zugeben, dass es ihm letzten Endes nur um die Ausübung seiner Interessen geht, die vermutetermaßen in der Lust am Töten, in der Machtausübung, in dem Hang zur Unterwerfung, etc. liegen? In der Tierversuchsmedizin tritt diese Doppelbödigkeit sehr auffällig zu Tage:

Wirbellosen Wesen wird jegliche Empfindungsfähigkeit und damit auch die Ähnlichkeit zum Menschen abgesprochen, aber die Versuche, so heißt es, stehen im Dienste der Menschheit. Im Falle von Wirbeltieren wird dem Tier immer nur das Maß an Empfindung zugestanden, das die menschliche Interessenlage erlaubt. Eine Menschenähnlichkeit anzunehmen wird hier fast schon zwanghaft vermieden, um dem Vorwurf der *Vermenschlichung* zu entgehen. Aber letzten Endes liegt die vermutete *Menschenähnlichkeit* in der Natur der Tierversuchsmedizin. Es steht außer Frage, dass hier der Sinn und Zweck von Tierversuchen im Allgemeinen angezweifelt werden kann und muss.

Es muss nicht näher darauf eingegangen werden, dass eine tierversuchsfreie Forschung möglich ist und von einer bedeutenden Menge von Ärzten vertreten wird. Ebenso müsste auf die Erkenntnis, dass wirbellose Wesen und Fische unter der Angeltätigkeit leiden, ein gesetzliches Verbot privaten Fischens folgen, Jagdgebiete könnten ohne Einbußen von Lebensqualität auf Seiten der Förster/Jäger zu Schutzgebieten erklärt werden.

Dass bisher nicht mal Ansätze einer Zuwendung zu den Interessen nichtmenschlicher Lebewesen stattgefunden hat, ist meines Erachtens nur auf das tiefe Interesse nach Ausübung archaischer Unterwerfungsriten seitens des menschlichen Wesens zurückzuführen, die einzig und allein den Zweck haben, das nichtmenschliche Wesen zu beherrschen.

2.2.2 Das Haustier

> Ein Leben ohne Möpse ist möglich, aber sinnlos.[69]

> People don't necessarily think of pets, especially dogs and cats as captive animals. But they are.[70]

Diesem Kapitel möchte ich voranstellen, dass es mir fernliegt, gewachsene Sozialbeziehungen zwischen Mensch und Tier in Frage zu stellen oder gar abzulehnen. Vielmehr ist es mir ein Anliegen, dazu anzuregen, die menschlichen Interessen einerseits überhaupt erst einmal als *eigene* Interessen und damit als

---

[69] Der deutsche Humorist Loriot (Victor von Bülow) über sein Leben mit seinen Haustieren (2008)

[70] Dr. Jessica Pierce, *Run,Spot,Run,* The University of Chicago Press, Chicago 2016, S. 8 „Menschen denken nicht unbedingt an Haustiere, besonders an Hunde und Katzen als Gefangene. Aber sie sind es."

eventuelle Projektionen von sich selbst auf das Tier zu erkennen und andererseits mit dieser möglichen Erkenntnis im Gepäck die Haustierhaltung und die mit ihr verbundene Selbstverständlichkeit generell kritisch zu hinterfragen. Auch hier steht meine Vision von einem *Tag X* im Zentrum, in dessen Folge kein Tier mehr *erworben* werden kann.

Im Folgenden einige Beispielantworten auf kritische Fragen meinerseits an *Hundehalter*, die ich stellte, weil mir der Umgang mit den Tieren unangemessen erschien:

- Neben dem Fahrrad herlaufen: *Dem gefällt das* so, *der muss rennen*;
- Kurze Leine: *Das macht nichts, das ist sie gewöhnt;*
- Zum Hinlegen zwingen: *Es handelt sich um eine Erziehungsmaßnahme;*
- Sichtlich unausgelastetes, gelangweiltes Tier: *Die hat schon genug getobt;*
- Stundenlang alleine in der Wohnung: *Der schläft den ganzen Tag;*
- An der Leine ziehen, um zu verhindern, mit anderen Hunden Kontakt aufnehmen zu wollen: *Der will gar nicht herumrennen;*
- Sichtlich durstig: *Die hat keinen Durst, da ist auch Show dabei;*
- Auf dem Arm umhertragen: *Sie will das so.*

An diesen repräsentativen Antworten auf meine Fragen oder Kommentare kann man ablesen, dass es leider in keinem einzigen Falle um das Tier geht, sondern immer und ausschließlich um den Menschen, der seine Ansicht augenblicklich auf das Tier projiziert. Die Ironie des Schicksals der überwiegenden Anzahl von *Haustieren* liegt in dem Kommentar *das ist sie gewöhnt,* da diese Feststellung wahrscheinlich gar nicht abzustreiten ist. Anzuzweifeln ist eher, dass es *ihr* damit gut geht, was von der *Besitzerin* natürlich keineswegs angezweifelt wird, auch wenn es augenscheinlich nicht so ist. Aber das spielt keine Rolle, ohne ein Lebewesen im Haus scheinen viele Menschen nicht auskommen zu können, wie ich am Beispiel des allseits bekannten Schauspielers *Victor von Bülow* alias *Loriot* darstellen möchte.

Was in dem diesem Kapitel vorangestellten ersten Zitat launig und mit einer Portion Humor vermittelt wird, dass das eigene Leben ohne ein Haustier eigentlich nicht zu meistern sei, klingt, wenn man die Möpse befragen und den Satz entsprechend umstellen würde (*Ein Leben ohne Menschen ist möglich, aber sinnlos)*, vielleicht eher so, wie im zweiten Zitat beschrieben: Wir sind *Gefangene;* oder sollte man von *Abhängigen* sprechen? Einschränkend ist anzumerken, dass es von Bülows Möpsen höchstwahrscheinlich noch vergleichsweise gut ging.

Inwieweit *Victor von Bülows* Lebensglück von seinen Hunden abhängig war, bzw. sein Leben ohne sie unglücklich verlaufen wäre, können wir ihn nicht mehr fragen, *Victor von Bülow* ist 2011 gestorben. Was aus den Hunden geworden ist, bleibt unergründlich, unter der Vielzahl von Kommentaren und Berichten zu *von Bülows* Tod findet sich keiner, der dieser Frage nachgeht, obwohl seine ihm zugewandten Tiere doch einen sehr hohen Stellenwert in seinem Leben gehabt haben, bis hin zu unzähligen Zeichnungen mit Namensgebungen von unterschiedlichsten Hunden. Diese enge Beziehung hat mit seinem Tod ein abruptes Ende gefunden. Das Thema der (einseitigen?) *Abhängigkeit* im Zusammenleben mit Tieren wird und soll uns in diesem Kapitel nachhaltig beschäftigen.

Würde das Tier nicht mehr gefüttert, bzw. gepflegt werden, würde es früher oder später sterben. Der Prozentsatz der *Haustiere*, die ohne Pflege seitens ihrer *Besitzer* in *Freiheit* und *Wild-*

nis überleben würden, dürfte äußerst gering sein, es ist bekannt, dass ausgesetzte *Haustiere* ihre *Befreiung* meistens nicht überleben. Es sei denn, sie werden gefunden und die Finder wenden sich ihnen zu.

Der eigentliche Impuls, ein *Tier* zu *erwerben,* liegt im Eigeninteresse und nicht im Interesse, dem Tier Raum und Zeit zu geben, sodass es sich gemäß seiner Wesensmerkmale entfalten könnte. Der Kommentar *sie will das so* mag in bestimmten Haltungskontexten irgendwie zutreffen, aber leider eben nur *irgendwie.* In der Regel ist das *Haustier* entsprechend gezähmt, erzogen, gewöhnt, sodass nur genau diese Option in Frage kommt. Mit dem eigentlichen, ursprünglichen, wesensbedingten Verhalten des Tieres hat diese Option aber vielleicht gar nichts mehr zu tun, da es einem menschlichen Interessengefüge unterliegt: Das Interesse des *Züchters*, des *Verkäufers* und des zukünftigen *Besitzers.* Und das muss passen, da sind bestimmte Wesenszüge eventuell im Wege, wie in folgendem Zitat passend beschrieben:

> … She was referring to the fact that the dogs you meet these days are seldom pure-bred or mutt, but tongue-twisting mashups: labradoodle, puggle, cavapoo, zuchon, beaglier. The emergence of these artful hybrids in recent years is the result of the marketplace's demand for an animal designed with human needs in mind: loyal but not clingy, confident yet chilled, fluffy as a puffball but mercifully inclined to hang on to its own hair. And exactly the right size to fit into your car.[71]

---

[71] Kathryn Hughes *Dog complex* in *The Guardian weekly,* 02/2019, S. 60 „… Sie bezog sich auf die Tatsache, dass die Hunde, die heutzutage als *en vogue* gelten, selten reinrassig sind, dafür Mischungen mit zungebrechenden Namen: *Labradoodle*, *Puggle, Cavapoo, Zuchon, Beaglier*. Das Aufkommen

Victor von Bülow hätte diese Genmanipulationen sicherlich abgelehnt und wird seinen Tieren überdurchschnittlich viele Möglichkeiten für deren Entfaltung geboten haben, sowohl räumlich als auch in der Haltung. Ihm wird eventuell sogar auch ein art- und wesensgerechter Umgang ein Anliegen gewesen sein, aber letzthin handelte es sich um seine Lebensräume, die er den Hunden zu einem gewissen Teil zur Verfügung gestellt hat, mit denen die der Hunde unterschiedlich große Schnittmengen gebildet haben. Es haben sich zwischen ihnen und ihm höchstwahrscheinlich enge Verbindungen gebildet, die durch seine zahlreichen Reisen jedoch unterbrochen und durch seinen Tod beendet wurden. Und da Hunde bekanntermaßen in Rudeln leben, ist das schlimmste, was ihnen widerfahren kann – wie man an vor Supermärkten angebundenen Hunden erkennen kann –, die Abwesenheit des Rudelchefs, der in den meisten Fällen der Besitzer ist. Mit dem Tod *Victor von Bülows* sind zuallererst die Tiere aus der Wahrnehmung der Öffentlichkeit verschwunden, wenn man von einigen Cartoons oder Mops-Devotionalien absieht. Es hat auch niemand nach ihnen gefragt, was aus seinen Tieren geworden ist, ganz abgesehen davon wurde auch nie angezweifelt, dass *von Bülow* stets seiner Verantwortung gegenüber den Tieren bewusst war.

Ebenfalls ungeklärt ist, woher die Hunde gekommen sind, außer, dass man bei Recherchen erfährt, dass der Mops *Henry* aus einem Wohnwagen mit 25 Möpsen stammt. Das wird eher als

---

dieser kunstvollen Hybriden in den letzten Jahren ist das Ergebnis der Nachfrage des Marktes nach einem Tier, das einzig und allein auf die Bedürfnisse der Menschen abgestimmt ist: loyal, aber nicht anhänglich; selbstsicher, aber entspannt; flauschig wie ein Puffball; zufrieden mit sich selbst. Und genau die richtige Größe für Ihr Auto.“

Anekdote und nicht als eigentlich katastrophaler Zustand vermittelt.

In der Frage der Herkunft seiner zahlreichen anderen Hunde können wir nur vermuten, dass es deren Eltern und eventuellen Geschwistern gut ging und dass *von Bülow* Wert daraufgelegt hat, entweder Tiere aus unangemessenen Verhältnissen zu *retten* oder die Herkunft überprüft zu haben. Aber es sind und bleiben Spekulationen, ein Großteil der Fangemeinde will in erster Linie ihre Freude und ihren Spaß mit den *Tierstorys* haben und der soll durch *Horrorgeschichten* nicht getrübt werden.

Wohlgemerkt, es ist nicht mein Anliegen, *Victor von Bülows* Tierliebe zu diskreditieren. Viel eher soll dieser Diskurs dazu beitragen, zu erkennen, dass es sich selbst im Falle von so relativ gut behüteten Tieren, wie sie es bei *von Bülow* vermutetermaßen waren, um einseitige Abhängigkeitsverhältnisse handelte, die letzthin nicht nur zugunsten der Tiere ausgegangen sind.

In diesem Zusammenhang sei kurz ein Schwenk zum Thema *Tierarzt* unternommen: *von Bülow* hat über ausreichend Finanzen verfügt, seine Tiere ärztlich versorgen zu lassen. Alle Tiere in Gefangenschaft sind anfälliger für Krankheiten als Tiere in freier Wildnis. Jeder Haushalt, der ein Tier beherbergt, muss damit rechnen, einen nicht unbedeutenden Teil seines Budgets für tierärztliche Behandlungen ausgeben zu müssen, was die wenigsten Haushalte leisten können und was in vielen Haushalten kein Thema ist, weil der Stellenwert des Tieres eben nicht zählt. Diese Stellenwerte sind von Prioritäten geprägt, zu denen das Tier nicht unbedingt gehört. Würde beim *Kauf* eines nichtmenschlichen Wesens eine Prognose der Kosten über den Zeitraum von ca. 15 Jahren aufgestellt und der *Kauf* davon abhängig gemacht werden, ob diese Summe aufgebracht werden kann, dann würde sich die *Haustierhaltung* drastisch verringern.

Kürzlich fiel mir in einer Fernsehsendung mit dem Titel *Armes Deutschland* auf, dass immer wieder *arme* Familien als Protagonisten herhalten müssen, die ein Haustier besitzen. Ein Psychologe könnte die Gründe, warum sich arme Menschen, denen es an allem mangelt, ein Tier zulegen, sicherlich besser deuten als ich. Deswegen möchte ich hier ausschließlich für die Tiere sprechen, denen es in diesen familiären Situationen wahrscheinlich nicht so gut geht wie in der Familie *von Bülow*. Und es stellt sich die Frage, ob im Krankheitsfalle eine tierärztliche Behandlung finanziert werden könnte. Wahrscheinlich ist das nicht der Fall, sodass im *Tierschutzgesetz* – solange der *Tag X* nicht konkret angesteuert wird – die Regelung verankert sein müsste, dass nur Familien mit einer bestimmten Einkommenshöhe, einem bestimmten Zeitkontingent und bestimmten räumlichen Möglichkeiten gestattet ist, sich ein Tier zuzulegen; also eine Art *Tierführerschein*. Die Redaktion der Sendung, auf die ich mich beziehe, hat natürlich ganz andere Absichten: Ein armer Mensch mit einem Kaninchen im Arm stellt einen *Topos* dar, der Emotionen auslöst, die wiederum dazu führen, dass der Fernsehapparat angeschaltet bleibt und diese Serie immer wieder angeschaut wird, weil sie den menschlichen Hang zum Voyeurismus und zur Identifikation mit den TV-Akteuren befriedigt.

In der Öffentlichkeit sind *Victor von Bülows* Möpse – im Übrigen *besaß* er außerdem noch mehrere Hunde und Pferde – zu *Dingen*, wenn nicht sogar zu *Ikonen* gemacht worden, was letzthin eine generelle Haltung gegenüber *Haustieren* widerspiegelt: Sie haben die Rolle anzunehmen, die für sie vorgesehen ist. Und diese Rollen werden durch Dressur, Drill, Erziehung in durch Zäune und Mauern begrenzten Lebensumständen erreicht, was durch die Gesetzgebung, die besagt, dass *Haustiere* als *Eigentum* gelten, mit denen verfahren werden kann, wie man es für richtig hält, legitimiert wird. *Der kennt das schon* ist beispielsweise eine Reaktion, wenn man eine *Halterin* auf ihren in der S-Bahn winselnden Hund anspricht. Diese fast schon stereotype Antwort erhält man auch, wenn man einen Besitzer eines Autos auf ein komisches Geräusch anspricht: *Das macht es schon immer.* Eigentum ist Eigentum, einmischen wird nicht geduldet, auch wenn es sich um ein Lebewesen handelt, mit dem man sprechen könnte.

Aus folgendem Zitat kann ersehen werden, dass es keine Rolle spielt, ob es sich bei Eigentum um Lebewesen oder Sachen handelt, dieses Beispiel bezieht sich auf die Pflanzenwelt:

> Bei allem Wünschen und Wollen gibt es Gesetze in Deutschland, die Eigentum und Privatrecht schützen. Die von Ihnen angesprochene Maßnahme ist davon berührt: Diese Maßnahme ist eine Angelegenheit zwischen dem Eigentümer des Grundstücks und der Unteren Forstbehörde. Die Gemeinde ist nicht involviert, es handelt sich um Privatrecht.
> Jeder Waldbesitzer hat das Recht, 2ha Wald auch ohne Angabe von Gründen abzunehmen.[72]

Meine Anfrage bezog sich auf Rodungsmaßnahmen eines gesunden Waldstückes entlang einer Bahntrasse, ohne das ein Verkehrssicherungsauftrag seitens der Deutschen Bahn vorlag. Dieses Waldstück galt als Rückzugs- und Lebensort zahlreicher Singvögel, Insekten und Bodenlebewesen. Auf dieses im Zitat erwähnte Gesetz kann sich jede Privatperson berufen, weshalb meine Kommentare neben der Einmischung oft als *belehrend* aufgefasst, zuweilen auch als *strenge Zurechtweisung* verstanden werden. Das ist schwer nachvollziehbar angesichts der Not

[72] Aus einer Antwort des Ordnungsamtes der Gemeinde Binz (Mecklenburg-Vorpommern) vom 09.04.2019

der Tiere, die offensichtlich ist. Das bedeutet, dass erstens ein mögliches Leid der Tiere vom Staat legitimiert ist und zweitens diese Legitimation vor dem möglichen Tierleid steht.

Aber es gibt noch eine andere Betrachtungsweise:

Vielleicht gilt das Klischee, dass man die Eigenheiten der Eltern in seinem eigenen Eltern-Dasein wiederholt, auch für den Umgang mit den Tieren. Wenn mit einem selbst in der Kindheit in Notlagen nicht gesprochen wurde, wie kann man dann gelernt haben, erstens die Notlage des Tieres zu erkennen und zweitens diese durch Sprechen, Trösten zu lindern. Da ist es schon einfacher, die Not der Kinder zu erkennen, wenn sie sie lautstark verkünden. Die nichtmenschlichen Wesen bleiben in der Regel stumm, es sei denn, die unangemessene Behandlung wird auf die Spitze getrieben. Fische können selbst dann keinen Laut von sich geben. Da gehört schon viel Empathie dazu, zu erkennen, dass es für den Fisch eine massive Lebenseinschränkung bedeutet, im Aquarium nicht die Strecken schwimmen zu können, die seinem Wesen entsprechen. Spreche ich also einen Restaurantbesitzer an, ob er vielleicht seine Fische einem Ozeaneum (obwohl auch das natürlich, genauso wie der Zoo, nur dem Menschen, aber nicht den Tieren dient) spenden und sein Aquarium abbauen möchte, so ernte ich Unverständnis und den Kommentar, dass *die Fische das ja gar nicht merken.* Und wenn ich anrege, sich einmal selbst vorzustellen, sein Leben zusammen mit 20 weiteren Personen auf ca. 40 qm zu verbringen, dann wird die Unterhaltung schnell ungemütlich und meine Intervention belächelt.

So wurde auch unsere Initiative, zwei im Besitz eines polnischen Hotelrestaurants im Aquarium vor sich hin vegetierende Hummer mit zusammengebundenen Scheren zu kaufen und ins Ozeaneum nach Rostock zu transferieren mit Unglauben und Verständnislosigkeit begegnet. Es waren mehrere Anläufe und

Diskussionen nötig, den Besitzer davon zu überzeugen, dass Hummer weder die Scheren zusammengebunden werden können, noch dass es dem Lebensraum des Hummers entspricht, in einem relativ kleinen Aquarium inmitten hellstem Restaurantlicht ihr Dasein zu fristen. Entsprechend zäh waren auch die Kaufverhandlungen, die jedoch letztens Endes zum Erfolg führten. Die Hummer, die bis zu 25 Jahre alt werden können, wurden in besagtes Ozeaneum transportiert, wo die Meeresbiologen jedoch feststellten, dass es sich um kanadische Hummer handelt und nicht um Nordseehummer. Also mussten sie in einem Quarantänebecken *zwischengelagert* werden, da der Salzgehalt des Atlantiks nicht dem der Nordsee entspricht. Diese Hummer hatten also nicht nur den Stress des Restaurantaquariums auszuhalten, sondern waren höchstwahrscheinlich bereits durch die Reise von Kanada nach Polen traumatisiert. Kindern von Restaurantgästen, die staunend vor dem Aquarium stehen, werden diese Tatsachen verschwiegen.

Schrittweise wurden die beiden Hummer im Ozeaneum an den niedrigeren Salzgehalt des Nordseewassers gewöhnt und leben dort zwar nicht artgerecht, aber immerhin in einem der Art Hummer größtenteils entsprechenden Lebensraum.

Seltsamerweise wird sich immer verteidigt, also zugunsten der Tiere gesprochen: *Die Hummer merken das gar nicht, der Hund will das so, etc.,* was augenscheinlich nicht stimmt. Man könnte ja auch antworten, dass man nun mal kein größeres Aquarium habe und die Tiere sowieso in den Kochtopf kommen oder dass man nun mal S-Bahn fahren müsse und wie es dem Hund dabei geht, sei egal. Oder dass man die Farben und die schillernden Fische im Aquarium als geschäftsfördernd betrachtet und dass man nur daran interessiert sei, dass kein Fisch stirbt. Diese Antworten kämen der Realität wahrscheinlich sehr nahe, würden aber auch ein schlechtes Licht auf den *Besitzer* werfen. Und kein

Tierhalter will schlecht dastehen, womit wir es einerseits mit Eigeninteressen, aber auch mit Widersprüchen zu tun haben, die vermuten lassen, dass ein dem Tier zugewandter Umgang den Menschen überfordert.

Üblicherweise ist in Haustier-Zusammenhängen oft von *Interaktion* zwischen Mensch und Tier die Rede, der Wunsch nach *Interaktion* dient als einer der Hauptgründe für die *Anschaffung* eines nichtmenschlichen Wesens. Am Beispiel von *Kaninchen* kann man beispielsweise verdeutlichen, dass eine Interaktion nur sehr schwer möglich ist, wenn man die Wesenszüge von *Kaninchen* verstanden hat. Dann stellt sich eher die Frage, warum *Kaninchen erworben* werden sollen. Um das Sozialverhalten der Kinder zu fördern? Sind es familiäre Gründe, den Wünschen der Kinder nachzukommen, sind es soziale Gründe, die eigene Einsamkeit zu kompensieren? Wie soll das möglich sein, sind doch *Kaninchen* nachtaktiv, verstecken sich gerne und könnten aufgrund ihrer gut ausgebildeten Hinterläufe in ziemlich rasanten Tempo ziemlich weite Strecken zurücklegen. Selbst die Züchtungen sind und bleiben *nachtaktiv* und können nicht alleine gehalten werden, da es sich um Rudeltiere handelt. Zudem gehört es nicht zu ihren Präferenzen, auf oder in den Arm genommen werden oder mit Menschen *kuscheln* zu *wollen*. Kaninchen bevorzugen es, unter sich zu bleiben und wollen mit Menschen eher nichts zu tun haben, was von *Kaninchenkennern* und *-händlern,* damit das Geschäft läuft, ganz anders dargestellt wird. Ähnlich verhält es sich mit *Meerschweinchen*, *Mäusen, etc.* Auch *Katzen* sind keine Tiere, die man in vier Wänden halten kann, da sie über einen hoch ausgebildeten, alle Sinne betreffenden Jagdinstinkt verfügen, dem sie in der Regel nicht nachgehen können. In seltenen Fällen existieren sowohl ein angemessen großes Jagdgebiet, das dem Tier zur Verfügung steht, als auch eine Art Lebensbasis zusammen mit Menschen. Die Ziffer der

Katzen, die allein (oder auch zu mehreren) in Wohnungen ihr Dasein fristen, ihre lebenszentralen Triebe und Instinkte also verkümmern, ist unermesslich hoch. *Die schläft den ganzen Tag* gehört zu den beliebtesten Antworten auf leicht zweifelnde Bemerkungen. Damit ist das Thema erledigt.

Von *Interaktion* kann in den meisten Lebensgefügen zwischen Tier und Mensch also nicht die Rede sein, *Ausstattung* des *Lebensalltages* trifft schon eher den *Sachverhalt.*

Aber dennoch: Die erwähnten defensiven Antworten seitens *Tierhaltern* müssen gegeben werden, weil es nicht auszuhalten wäre, wenn einem das *gefangene Dasein* und die damit verbundene massive Beschränkung der Lebensräume der Tiere, mit denen man sein Leben ausstattet, bewusst werden würde, da der Mensch im tiefsten seines Innern doch das Gute will. Das kann er in der letzten Konsequenz im Zusammenleben mit Tieren nicht erfüllen.

In der Regel werden die *Haustiere* für die eigenen Belange und Wünsche instrumentalisiert. Der Kanarienvogel, den meine Mutter hielt, sollte *schön singen*, die Schildkröte, die wir *hielten*, sollte ein Stück weit *Unbekanntes, Exotisches* in unseren Lebensalltag bringen, der *Kakadu*, der im Käfig von Freunden sein Dasein fristete, hatte die Aufgabe, die Familie zu unterhalten. Die Frage bleibt ungeklärt, warum sich Menschen wirklich entscheiden, mit Tieren zusammenleben zu wollen. Meines Erachtens würde das Leben der *Tierbesitzenden* nicht signifikant anders verlaufen, wenn sie kein Tier erworben hätten.

Unumstritten ist, dass ein Großteil der *Besitzer* von nichtmenschlichen Wesen bemüht ist, *seinem* Tier einen seiner Meinung nach angemessenen Lebensraum zu geben und ihm ein *gutes* Leben zu ermöglichen. Aber vielleicht spielen insgeheim Erwartungen eine Rolle, die irgendwie dann doch nicht erfüllt werden, weil das Tier nun mal oft komplett andere Interessen hat als *sein Halter.* Das *Kaninchen* braucht ein Rudel, eignet sich nicht zum *Kuscheln* und kommuniziert nicht so, wie man es sich vielleicht erhofft hat. Die Wesenszüge des Hundes erweisen sich als ungeahnt komplex, sodass das *Halten* schwierig wird. Der *Papagei* braucht Partner, Platz, kreischt zuweilen sehr laut und lässt sich nicht beibringen, was man ihm versucht, beizubringen, Mäuse sind irgendwann nicht mehr so niedlich wie beim ersten Eindruck, etc., etc. Dazu kommt das Lebensalter der Tiere, dessen Länge unterschätzt wird, und die unterschiedlichen Wesenszüge jedes einzelnen Wesens. Jede Fliege, jeder Elefant, jeder Maulwurf hat seine eigenen Wesenszüge, kein Tier gibt es zweimal auf der Welt, das ist nicht anders als bei uns Menschen auch.

Es kann also festgestellt werden, dass Tiere in Gefangenschaft genommen werden, ohne dass dafür – objektiv gesehen – Notwendigkeiten bestehen.

Die amerikanische Bioethikerin und Philosophin *Jessica Pierce* beschreibt das Geschäft mit dem *Haustier* sehr anschaulich:

> Pet keeping has dark undercurrents: the breeding facilities, the wholesale marketplaces where animals are sold like guns or toys, the high mortality, the shelters overflowing with bodies, the shokingly high numbers of animals being sexually exploited or physically abused by their owners, the punitive training methods that leave animals emotionally traumatized, the failure of more than a quarter of all pet owners to provide their animal access to basic veterinary care.
>
> These undercurrents challenge even the most thoughtful pet owner because it is often hard to know what we might doing wrong or how our actions might or might not be harming the animals we cannot see beyond the

curtains of our own windows.[73]

Die wir hinter den Vorhängen unserer eigenen Fenster nicht sehen können ist eine sehr passende Formulierung hinsichtlich der Tatsache, dass die *Besitzenden* nicht wissen, wie es den Tieren geht, wenn sie nicht da sind – was, nebenbei bemerkt, in den überwiegenden Fällen zutrifft. Die Zahl der Stunden, die Tiere in Wohnungen alleine zubringen, übersteigt jegliche Vorstellungskraft – und zweitens, dass wir Menschen in Bezug auf Tiere eine nur sehr beschränkte Wahrnehmung haben, da sie die meiste Zeit von ihren eigenen Interessen okkupiert sind, die mit dem Tier nichts zu tun haben. *Pierce'* Formulierung *Was wir falsch machen könnten* spiegelt das Unvermögen der *Tierhalter* wider, aus ihren Dunstkreisen der Selbstbezogenheit herauszutreten, das Tier zu erkennen und dessen Interessen zu folgen; ganz abgesehen davon, dass sich nur ein Bruchteil der *Haustierbesitzer* diese Frage stellt. *Sind ja nur drei* Wochen ist auch eine der Antworten von *Tierhaltern*, die ohne ihr Tier auf Reisen gehen und damit komplett ignorieren, dass *drei* Wochen eine menschliche Empfindung und keine von Tieren ist. Den Interessen *seines* Tieres gleichermaßen zu folgen wie den eigenen, lässt sich nahezu unmöglich vereinbaren. Der Mensch muss

---

[73] Dr. Jessica Pierce, *Run,Spot,Run,* The University of Chicago Press, Chicago 2016, S. 8
„Die (*Haus*-)Tierhaltung hat tiefe Schattenseiten: die Zuchtanlagen, die Großmarktplätze, auf denen Tiere wie Waffen oder Spielzeug verkauft werden, diehohe Sterblichkeitsrate, die überfüllten Leichenhäuser, die schaurig hohe Anzahl an Tieren, die von ihren Besitzern sexuell ausgebeutet oder körperlich missbraucht werden, die Bestrafungsriten, die Ausbildungsmethoden, die Tiere emotional traumatisieren, das Versagen von mehr als einem Viertel aller Tierbesitzer, ihrem Tier den Zugang zu tierärztlicher Grundversorgung zu ermöglichen. Diese Unterströmungen fordern sogar den besonnensten Haustierbesitzer heraus, weil es oft schwer ist zu wissen, was wir falsch machen könnten oder wie unsere Handlungen die Tiere schädigen könnten oder nicht, die wir hinter den Vorhängen unserer eigenen Fenster nicht sehen können.“

ins Büro, bzw. zur Arbeit, der Mensch möchte reisen, der Mensch möchte sich mit anderen Menschen in Kneipen und Restaurants treffen, er hat bestimmte Vorstellungen von Freizeitaktivitäten, er will in einem bestimmten Zeitfenster schlafen, der Mensch ist bestrebt, eine Familie zu gründen, in der gegebenenfalls dann kein Raum, keine Aufmerksamkeit mehr für das *Haustier* übrig ist, usw. Diesem Katalog an Eigeninteressen hat sich das *Haustier* unterzuordnen, ob es zu ihm passt oder nicht. In der Regel passt es nicht.

Die bereits erwähnte *Selbstverständlichkeit*, deren Charakter davon geprägt ist, dass der *selbstverständliche* Zustand nicht hinterfragt wird, ist hier von zentraler Bedeutung. Die *Anschaffung* von *Haustieren* ist frei von Kritik. Das *Halten* von Tieren entspringt der *Haltung* gegenüber Tieren und ist, selbst unter Tierschützenden, in gewisser Weise unantastbar. Sogar Menschen, die sich zu einem tierproduktfreien Leben entschlossen haben, jedoch *Haustiere* halten, die mit Tierprodukten gefüttert werden müssen, oder deren Katzen in der Wildnis lebende Kleintiere jagen und erlegen, sind nicht bereit, den Widerspruch, in dem sie sich befinden, kritisch zu betrachten. Einen vermeintlichen Ausweg aus dem Widerspruch finden sie darin, *ihre* Hunde oder *ihre* Katzen vegan zu ernähren, was die Kluft zwischen den menschlichen Eigeninteressen und den Lebens-/Ernährungsgewohnheiten des *Haustieres* unüberbrückbar vertieft.

In der *Sklaverei* ging/geht es ähnlich zu: Das *Halten* von Sklaven, unter anderem zur eigenen Unterhaltung, war/ist eine Selbstverständlichkeit, in der *etwas falsch machen* keine Kategorie ist, über die man sich Gedanken machen müsste. Der *Sklave* hat sich dem von seiner *Herrschaft* vorgegebenen Lebensplan zu unterwerfen.

Bei den von *Jessica Pierce* beschriebenen Missständen handelt es sich um die schlimmsten Fälle unangemessener Behandlung von *Haustieren*, die aber inzwischen vereinzelt auch kritisiert werden. Ein Schimpanse, der seit 40 Jahren mit Zirkusbesitzern zusammenlebt, zusammen isst, zusammen Spaß hat, sollte natürlich nicht nach 40 Jahren von seinen *Besitzern* getrennt werden. Auch langjährige Beziehungen zwischen *Haustieren* und deren *Haltern* haben einen ganz eigenen Lebenswert, der für Außenstehende nicht erfahrbar ist. Es handelt sich um gewachsene Sozialbeziehungen unter Wesen, egal, ob zwischenmenschliche oder zwischen Mensch und Tier. Hier mag die Antwort *der hat sich daran gewöhnt* zutreffen, im Interesse des Tieres ist diese Antwort nur bedingt.

Immer dringender stellt sich die Frage, warum eigentlich ein Haustier *erworben* werden muss, wenn es sich nicht gerade um einen Wachhund, einen Hütehund oder einen Blindenhund handelt. Diese Frage zu beantworten erfordert soziologische, tiefenpsychologische und gesellschaftlich-soziale Studien, für deren Durchführung und Auswertung hier der Raum fehlt. Meinen Beobachtungen zufolge scheint es mehrheitlich darum zu gehen, sich einerseits *kümmern*, andererseits aber auch *Macht* ausüben zu wollen, also soziale Bindungen einzugehen, in der man selbst im wahrsten Sinne des Wortes *die Zügel in der Hand hält.* Aber auch der Wunsch nach hochwertigem Eigentum kann dazu führen, Tiere erwerben zu wollen, sozusagen als Mittel, das eigene Image und damit den eigenen Lebensstandard zu optimieren. Bei dieser sehr funktional anmutenden Entscheidung spielen auch – eher verborgene – empathische Gefühlsregungen eine Rolle. Die Sehnsucht nach Körperkontakt kann man besonders deutlich an der zunehmenden *Sitte*, kleine Hunde ständig auf den Arm zu nehmen, ablesen, die insbesondere in statushöheren nordamerikanischen und asiatischen Gesellschaftsschichten zu finden ist.

Eine reduzierte Form dieser Sehnsucht tritt bei *Tierschützern* auf, die sich gerne mit Tieren, wie beispielsweise Kühen, Schweinen, Ziegen, die vor dem Schlachthof gerettet worden sind, kuschelnd, wälzend oder umarmend ablichten lassen, um die Nähe und Fürsorge, die sie als *Tierschützer* vermitteln möchten, unter Beweis zu stellen; ein eher fragwürdiger Ausdruck von *Tierschutz.* Das *Lassen* der Tiere scheint eine mühsame, kaum zu bewältigende Aufgabe darzustellen. Da ist es schon eher verständlich, wenn Kinder, die mit Kaninchen zusammenleben, diese hochnehmen und mit ihnen kuscheln wollen. Hier muss jedoch Vermittlungsarbeit insofern geleistet werden, dass *Kaninchen* keine Tiere sind, zu deren Lebensgewohnheiten der Wunsch nach *Hochheben* gehört. *Kaninchen* sind in erster Linie *Fluchttiere*, für die der Bodenkontakt existenziell ist. Die Argumentation, dass Kinder im Zusammenleben mit Tieren ein ausgeprägtes Sozialverhalten lernen, ist fragwürdig. Richtig ist, dass Kinder in der Regel eine natürliche und unausgesprochene engere Bindung zu Tieren haben als Erwachsene, was aber auch dazu führt, dass sie Tieren oft mit einer Unvoreingenommenheit begegnen, die weder im Sinne der Tiere noch im Sinne der Kinder ausgeht. Hier ist eine tierzugewandte Vermittlungsarbeit der Erwachsenen gefragt, die allerdings nur selten stattfindet.

Im Falle von *Anschaffungen* seltener Rassen und nicht heimischer Tierarten stehen in der Regel ausschließlich finanzielle Interessen an einem Tier im Vordergrund. Das Geschäft mit *exotischen* Wesen floriert. Paradoxerweise handelt es sich um ein durch und durch ehrliches – Leid verursachendes – Geschäft, weil das Tier unverblümt zur Sache erklärt wird, mit dem man Geld machen kann und das, wie bereits erwähnt, den eigenen Lebensstandard in bestimmten Kreisen massiv erhöht. Da spielen die für Grashüpfer leidvollen Transporte, die zusammengepfercht in kleinen Boxen verschickt werden, um an Echsen in

Terrarien verfüttert zu werden – auch eine Form des *Tiertransportes* –, oder junge, von ihren Müttern im frühesten Stadium ihres Lebens getrennte Mäuse oder Ratten als Futtermittel für *Hausschlangen* keine Rolle. Hier gibt es keine Transparenz, also keine Fragen, und somit auch keine falschen Antworten, Geschäft ist Geschäft.

Alle *Tierhalter* haben gemeinsam, dass sie die Tiere nicht *lassen* können. Die menschliche Einflussnahme in die nichtmenschliche Wesenswelt unterliegt dem Zwang, Macht ausüben zu wollen (zu müssen), der offenbar nicht zu bremsen ist.

Erfahrungsgemäß lässt die Begeisterung am *eigenen* Tier nach, wenn andere Lebensbelange wichtiger werden: Das Heranwachsen der Kinder, berufliche Veränderungen, Scheidungen, Ortswechsel, Gründung einer Familie, um nur einige zu nennen, reduzieren die Bedeutung des Tieres auf ein Mindestmaß. Das Tier hingegen ändert sich nicht, also entstehen Missverhältnisse. Der Hamster einer befreundeten Familie, der es wirklich *gut hatte* in seinem zu Hause und sich den Umständen entsprechend gemäß seiner Belange eingerichtet hatte (diverse Schlafplätze, nicht störbare Nahrungsdepots, freier Auslauf, zugewandte Familienmitglieder), wurde von einem Tag auf den anderen aus seinem mehr oder weniger artgerechten Dasein gerissen, als die Familie umzog. Für den Hamster war das vergleichbar mit der völligen Zerstörung seiner Lebensorte. Und da Hamster nun mal auf Lebenszeit an ihrem Ort und innerhalb eines relativ engen Bewegungsradius', den sie einmal ausgewählt haben, bleiben, hat er sich in dem neuen Heim der Familie bis zu seinem Ende nicht so eingerichtet, wie es an dem ursprünglichen Ort war. Ganz abgesehen davon, dass aufgrund der neuen Inneneinrichtung die nötige Anzahl von Nahrungsdepots und Ruheplätzen nicht mehr eingerichtet werden konnte. Zudem verlor man aufgrund der neuen Lebensumstände zunehmend Interesse an dem *Haustier.*

Dieses Ereignis ist kein Einzelfall, mit der Gewöhnung (… *das ist der gewöhnt)* stellt sich auch ein sinkendes Interesse ein und vielleicht ist der eine oder andere *Tierhalter* am Ende des Zusammenlebens mit einem Tier, nachdem er nun weiß, dass seine Erwartungen vielleicht wenig bis gar nicht erfüllt wurden, ehrlicher insofern, als dass dieses Kapitel in seinem Leben abgeschlossen ist. Je größer die Familie, desto niedriger die Kategorie, in der das nichtmenschliche Mitwesen angesiedelt wird.

> Tatsächlich nimmt die Bindung an das Tier mit jeder zusätzlichen Person in der Familie um eine Stufe ab. Haustiere mit Kleinkindern im Haushalt sind am schlechtesten dran. So werden nur 25% der Haustiere in Familie mit Kindern jeden Tag gebürstet, während dies bei 80% der Tiere in Haushalten ohne Tiere der Fall ist. Leider wird der Hund, der in den ersten Jahren einer Ehe „unser Baby" war, häufig in dem Moment degradiert, in dem das erste Kind aus der Klinik kommt.[74]

Diese Theorie trifft natürlich nicht auf diejenigen zu, für die die Tierhaltung Geschäft ist, sei es nicht legaler Handel, Zucht oder schlichtweg Machtausübung.

Würde die Gesetzgebung vorschreiben, dass das jeweilige Tier in all seinen Lebensfacetten, -gewohnheiten, -interessen, -zyklen und Lebensräumen, wie Lebensdauern bei dem *Erwerb* <u>nachweislich</u> *berücksichtigt* werden muss, wäre die *Haustierhaltung* am Ende, da dieses vom Gesetzgeber geforderte *Interesse* und das *Ermöglichen* dieser *Lebenshaltung* schlichtweg nicht ge-

[74] Hal Herzog *Wir streicheln und wir essen sie,* München 2012, S. 88/89

schaffen werden könnte. Die offizielle Sklavenhaltung wurde genau unter diesen Prämissen abgeschafft: Den Sklaven wurden individuelle *Lebensrechte* zugebilligt, sie wurden in einem allmählichen Prozess von der Leibeigenschaft befreit und begannen nach und nach, sich als freie Menschen zu entfalten. Diese Maßnahmen entsprachen nicht den *Interessen* ihrer *Besitzer,* sie mussten sich aber der zunehmenden Erkenntnis unterordnen, dass es sich bei *Sklaven* um *Lebewesen* handelt. Das Entscheidende aber war der Paradigmenwechsel: Die vormaligen *Sklavenbesitzer* waren in der Lage, auch ohne Sklaven ihr Leben zu meistern können. In diesem Zusammenhang darf die Wandlungsfähigkeit des Menschen nicht unterschätzt werden, was unmittelbar zu meiner Vision vom *Tag X* leitet, der das Ende der *(Haus)Tierhaltung* bedeuten würde. Anfangs wäre der Aufschrei groß und der Protest von *Tierhaltern* und *Tierschützern* gleichermaßen massiv, aber nach der Übergangszeit, nachdem auch das letzte *Haustier* verstorben ist, würde sich der Alltag ohne *Haustiere* problemlos einstellen. Wenigstens in diesem Bereich würden die Tiere dann *gelassen* werden. Es würde ein gesellschaftlicher Wandel in Gang gesetzt, in dem das menschliche Miteinander gefordert wäre wie noch nie. Das Gelingen oder Scheitern dieses Wandels wäre allerdings nicht absehbar.

Fazit: Nichtmenschliche Lebewesen dienen überwiegend als *Mittel, Etikette* und *Ding*, das den persönlichen Lebensstandard nach außen und nach innen scheinbar qualifiziert. *Victor von Bülows* Möpse waren der – noch eher harmlose – Vorläufer von diesem Image-ranking, bzw. der Medialisierung von Tieren.

Das Haustier füllt in erster Linie eine Lücke, weil es dem Menschen schwerfällt, mit sich selbst auszukommen, weswegen er die *anderen Wesen* einfach nicht *lassen* kann. Durch diese Wesen, so hofft er, wird ihm *Gutes* widerfahren.

Denn: Der Mensch trachtet mit ganzem Herzen nach dem *Guten* und danach, dass ihm *Gutes* gegeben wird, wie die Philosophin *Simone Weil* formuliert:

> Von der frühen Kindheit bis zum Grabe liegt auf dem Grund des Herzens eines jeden Menschen etwas, das trotz aller Erfahrungen begangener, erlittener und beobachteter Verbrechen unbesiegbar darauf wartet, dass man ihm Gutes und nicht Übles tut.[75]

Und welches Wesen eignet sich nicht besser dazu, ihm *Gutes* zu tun als das *gezähmte Tier.*

Eine gängige Formulierung dieses *Guten* finden wir in der Sichtweise des *seinem Herrn treu ergebenen Hundes.*

Die *Treue* allerdings ist eine *Abhängigkeit*, zu der das Tier erzogen wird, damit der Mensch das Gefühl bekommt, dass er gebraucht wird und *Gutes* erhält, was in diesem Falle nur scheinbar zutrifft. Es handelt sich in realiter um einen künstlichen Zustand, der in der Natur des Hundes nicht vorkommt. Der Hund ist ein Rudeltier, das sich, ähnlich den Wölfen, mit *gleichen Wesen* umgibt, um seinen Sozialinstinkten gerecht zu werden. Der Mensch hat sich mit seiner Suche nach einem Jagdgehilfen dazwischengeschoben und somit die Domestizierung begonnen; eine sehr rudimentäre Form des *Guten,* aber primär eine zweckgebundene Beziehung. Das *Gute,* das *Simone Weil* meint, ist unermesslich groß und nicht zu beschreiben, weil es gleichbedeutend ist mit einer Art *Erlösung*, die zu erreichen der Mensch nicht in der Lage ist, die er aber im Tiefsten seines Innern herbeisehnt. Folgerichtig erwartet er diese Befreiung von den selbstgemachten Sünden vom nichtmenschlichen – *guten* –

---

[75] Simone Weil *Die menschliche Person und das Heilige*, in Cora Diamond, *Menschen, Tiere und Begriffe,* Suhrkamp Berlin 2012, S.170

Wesen. Inzwischen jedoch hat sich hier ein Dilemma entwickelt, weil das *Gute*, das erwartet wird, nicht eintritt. Erst mit der Erziehung zur Abhängigkeit ist mit dem *Guten* zu rechnen, da das Tier dann in den meisten Fällen tut, was angesagt wird, und wenn es nicht folgt, kann es bestraft werden und sei es nur mit einem fortwährenden (stummen) ruckartigen Ziehen der Leine, wie es im Alltag zu beobachten ist. *Warum denn mit dem Hund nicht gesprochen werde*, lautet in solchen Fällen meine Frage. Die stereotypen Antworten: *Ich spreche ja mit ihm* (sic!), *der muss das lernen* oder *mischen Sie sich nicht ein.* Diese Antworten bestätigen meine Zweifel, dass es im Zusammenleben um den Hund geht. Selten bis nie beobachte ich *Tierbesitzer*, die mit ihren Tieren oder nichtmenschlichen Wesen, von denen sie umgeben sind, sprechen. Hunde fühlen sich in öffentlichen Nahverkehrsmitteln augenscheinlich unwohl. Gehen wir davon aus, dass zwischen dem *Besitzer*/der *Besitzerin* und dem Tier eine Verbindung besteht, so müsste in solchen Situationen mit dem Tier gesprochen werden. Tiere, ob wild oder domestiziert, spüren die Zuwendung, die man ihnen entgegenbringt. Es gibt keinen Grund, warum man sich nicht zuwenden sollte, insbesondere wenn sich das jeweilige Tier unwohl fühlt.

Das *Gute*, das der Hund (oder das *Haustier)* mitbringt, wird vom Menschen begrenzt, weil die Wahrnehmung des Menschen begrenzt und Mensch-zentriert ist. Von einem bestimmten Punkt an hat das *Gute* ausgedient und das Lebewesen wird zur *Gewohnheit*. Spätestens von diesem Zeitpunkt an *dient* das Tier nur noch dem Menschen. Die Hoffnung auf das Empfangen des *Guten* hat sich als trügerisch, bzw. zeitlich begrenzt herausgestellt.

Mit dem Anstreben eines *Tages X* würde dieses Beispiel der Aufgabenzuordnung an das nichtmenschliche Wesen kritisch betrachtet, das Fach *Tierethik* an allgemeinbildenden Schulen in allen Jahrgangsstufen verankert und mit aktiven Beobachtungsexkursionen versehen, die den heranwachsenden Kindern und Jugendlichen ermöglichen, nichtmenschliche Wesen in der Wildnis zu erleben, zu studieren und ihnen angemessen, sie als *Mitgeschöpfe* respektierend, zu begegnen und sie zu *lassen.*

Von dieser Vision sind wir Lichtjahre entfernt, was anhand eines Zitats der israelischen Anthropologin *Dafna Shir-Vertesh* verdeutlicht wird:

> Animals are emotional commodities. They are persons when we want them to be, and when we tire of them or they create tension in a family, they are demoted to „just a dog".[76]

Handelt es sich hier um eine für Tiere verhängnisvolle Wahrnehmungsänderung, für Verhaltensforscher allerdings eine logische Reaktionsfolge, so *selbstverständlich* und *normal* sind diese alltäglichen Paradigmenwechsel für ihre *Halter*, deren Interesse es nicht ist, sich in ihren gewohnten Wünschen und Lebensformen von Tieren irritieren zu lassen, wie *Alan Beck* und *Aaron Katcher* schreiben:

> The little acts of caring, feeding, watering, tending and protecting all call forth a reponse, and the sum of the acts leaves the caregiver with the feeling that she is needed. The reciprocal feelings of caring for something and being needed are lines that can hold us to

[76] Dafna Shir-Vertesh *Flexible Personhood* in Dr. Jessica Pierce, *Run,Spot,Run,* The University of Chicago Press, Chicago 2016, S. 45
„Tiere sind emotionale *Gebrauchsgüter*. Sie sind Personen, wenn wir sie haben wollen, und wenn wir müde werden oder Spannungen in einer Familie erzeugen, werden sie zu „nur ein Hund" degradiert."

life.[77]

Für die oft auftretenden Störungen dieses Gleichgewichts sind in der Regel die *Haltungs*-Bedingungen und Lebenslagen der *Besitzer* verantwortlich, in den seltensten Fällen das Tier an sich. Dies zu reflektieren würde aber eine grundsätzlich dem Tier zugewandte Haltung voraussetzen, wozu die überwiegende Mehrheit der *Tierhalter* nicht in der Lage/bereit ist, da im Falle dieser Erkenntnis die *Tierhaltung* und die eigenen Lebensgewohnheiten drastisch verändert werden müssten, was niemand will. Also ein Teufelskreis, den *Jessica Pierce* folgendermaßen kommentiert:

> We cannot become another animal, but we can try walking in their paws and can take an imaginative journey into their world. I'm afraid we won't like what we see. Once we've seen, then we need to begin speaking out, because silence is a form of acquiescence.[78]

Das Aussprechen, das *Jessica Pierce* hier fordert, setzt ein Verantwortungsbewusstsein gegenüber unserer nichtmenschlicher

---

[77] Alan Beck und Aaron Katcher, *Between Pets and People,* Purdue University Press 1996, S. 57
„Die kleinen Handlungen der Fürsorge, des Fütterns, der Pflege und des Schutzes rufen alle eine Reaktion hervor: Die Notwendigkeit dieser Handlungen beweist der Bezugsperson, dass sie gebraucht wird. Die gegenseitigen Gefühle, sich um etwas zu kümmern und gebraucht zu werden, sind Lebenseigenschaften, die uns am Leben erhalten können."

[78] Dr. Jessica Pierce, *Run,Spot,Run,* The University of Chicago Press, Chicago 2016, S. 34
„Wir können kein anderes Tier werden, aber wir können versuchen, in ihrer Spur zu gehen und eine fantasievolle Reise in ihre Welt zu machen. Ich fürchte, wir werden nicht mögen, was wir sehen. Sobald wir es gesehen haben, müssen wir anfangen, uns zu äußern und zu ändern, denn Schweigen ist eine Form der Duldung."

Mitbewohner voraus, das unweigerlich dazu führen würde, sich gegen die *Haustierhaltung* auszusprechen.

Dasselbe gilt auch für die *Nutztierhaltung*, womit sich der anfangs geschilderte Kreis der ewigen Gefangennahme und Instrumentalisierung von Tieren, ob zum Zweck des *Haltens* oder zum Zweck des *Verzehrens,* schließt.

Beenden möchte ich dieses Kapitel mit einem Resümee, das *Pierce* einerseits als Ergebnis ihrer Untersuchungen, andererseits aus ihren eigenen Erfahrungen herauszieht. Dieses Resümee zeigt, dass es in der Gefangenschaft nie um die Interessen der Gefangenen geht. Vielmehr führen die Interessen der Gefangenen dazu, dass sie gefangen werden, damit die *Haltenden* in der Ausübung ihrer *Eigeninteressen* nicht gehindert werden.

> Some family pets are surrogate children, some are partners, some are tangily property, some are unpaid employees, some are scapegoats, and some are targets for emotional and physical or sexual violence. [79]

2.2.3 Die wilde Nachbarschaft

> Kaum habe ich mich abgewendet, schon ist *Panga* wie eine Irre in den Wildnisgürtel gerannt und hat wie von Sinnen gekläfft und geschrien. Ich hinterher, um sie an die Leine zu kriegen, sie mit den Vorderpfoten an einem Baum, in dessen Astgabel ein Waschbär saß, der sichtlich verängstigt, aber wenigstens sicher war. Ich

[79] Dr. Jessica Pierce, *Run,Spot,Run,* The University of Chicago Press, Chicago 2016, S. ?
„Einige Familientiere sind Ersatzkinder, einige sind Partner, einige sind Eigentum, einige sind unbezahlte Angestellte, einige sind Sündenböcke, und einige sind Ziele für emotionale und körperliche oder sexuelle Gewalt.“

zog mit einer unzufriedenen *Panga* von dannen.[80]

Bei der hier geschilderten Szene handelt es sich um keinen Einzelfall, vermutlich gibt es eine nicht unbedeutende Dunkelziffer von derartigen Ereignissen, die nicht so glimpflich ausgegangen sind. *Das (Wild)Tier und die Nachbarn*: Ein komplexes Thema, dem ich in diesem Kapitel auf die Spur kommen möchte. *Komplex*, weil es nicht nur die *Haustiere* sind, mit denen wir zusammenleben, sondern auch diverse Arten von *Wildtieren* und dies nicht nur im ländlichen Raum, sondern, und dort ganz besonders, im urbanen Siedlungsgebiet. Letztere sollen Gegenstand meiner Untersuchungen sein.

Das zitierte Ereignis fand in Berlin statt, zwar nicht gerade im Zentrum, auch nicht im Randgebiet, sondern im *Verdichtungsgürtel*, also dort, wo das Zentrum in die Außenbezirke übergeht und wohnungsbautechnisch *verdichtet* wird. Hier finden wir zahlreiche Spuren von wildlebenden Tieren, die bei den menschlichen Bewohnern auf unterschiedliche Reaktionen stoßen, je nachdem, ob diese Tiere in das Siedlungssystem passen oder nicht, je nachdem, ob sie wahrgenommen werden oder nicht.

An manchen Tagen begegnen mir dort Bussarde, Krähen, Eichelhäher, Spechte, Waldtauben, Amseln, Fledermäuse, Eichhörnchen, Füchse, Regenwürmer, Wespen, Hornissen und eine Vielzahl von anderen Insekten innerhalb einer Stunde, die ich in der Dämmerung hinter unserem Wohnblock verbringe. An anderen Tagen sind es Bienen, Nachtigallen, Waschbären, zuweilen eine Maus. Von einigen Tieren gibt es lediglich hörbare Spuren, einige Tiere hinterlassen sichtbare Spuren und einige wenige sehe ich konkret und unmittelbar. Viele Insekten und Vögel kann ich nicht benennen, aber dass sie zu meiner Nachbarschaft gehören, freut mich sehr. Erzähle ich davon, gibt es die unter-

[80] Claudia R. (75), Hundehalterin

schiedlichsten Reaktionen: häufig ungläubig, überrascht, zurückhaltend, misstrauisch (bei nachtaktiven größeren Wildtieren), selten unterstützend, freudig oder angetan.

Spuren und konkretes Erscheinen von Tieren sind nicht jedes Nachbarn Sache. Man fährt mit dem Auto von der Arbeit kommend in die Tiefgarage und will seine Ruhe haben, den Abend möglichst ohne große Aufregung verbringen. Letzteres gilt auch für das Wochenende, das man auch gerne im nachbarschaftlichen Garten verbringen will, den man entweder anteilig mitgemietet oder mitgekauft hat. Hier hat die überwiegende Nachbarschaft Interesse an Ordnung und Sauberkeit, Wildtiere stören, ebenso *ungepflegte, wildwachsende Unkrautareale.* Wie bereits in den vorangegangenen Kapiteln beschrieben, hat sich die Natur dem menschlichen Ordnungssystem unterzu*ordnen*, so, wie auch die eigene Wohnung einem selbstgewählten Ordnungsmaßstab unterliegt. Dass es sich bei der *Natur*, bzw. bei dem beispielsweise zum Miethaus gehörenden *Garten* oder bei Hecken und Grünstreifen vor dem Haus um *Lebensräume* für und mit *Lebewesen* handelt, spielt in diesem Ordnungssystem keine Rolle. Es soll auch keine Rolle spielen, weswegen die Wahrnehmung des Mietergartens oder des Grünstreifens ganz allein auf den durch die Ordnungsidee definierten Zweck ausgerichtet ist. Dass der eigene Alltag, der anteilig draußen stattfindet, inmitten einer Unzahl von nichtmenschlichen Nachbarn verbracht wird, fällt höchstens auf, wenn Insekten übermäßiges Interesse am Menschen zeigen; also eher lästig sind, als angenehm auffallen.

Kreuzen ein Fuchs oder ein Waschbär die individuellen Lebenspfade, reagiert man verunsichert, handelt es sich doch um wilde Tiere, unheimlich und schwer einzuschätzen, kaum zu vereinbaren mit den eigenen Sichtweisen und Erwartungen von

Natur in der *Nachbarschaft;* vorausgesetzt, man nimmt die wilden Tiere wahr.

In diesem Zusammenhang erinnere ich mich an einen Fuchs, der gegen 22:00 Uhr am Rande des Vorplatzes des Ausgangs Invalidenstraße am Berliner Hauptbahnhof seiner Wege ging. Ich hatte den Eindruck, dass ich die einzige Person war, die den Fuchs bemerkt hat, alle Passanten waren mit ihren Aufgaben und Zielen beschäftigt; der Fuchs im Übrigen auch. Vielleicht *glücklicherweise*, sonst hätte es sinnlosen Aufruhr gegeben und das Tier hätte verständlicherweise die Flucht ergriffen. Schwer nachzuvollziehen ist die Vorstellung, dass, wenn ich Passanten auf den Fuchs hingewiesen hätte, der Lebensart des Tieres zugewandte Reaktionen wohl ausgeblieben wären. Sicherlich hätte es erstaunte Gesichter gegeben, aber in zweiter Instanz wären Maßnahmen erörtert worden, was zu tun sei. Und dieses *Tun Wollen* hätte von Fotografieren bis Vertreiben und Jagen gereicht, aber womöglich auch Annähern, Anfassen, Füttern, etc. Still beobachten oder abwenden wären keine Optionen gewesen. Aber so konnte er seiner stillen, im Wesentlichen ungestörten Suche nach Futter folgen.

Die Alternative zum *Tun Wollen* liegt im eigenen Nachdenken darüber, warum der scheue Fuchs die Nachbarschaft des unwirtlichen, Lebensraum-feindlichen Hauptbahnhofs aufsuchen muss, d.h., ihn als Nachbarwesen mit eigenen Interessen annehmen und *lassen*. Die Gründe sind offensichtlich: Verlust des Lebensraumes und damit der Nahrungskette, Hunger und Suche nach Reizen, die zu seinem Lebensraum passen. So zeigt uns diese Begegnung das Dilemma der Wildtiere im urbanen Siedlungsgebiet mit aller Klarheit, wird aber von der Allgemeinheit, obwohl es in der geschilderten Szene die größtmögliche Öffentlichkeit bekommt, nicht wahrgenommen.

Unsere Wahrnehmungsrezeptoren reagieren in der Regel auf das, was gesehen und wahrgenommen werden will. Und da passen Wildtiere nicht hinein, schon gar nicht am Hauptbahnhof Berlin.

Bussardschreie, Rufe vom Kauz und Spechtgeklopfe werden marginal als akustische Kulisse des nachbarschaftlichen Alltags hingenommen, ohne dass über diese *Signale* nachgedacht wird. Die Nachbarschaft ist vertraut, bekannt, alles ist in den vergangenen Jahren, wenn nicht gerade gleich, so doch ähnlich geblieben. Diese Haltung ist korrekt, wenn man sie in Verbindung mit überwiegend visuellem Erleben bringt. Mache ich eine Nachbarin darauf aufmerksam, dass es doch ungewöhnlich sei, dass die Eule in den letzten Jahren erstens nur selten geschrien hat und zweitens dieses Jahr öfter und neuerdings auch morgens um 7:00 Uhr ruft, folgt die Reaktion, dass man die sowieso noch nie gehört hat. Mir hingegen ging es darum, darauf aufmerksam zu machen, dass das häufigere Rufen der Eule ungewöhnlich ist und vielleicht darauf hinweist, dass das Gleichgewicht ihres Lebensraumes durcheinandergeraten ist.

Dieselbe Nachbarin wies aber auf die Nachtigallen hin, die in der Tat im März/April in unserer Gegend in zwei verwilderten Grundstücken mit reichhaltigen Rückzugs- und Nistmöglichkeiten nicht zu überhören sind. Ich war mir bei diesem Hinweis nicht so sicher, ob er einem Impuls der Freude über die Anwesenheit der unaufhörlich singenden Vögel folgte oder dem Impuls des *Sich beschweren Wollens*, weil die Nachtruhe empfindlich gestört wird.

Die Abwesenheit der Nachtigall, so mein Eindruck, würde in diesem Falle nicht als großer Verlust registriert werden. Im Gespräch wird das zunehmende Verschwinden der *Nachtigallen* in einem Nebensatz bemerkt, bedauert, aber nicht als mittelbare

Folge des eigenen Lebensstandards und schon gar nicht als alarmierendes Zeichen betrachtet.

Es bedarf, wie wir merken, keines biologischen Spezialistentums, um die nachbarschaftlichen Lebensräume um uns herum zu erkennen, sondern *nur* eines Interesses daran, wo wir eigentlich leben und durch welche Lebensstrukturen sich dieser Ort auszeichnet. Der nachbarschaftliche Lebensort wird in seiner Identität überwiegend von nichtmenschlichen Wesen und deren Eigenschaften geprägt, es sei denn, er befindet sich inmitten einer Betonwüste. Aber selbst dort bahnen sich nichtmenschliche Nachbarn ihren Weg, wenn man ein zweites oder drittes Mal hinschaut.

In dem erwähnten *Verdichtungsgürtel* haben die genannten Wildtiere schlechte Karten, Lebensräume werden zugebaut, Nahrungsketten gekappt und neue Lebensräume nicht erschlossen, weil es keine gibt. Der Fuchs beispielsweise ist kein migrierendes Wesen, sondern bleibt dort, wo sein Bau ist. Und wenn dort zufällig verdichtet wird, hat er Pech gehabt. Dieser nicht menschliche Nachbar soll vertrieben werden, aber er bleibt, hungert, wird krank und fristet ein unangemessenes Dasein. Die erwähnte Nachbarin, eine engagierte Katzenretterin, füllt regelmäßig menschengemachte Nahrungsplätze für den Fuchs in der Wildnis auf und wünscht sich, dass der Fuchs Nachkommenschaft hat, weil sie Fuchswelpen *niedlich* findet. Sie spricht auch mit dem Fuchs, der durch diese anthropozentrischen Aktionen angelockt wird, was in ihrem Sinne ist, weil sie mit dem Fuchs in Verbindung treten möchte, was wiederum mit den wesensbedingten Verhaltensweisen des Fuchses an sich nichts zu tun hat. Hier spielt sich das Umsetzen von Eigeninteressen ab, deren Opfer letzthin der Fuchs ist, dem zu wünschen ist, dass er in diesem nahrungsarmen Gebiet keine Familie großziehen muss. Es wäre ihm auch zu wünschen, dass er auf eine ihm gemäße Art

Nahrung findet und sich somit von menschlichen Siedlungen fernhalten kann. Hat man jedoch mit der Fütterung begonnen, kann sie nicht einfach beendet werden, insbesondere, wenn die Nahrungsketten unterbrochen sind. Also entsteht eine zwiespältige Art der Verpflichtung, diese fragwürdige, Leben bewahrende Maßnahme beizubehalten. Schließlich haben wir Menschen die Lebensräume fast gänzlich vernichtet, obwohl dort vor der Verdichtung harmonische Nahrungsnetze existierten. Wir sind nun dafür verantwortlich, diese durch uns geschaffenen Lücken im Nahrungsnetz durch Schaffung von nicht betretbaren Wildnisräumen zu ersetzen. Oder bedeuten unsere Besiedlungstätigkeiten das Aus für einen Großteil der dort lebenden Wildtiere? Diese Frage kann nicht eindeutig beantwortet werden, ohne sich darüber im Klaren zu sein, dass wir als Menschen nie in der Lage sein werden, die Komplexität eines Nahrungsnetzes in der Wildnis zu verstehen oder gar zu ersetzen. Den Fuchs zu füttern ist durch und durch anthropozentrisch, also nicht dem Tier zugewandt, weil der Speiseplan des Fuchses nicht erfüllt werden kann. Es muss damit gerechnet werden, dass der Fuchs durch die Fütterung Leid erfährt, krank wird, trotzdem hungert, etc. Es kann aber auch sein, dass er durch die regelmäßige Versorgung gedeiht, seine Welpen großziehen kann und sich eines gesunden (aber abhängigen) Daseins erfreut. In diesem Falle hat der Mensch die Lücke im Nahrungsnetz irgendwie geflickt. Ist es aber nicht konsequenter, kein Futter auszulegen und sich darauf einzustellen, dass er früher oder später verschwindet? Man muss sich bei dem Impuls, Wildtiere zu füttern, auch vor Augen halten, dass die gefütterten Mengen nie reichen werden, weil eine ungezählte und zunehmende Menge von Tieren auf engstem Platz an dem Nahrungsangebot teilhaben möchte. Der Mensch erzeugt durch sein Ansinnen, Leben zu bewahren, letzthin nur Mangel.

Auch dem Waschbären wird eher feindlich gesonnen begegnet, obwohl er niemanden, außer vielleicht in Einzelfällen die Hauskatze, bedroht. Dabei ist der Waschbär von uns Menschen dort angesiedelt worden, wo er jetzt lebt. Aber das ist nun nicht mehr von Belang, er ist ein Nachbar, der nur aufgrund seiner Anwesenheit zur Abwesenheit verdammt wird. Es ist richtig, dass er keine natürlichen Feinde hat, die, wie beispielsweise der Wolf oder der Luchs, sind längst ausgerottet; durch menschliche, nachbarschaftliche Aktivitäten. Es wird darauf verwiesen, dass der Waschbär sich in nicht zu bewältigendem Maße fortpflanzt und das *Gleichgewicht* der *Biodiversität* zerstört. Es braucht hier nicht erwähnt zu werden, dass diese *Biodiversität* bereits durch Besiedlungsmaßnahmen komplett zerstört wurde. Und die *Biodiversität*, die jetzt dort, wo er lebt, vorhanden ist, wird durch zunehmende Waschbärpopulationen zwar vorübergehend verändert, aber nicht zerstört, sondern vor die hohen Anforderungen einer Selbstregulierung gestellt, die ihr, in langen Zeiträumen gedacht, auch gelingen wird. Überpopulationen reduzieren sich bekanntlich von selbst durch Krankheiten, Nahrungsmangel und Naturereignisse, aber nicht innerhalb von Jahren, sondern von Jahrzehnten und Jahrhunderten, wie wir von den für evolutive Prozesse von der Natur vorgesehenen Zeiträumen wissen.

Natürliche Prozesse streben langfristig immer nach harmonischer Diversität. Jäger, Förster und Landwirte hingegen skizzieren gerne das Bedrohungsszenario *Überpopulationen von Wildschweinen schädigen Wiesen-, Wald-, Agrarlandschaften und Menschen*.

Die durch (Über)Populationen von Wildschweinen befürchteten Schäden gehen in der Regel nicht so weit, dass Personen oder Landschaftsgebiete in ihren Existenzen bedroht sind. Die Argumentation, dass das nur darauf zurückzuführen sei, dass man die Wildschweine bejage, kann nicht stimmen, weil die

Populationen immer bemüht sind, die Anzahl der Nachkommenschaft stabil zu halten. Kurz gesagt: Je mehr geschossen wird, desto mehr wird fortgepflanzt. Es scheint viel eher zuzutreffen, dass die Nachbarn, die Wildschweine im eigenen Garten gesichtet haben, sich in ihrem Besitzanspruch *gestört* fühlen, was in deren Augen natürlich sofort beendet werden muss. Da spielt es keine Rolle, wer zuerst da war.

Sind die Nachbarn nun die Menschen oder die Wildtiere?

Gehen wir dieser Frage nach, so kommen wir sehr schnell zu dem Begriff der *nachbarschaftlichen Hilfe*, die im zwischenmenschlichen Bereich nicht nur auf ein gewisses Selbstverständnis stößt, sondern überwiegend auch *funktioniert*, im Verhältnis zwischen Tier und Mensch hingegen kaum existiert. Obwohl sich der Mensch in naturnahen Gebieten ansiedelt und damit eine Verpflichtung gegenüber diesen natürlichen Räumen eingeht, diese zu bewahren. Er muss sogar mit wildlebenden Tieren in seiner unmittelbaren Nachbarschaft rechnen und seien es *nur* Wildbienen oder diverse Insektenarten, Schnecken oder Ratten. Die Nennung dieser möglichen nichtmenschlichen Nachbarn löst bei den meisten Hausbewohnern hingegen Abwehr und Abneigung hervor. Die Folge ist, dass das Leben dieser nichtmenschlichen Mitbewohner in Gefahr gerät, was man im umgekehrten Falle nicht sagen kann.

Auf die Abwehr folgt in der Regel die Vernichtung, bzw. Maßnahmen, die eine Vernichtung zum Ziel haben. Dem Ansinnen, den Wildtieren nachts Futterstellen einzurichten, seien es Füchse oder Waschbären, wird in Berlin mit dem Gesetzgeber gedroht.[81]

---

[81] Das Füttern von jagdbaren Wildtieren ist generell verboten. Eine Zuwiderhandlung stellt eine Ordnungswidrigkeit dar und kann mit einer Geldbuße bis zu 5.000 € geahndet werden. (§§ 34 und 50 LJagdG Bln)

> Wildlebende Tiere verfügen über hervorragende Strategien, mit Futterknappheit fertig zu werden und sind nicht auf unsere Fürsorge angewiesen. Durch unser direktes, aber auch durch unbeabsichtigtes Füttern, verlieren Wildtiere ihre angeborene Scheu vor uns und das kann für Mensch und Tier problematisch werden[82]

Der hier zitierte Flyer findet sich in vielen Berliner Nachbarschaftszentren und ist aus der langjährigen Beobachtung heraus entstanden, dass Nachbarn, die die wilde Nachbarschaft wahrnehmen und eine *bewahrende* Haltung haben, die Tiere ebenso wenig lassen können wie diejenigen, die ihr Anwesen von nichtmenschlichen Aktivitäten bedroht sehen.

Selbst die oben erwähnte Gruppe von Nachbarn, die einer Fütterung von Wildtieren nicht abgeneigt gegenübersteht, entwickelt keine Kontinuität. Es wird vergessen oder man ist verreist oder man zieht weg, etc. Hat man mit dem Füttern einmal begonnen, sind Abhängigkeiten geschaffen worden, für die die Fütternden Verantwortung übernehmen müssen, weil eine Verpflichtung eingegangen wurde.

Mit diesen *menschlichen* Maßnahmen werden nicht nur die direkt adressierten Lebensformen, sondern auch eine Unzahl von weiteren nichtmenschlichen Lebenszyklen destabilisiert und schließlich zerstört, da alles miteinander zusammenhängt, voneinander abhängt und wie ein Lebenspuzzle ineinandergreift. Der Eingriff des Menschen jedoch hat eine Monokultivierung zur Folge, die er zwar aus einem Kontrollstreben heraus will, aber deren Folgen er sich nicht bewusst ist.

Die erwähnte Verpflichtung bedeutet, das, was man vorfindet, zu bewahren, weil man schließlich *Besiedler*, also *Gast,* um

[82] In *Füttern – Nein Danke-Füttern gefährdet die Gesundheit der Wildtiere*, Flyer der Senatsverwaltung für Umwelt, Verkehr und Klimaschutz

nicht zu sagen *Eindringling* ist. Dieses *Bewahren* ist gleichzusetzen mit *Lassen*, genauer gesagt mit *Besiedeln* und *Teilen.* Vielleicht ist das nachbarschaftliche Siedlungsgebiet der Lernort für die Wahrnehmung und Achtung nichtmenschlicher Nachbarn überhaupt. In keinem anderen Kontext hat man die Gelegenheit, mit nichtmenschlichen freilebenden wilden Wesen auf relativ engem Raum zu leben, d.h., sie beobachten und von ihnen lernen zu können. Sich nicht auf die nachbarschaftliche Diversität einzustellen, bedeutet eine Chance zu vergeben und sie zu verlieren. Hierbei geht es aber nicht um *füttern*, sondern um zulassen nachbarschaftlicher Wildnis. Dazu gehören das Anlegen von Wildblumenwiesen, das Verzichten auf Hauskatzen, das Bewahren von wildem (=freiem) Wachstum, das Einrichten von Wasserstellen, das *Lassen* von Maulwürfen und Wühlmäusen (Stichwort *Nahrungsnetz*) u.v.m.

Diese Sichtweise ist sehr unpopulär, bedeutet sie doch, neben Mitarbeiter im anstrengenden Arbeitsalltag auch noch Lebensräume fremder Wesen und Welten berücksichtigen zu müssen und damit die Verwirklichung der Eigeninteressen teilweise als sekundär betrachten zu lernen. Dazu kommt, dass man die Lebensräume und deren Bewohner erst einmal, ohne sie zu bewerten, wahrnehmen muss, was für viele Nachbarn eine ungeheure Anforderung darstellt. Da ist es leichter, nachts einige Hühnerbeine für den Fuchs auszulegen und damit das Gewissen zu beruhigen.

Der Sommer 2018 war in Berlin ungewöhnlich heiß und trocken, über Wochen ist kein Regen gefallen. Allerorts haben Pflanzen und Tiere gelitten, insbesondere in besagten Verdichtungsgebieten, in denen es an Wasserstellen und Feuchtgebieten mangelt. In solchen Phasen wird die *Verpflichtung*, die mit der anteiligen Anmietung eines hauseigenen Gartens eingegangen wurde, in drastischem Maße aktuell. Um die sowieso schon strapazierte Tier- und Pflanzenwelt am Leben zu erhalten, waren Aktionen wie regelmäßiges Gießen, sowie Aufstellen von Trinkschalen für Vögel und Insekten und deren regelmäßiges Füllen unabdingbar, aber im Leistungskatalog einer Hausmeisterfirma nicht enthalten. Die Zuwendung ist eine Selbstverständlichkeit, um den Lebensraum *Nachbarschaft* zu bewahren. Ginge man noch weiter, würde die *Zuwendung* auch die vor dem Haus gepflanzten Straßenbäume umfassen. Da diese sich zwar im Fürsorgegebiet des *Straßen- und Grünflächenamtes* der Stadt befindet, dieses aber auch nicht aktiv wurde, war der einzelne Bürger gefragt. Und der berief sich auf seine Nicht-Zuständigkeit.

Es liegt nahe, zu hinterfragen, wie dieses hier geforderte *Eingreifen* mit der Aufforderung des *Lassens* zu vereinbaren ist, schließlich muss sich die Wildnis, ob Tier oder Pflanze, mit den klimatischen Gegebenheiten arrangieren, so die Botschaft der *Senatsverwaltung für Umwelt, Verkehr und Klimaschutz*. Die *klimatischen Gegebenheiten* sind, wie bereits erwähnt, in überwiegendem Maße auf menschliche, das klimatische Gleichgewicht irritierende Aktivitäten zurückzuführen, die auch vor nachbarschaftlichen Besiedlungsgürteln nicht haltmachen, sich dort aber besonders negativ auswirken, weil keine Wälder, Büsche, Feuchtgebiete als Ausgleichsmaßnahmen für die baulichen Verdichtungen vorgesehen sind/waren. Eine Überhitzung wie in dem genannten Sommer war vorprogrammiert und richtete unermesslichen Schaden an, der sich in weiteren Jahreszyklen vertiefen kann. Hier besteht, schon aus ethisch-moralischen Gründen die *Verpflichtung*, im eigenen möglichen Wirkungsumfeld den Ausgleich zu schaffen, der im globalen Kontext versäumt wurde.

Meine nichtmenschliche pflanzliche Nachbarschaft würde, wenn wir nicht zur Gießkanne gegriffen hätten, sich selbst überlassen und wäre mit an Sicherheit grenzender Wahrscheinlichkeit größtenteils, bis auf wenige widerstandskräftige Beete, eingegangen. Dieser Austrocknungs- und Verdurstungsprozess wurde seitens der menschlichen Nachbarschaft mit Passivität und Klagen über die Hitze begleitet, zudem befürchtete man durch das Gießen Steigerungen der Wasserkostenrechnung in unabsehbare Höhen; durch die wäre jedoch keiner der Hausbewohner in finanzielle Schieflagen geraten. Das ist auch nicht das Thema meiner nachbarschaftlichen Beobachtungen, sondern eher die Frage, was für eine Bedeutung das *naturnahe Wohnen* für den Einzelnen hat. Mein anfänglicher Exkurs zu dem vom Menschen verfolgten *Ordnungssystem,* mit dem er sich die freie Natur zu eigen macht, hält dem Argument der erhöhten Wasserrechnung nicht stand. Das bedeutet, dass vor diesem Hintergrund eine komplett vertrocknete Natur, vertrocknete Straßenbäume, verdurstete Vögel und Insekten in Kauf genommen werden. Eine intakte nichtmenschliche Nachbarschaft soll/kann nur so lange am Leben erhalten werden, solange die Kosten-/Nutzenrechnung in irgendeiner Weise ausbalanciert ist. Die intakte Natur hat keine Relevanz, solange der Mensch in der Lage ist, für sich selbst und sein *Überleben* Abhilfe zu schaffen, wie man am Beispiel der Klimaanlagen ablesen kann:

> Air conditioning also pumps out heat straight into the atmosphere. Like a fridge, it takes heat from the inside of a building or car, then transfers it to the warm outside. That extra heat makes cities hotter, raising nighttime temperatures by up to 2C, which then encourages people to turn up their air conditioning even higher.[83]

[83] https://www.theguardian.com/environment/2016/aug/22/why-air conditioning-vicious-circle-weatherwatch (Stand 12/18)
„Klimaanlagen pumpen auch Wärme direkt in die Atmosphäre ab. Wie ein Kühlschrank nehmen sie Wärme aus dem Inneren eines Gebäudes oder eines Autos und übertragen sie an die warme Umgebung. Diese zusätzliche Hitze

Klimaanlagen benötigen überdurchschnittlich viel Energie, die wiederum in umweltschädlichen Kraftwerken hergestellt wird. Die Klimaanlagenproduktion und -verwendung stellt in der Tat einen destruktiven Kreislauf dar, da sie Schadensquelle und (scheinbare) Schadensabhilfe in einem ist. Was an diesem Beispiel deutlich wird, ist die Priorisierung: Derselbe Nachbar, der nicht bereit ist, eine etwas höhere anteilige Summe für den Gießwasserverbrauch zu zahlen, scheut keine Ausgaben für ein großes Auto mit Klimaanlage und würde auch eine Klimaanlage in der Wohnung installieren, wenn hier keine Jahreszeiten, sondern permanent heißes Klima herrschen würde. Er verursacht also anteilig seine eigene Geldausgabe, da, wie er ganz richtig argumentiert, das Auto mit Klimaanlage und die Klimaanlage Nutzen hat; die nachbarschaftliche Natur nicht. Diese trägt nach seiner Auffassung nicht zur Sicherung seines Lebensstandards bei.

Die Wahrnehmung der nachbarschaftlichen Natur unterliegt, wie an diesem Beispiel abgelesen werden kann, dem Grad des Nutzens, den sie kurzfristig bringt. Und der wird individuell unterschiedlich definiert. Dieser Nutzen relativiert sich in dem Moment, wo der Mensch Alternativen entwickelt und fortan mit diesen Alternativen lebt. Die Klimaanlage ist so eine Alternative, die Kiesaufschüttung anstatt Wiese im Garten ist eine andere Alternative. Es handelt sich dabei um *(be)greifbare* Maßnahmen, die, auch wenn sie mikroklimatisch höchst schädlich für den Menschen sind, Hochkonjunktur haben, weil der Erfolg sofort *begreifbar* ist und unmittelbar *gemessen* werden kann. Die durch bestimmte Aktivitäten verursachten Schäden in der nach-

---

macht die Städte heißer und erhöht die Nachttemperaturen um bis zu 2 ° C, was die Menschen dazu veranlasst, die Klimaanlage noch höher einzustellen.“

barschaftlichen Umgebung sowie ein naturschädigendes Verhalten generell wirkt sich langfristig gesehen auf alle Wesen, inkl. Mensch aus, was jedoch, weil es schleichend und nicht unmittelbar messbar ist, nicht für das eigene Befinden in Betracht gezogen wird.

Meines Erachtens geht es, wie in den meisten Fällen in der Beziehung vom Mensch zum Tier, einerseits um fehlendes Wissen, also um fehlende Wahrnehmung und Relevanz der Tiere, und andererseits um ein archaisches Machtdenken gemäß fest in Stein gemeißelter Bewertungsmaßstäbe. Die Folgen der wochenlangen trockenen Hitze, die als wahrscheinliche Folge des Klimawandels von uns Menschen verursacht wurde, werden nicht nur nicht erkannt, sondern ihnen wird mit, in diesem Falle destruktiver, Tatenlosigkeit begegnet. Diese Strategie dient natürlich auch dazu, sich nicht zur Mitverantwortung für diese Klimaentwicklung zu bekennen. *Handelt man, gesteht man ein*, so die landläufige Meinung, weswegen man sich zurückhält, zumal der unmittelbare persönliche Nutzen nicht vorhanden ist, wenn man beispielsweise eine Trinkschale für Insekten bereitstellt. Dass eine harmonische Biodiversität den Lebensraum, in dem sich der Mensch bewegt, sichert, braucht hier nicht erwähnt zu werden. Vielmehr möchte ich anmerken, dass der Mensch, und das unterscheidet ihn von seinem nichtmenschlichen Mitbewohner, bzw. Nachbarn, in erschreckendem Maße anpassungsfähig und vergesslich ist. Es wird sich an die Hitzeperiode angepasst, man arrangiert sich und gibt bekannt, dass die Natur sich auch daran gewöhnt. Ein Jahr später sind die dramatischen Ereignisse vergessen, obwohl sie allerorts sicht- und spürbar sind.

Wir haben etliche Versuche unternommen, Geschäftsinhaber darum zu bitten, die von uns vor ihren Geschäften aufgestellten Wasserschalen regelmäßig zu befüllen, bzw. den Pumpenschwengel der vor einem Laden befindlichen Straßenpumpe regelmäßig zu betätigen, damit Wasser in der Pumpenschale bleibt. Keine dieser Anfragen war von Erfolg gekrönt, obwohl die *Aufgaben* mit Leichtigkeit hätten erfüllt werden können. Das nichtmenschliche *Leben (retten)* in der Nachbarschaft hat, wie wir daraus gelernt haben, keinen Stellenwert und wird offenbar als *Leben* nicht wahrgenommen. Trotzdem gibt es einen nachbarschaftlichen Konsens über den *Klimawandel*, über das *Bienen- und Insektensterben* und schließlich auch darüber, dass die Bäume Wasser benötigen.

Bei all diesen Gesprächen fällt auf, dass der Mensch so redet, als wenn er nicht von sich selbst, sondern von einer anderen Art auf einem anderen Planeten spricht, die für ihr Schicksal selbst verantwortlich ist. Verwundert frage ich nach, ob er sich für das unmittelbare *Artensterben* und die langfristige Ausrottung von Wesen nicht mitverantwortlich fühlt, bzw. von wem er eigentlich spricht, wenn er von den *Verursachern des Klimawandels* spricht. Eine offenbar schwierige und unangenehme Fragestellung, die nicht beantwortet wird, dafür aber nicht selten zu Vorwürfen der Bevormundung und unangemessenen Einmischung in das Privatleben führt. Auch der Hinweis auf das Leiden und Sterben von Tieren und Pflanzen in der unmittelbaren Nachbarschaft löst keine Aktivität aus. Selbst augenscheinlich durstige Hunde werden durch die Nachbarschaft geführt und nicht erlöst von ihrem Leid; *der hat keinen Durst, da ist auch Show dabei.* Auch hier fehlt es an mobilen Trinknäpfen für unterwegs und stationären Trinknäpfen vor Restaurants und Supermärkten, die, wenn man jeweils einen Stein hineinlegt, auch noch als Wasserquelle für Insekten dienen könnten.

All diese Beobachtungen weisen auf eine tiefe Entfremdung des Menschen von sich selbst und seinem unmittelbaren Lebensraum hin und widerlegen das Argument, dass der Mensch nur dann zu handeln beginnt, wenn sich das Drama vor seiner Haustüre abspielt. Er beginnt leider nicht zu handeln, sondern beobachtet schweigend und handelt wie gewohnt in naturausbeutender Manier, wie ich an folgendem Beispiel darstellen möchte:

Um unser Gartengrundstück herum zieht sich ein Brennnesselgürtel, der die Rasenfläche von der Wildnis trennt. Die Brennnesseln waren nicht immer da, sondern haben sich im Laufe der Jahre angesiedelt. Es ist bekannt, dass Brennnesseln u.a. für Schmetterlinge als ideale Brutstätten dienen und Feuchtigkeit speichern, die Boden und Nachbarpflanzen vor dem Austrocknen bewahren. Zudem sind getrocknete Brennnesselblätter ein heilsamer Tee. In dem besagten Sommer wäre also der Brennnesselgürtel von großer Wichtigkeit gewesen, hätte er doch einige hinter ihm befindliche Holunderbüsche geschützt.

Da jedoch das Grundstück von den Eigentümern erworben wurde, als es den Brennnesselgürtel noch nicht gab und der Garten u.a. genau wegen dieser von Brennnesseln befreiten Optik geschätzt wurde, mussten die Brennnesselsiedlungen gerodet werden, um den ursprünglichen Zustand wiederherzustellen. Meines Erachtens spielen bei diesen Entscheidungen nicht nur optische Vorstellungen eine zentrale Rolle, sondern Ordnungsvorstellungen vom Leben an sich, die ganz selbstverständlich die Natur mit einbeziehen und damit deren lebendige und komplexe Wachstums- und Lebenszyklen unberücksichtigt lassen. Entspringt der Impuls, sich an einem naturnahen Ort anzusiedeln einem tief verankerten Streben nach Macht (unterbewusst *Destruktion)*, weil man diesem Streben in naturfernen, urbanen Zentren/Siedlungen nicht nachgehen kann? Ist es derselbe Impuls wie der, der zu der Entscheidung führt, ein Haustier zu *erwerben*, also eine Art *mobile Wildnis*, die kontrolliert bzw. *erzogen* werden muss? Um das *Lassen* jedenfalls kann es nicht gehen, wie festgestellt wurde.

Ein nachbarschaftliches Verhältnis, in dem die verschiedenen Aspekte nachbarschaftlichen Umgangs, ob menschlich oder nichtmenschlich, kommuniziert und gelebt werden, sollte ein Ziel aller kommunalen Siedlungsaktivitäten werden. Wildnis im urbanen Siedlungsgebiet ermöglicht uns Menschen, unsere unmittelbare Lebensumgebung mit anderen Augen zu sehen und dadurch eine neugierige und letzthin diese Umgebung schützende Haltung einzunehmen, ohne unsere gewohnten alltäglichen Lebensrhythmen ändern zu müssen. Aber will der Nachbar/die Nachbarin diese Änderung der Sichtweise und Haltung überhaupt? Höchstwahrscheinlich nicht, weil er/sie sich nicht auskennt und nichts über die biodiversen Zusammenhänge weiß. Deswegen müsste das Fach *Nachbarschaftlicher Umgang mit Tier und Natur* ein Unterrichtsfach in der Schule werden.

Erst die Wahrnehmung der kostbaren, erstaunlichen und unergründlichen biodiversen Vorgänge um uns herum ermöglicht es uns, die an diesen Kreisläufen beteiligten Wesen als Nachbarn zu erkennen und zu bewahren.

2.2.4 Die Sprache

saublöd

Tiere als Schimpfworte sind in unserer Sprache so fest verankert, dass es einem als *selbstverständlich* erscheint, jemandem zu *unterstellen,* er hätte eine *Meise*, wobei diese Bezeichnung noch zu den moderateren Titeln gehört, die verliehen werden.

Schwein, Rindvieh, Ratte, Kakerlake werden gerne in härteren Auseinandersetzungen genutzt, bei *Parasiten, Schädlingen* und *Ungeziefer* handelt es sich um Klassifizierungen, die fast zur Vernichtung auffordern. Diese Bezeichnungen wurden und werden gerne in politisch-gesellschaftlichen Kontexten verwendet. *Zwei Fliegen mit einer Klappe schlagen* oder aber auch das viel zitierte *schwarze Schaf* gehören in andere Kategorien, entspringen aber derselben Ideologie, in der Tiere grundsätzlich als dem Menschen untergeordnete Wesen gelten.

Interessanterweise wird in diesen Beschimpfungskategorien auch in *höher-* und *minderwertige* Tiere unterschieden. Galt der *Hund* bis Ende des letzten Jahrhunderts noch als Schimpfwort – meine Mutter hat Adolf Hitler wiederholt als *Der Hund* bezeichnet –, so würde im 21. Jahrhundert niemand mehr eine ungeliebte Person als *Hund* bezeichnen. Aber auch *Katze, Pferd, Fisch* oder *Schildkröte* kommen in Beschimpfungen nicht vor. Dagegen werden *Nutztiere* wie *Schwein, Esel* oder *Rindvieh* durch ihre Verwendung als Schimpfwort diskreditiert, obwohl sie dem Menschen *nützen*, was an die Sklavenhaltung erinnert. Der *Sklave* in seiner Funktion des *Dienenden* war aufgrund seiner der ihm zugeteilten gesellschaftlichen Stellung minderwertig, sodass er frei und nach Gutdünken erniedrigt werden konnte. Die *Nutztierhaltung* spiegelt dieses System wider. Sprachsoziologisch und verhaltenspsychologisch gesehen scheint der Mensch dem Zwang zu erliegen, diejenigen, über die er Macht hat und von denen er profitiert, abwerten zu müssen. So, als wenn nicht der *Machtausübende erniedrigt*, sondern das Opfer *sich erniedrigen lässt* und damit für die Abwertung selbst verantwortlich ist; umgangssprachlich gesagt: *Es hat es nicht anders verdient.*

Da das nichtmenschliche Wesen keine Rechte besitzt, kann es so bewertet werden, wie es gerade passt. *Schweine* und *Rinder* leben in Massenunterkünften, die natürlich vom Menschen angeordnet worden sind, die aber den Tieren ein Schattendasein und damit ein Negativ-Image verleihen; ganz abgesehen davon, dass sie den menschlichen Vorstellungen von Hygiene nicht entsprechen, für die der Mensch – wie gesagt – die Verantwortung trägt. Die Massentierhaltung behindert die von Natur aus gegebene Reinlichkeit der Tiere.

Die Sprache wird zum Transportmittel eines tief im menschlichen Wesen verankerten *Speziesismus*[84], wenn nicht sogar *Rassismus*, der uns aus der zwischenmenschlichen Kommunikation wohlbekannt ist. Wie im *Tierschutzgesetz* auch, wird im Falle dieses auch in den Naturwissenschaften und der Tierethik weit verbreiteten *Speziesismus'* überwiegend in *anerkanntere* und nicht *anerkanntere*, oder *höhere* und *niedere* Wesen unterschieden, siehe den recht- und gesetzeslosen Raum, in dem sich wirbellose Wesen befinden. Nach dieser Einteilung würde die *Assel* als schimpfworttauglich, der *Panther* hingegen als Respekt einfordernd bewertet werden. Die *Schnecke* ist ebenfalls nicht wirklich positiv konnotiert, allerdings *Rindvieh* – und hier handelt es sich um ein Wirbeltier – auch nicht. So ganz eindeutig können die Bewertungsmuster an Tieren mit oder ohne Wirbel also nicht festgemacht werden, da spielen eher gesellschaftliche, in erster Linie *menschliche* – willkürliche – Interpretationen eine zentrale Rolle, wie folgende Beispiele eindeutig belegen:

Die *Krake greift zu*, das *Schwein wälzt sich in schlammigen Boden,* die *Heuschrecke tritt in Schwärmen* auf, etc. Der Mensch bedient sich also bestimmter Lebensgewohnheiten von Tieren, die er negativ bewertet, um seine eigenen *schlechten* Eigenschaften mit – im ethisch-moralischen Sinne nicht bewertbaren – Verhaltensweisen nichtmenschlicher Lebewesen zu umschreiben. Tiere müssen dafür herhalten, dass die schlechten menschlichen Eigenschaften nicht beim Namen genannt werden. Das prominenteste Beispiel sind in der Tat *Heuschrecken-Investoren*,

---

[84] **Speziesismus** (aus Spezies und -ismus) bezeichnet die moralische Diskriminierung von Individuen ausschließlich aufgrund ihrer Artzugehörigkeit. Dies schließt ein, dass das Leben oder das Leid eines Lebewesens nicht oder weniger stark berücksichtigt wird, weil es nicht einer bestimmten Spezies, wie etwa der Spezies Homo sapiens, angehört. (Quelle: *Wikipedia*)

deren Geschäftsmodell ein Nachrichtenmagazin mit *kaufen, plündern, wegwerfen* bezeichnet hat.

Vertauschen wir *Mensch* und *Tier* in dieser Betrachtung, so kommen wir zu einem verwirrenden Ergebnis:

Aus der Sicht eines *Schweines* müsste ein zu Dummheit und Dreistigkeit neigendes *Tier* als *Mensch* bezeichnet werden. Würde das Verhalten eines *Tieres* als intrigant oder hinterlistig interpretiert, was in realiter nicht möglich ist, müsste dieses Verhalten in der Endkonsequenz *menschlich* genannt werden. Der *Mensch* hält als Bezeichnung für eine als *hinterlistig* eingestufte Person den Begriff *Schlange* bereit. Und für einen von *Dummheit* gezeichneten Menschen *Affe* oder *geistiger Maulwurf.* Diese Verhaltenskategorien können aber auf Tiere nicht angewandt werden, was im Umkehrschluss die Absurdität und Willkür der menschlichen Bezeichnungen für *schlechte* Eigenschaften beweist.

Hier, so scheint es, hat sich ein sehr eigenwilliges Bewertungssystem etabliert, das durch die von uns Menschen den Tieren zugeordneten *Charakterzügen* legitimiert wird, jedoch mit den Daseinsformen der genannten Tiere nicht im Geringsten zu tun hat. Unter Tieren existiert kein *Speziesismus* und keine *Bewertung*, hier bestimmen ganz allein die Positionen in den Nahrungsketten und -netzen die Lebensperspektiven.

In dieser Verwirrung des Sprachgebrauchs kristallisiert sich eine Frage heraus:

Ist die bisherige (positive) Verwendung und Bewertung des Begriffs *menschlich* in ethisch-moralischem Sinne noch haltbar oder überwiegen die zerstörerischen (*menschlichen)* Aktivitäten gegenüber dem Lebensraum Erde in einer Weise, dass diese Bedeutung des Begriffs *menschlich* neu überdacht werden muss?

Setzen wir *menschlich* mit *moralisch* gleich, dann kann der Begriff angesichts des beschriebenen Sprachgebrauchs, der eine universelle Haltung widerspiegelt, nicht Bestand haben, da wir keine Hinweise auf ein allgemeines *moralisches* Denken und Handeln finden. Verbinden wir allerdings die Bezeichnung *menschlich* damit, dass wir Menschen in der Lage sind, *moralische* Verhaltensweisen anzustreben, dann hat sie ihre Berechtigung. Gehen wir jedoch davon aus, dass *menschlich* neben dem *Anstreben des Guten* auch die *Erfüllung* dieses Anspruchs bedeutet, gerät der Begriff in seiner herkömmlichen Verwendung wieder ins Wanken. Wird dem Begriff *menschlich* die bewertende Bezeichnung *tierisch* gegenübergestellt, so ist die Verwirrung komplett. Ist es nicht anstrebenswert, wie ein *Tier* in nach *Harmonie* und *Ausgeglichenheit* strebenden biodiversen Gefügen zu leben, jenseits von *Speziesismus*, *Rassismus* und sinnloser *Gewalt?* Demnach müssten Genossenschaften, Kommunen oder Wohngemeinschaften in Selbstverwaltung, die genau diese Harmonie des Zusammenspiels diverser menschlicher Lebensformen anstreben, als *tierisch* bezeichnet werden. Und urbane, oder auch ländliche und familiäre Machtzentren mit ihren nicht selten auftretenden destruktiven Tendenzen als *menschlich.*

Zuweilen gibt es aber auch selbstkritische und tierzugewandte Redensarten, wie beispielsweise im Falle von Nachgiebigkeit … *das ist nur menschlich ...,* oder im Falle von positiven Erlebnissen … *das ist tierisch gut* ... Diese Aufweichungen von in der Regel sehr strikten Bewertungsmustern treten jedoch eher vereinzelt auf und ändern generell nichts an der Tatsache, dass Tierarten als verunglimpfende Bezeichnungen herhalten müssen. *Rohe* Verhaltensweisen werden gerne mit *tierisch* umschrieben.

Sprachliche Degradierung ist immer der erste Schritt zur aktiven Degradierung, die in einer *Etikettierung* mündet. Aufgrund ihres *ideologischen* Charakters wird eine *Etikettierung* nicht mehr hinterfragt, demzufolge also als *selbstverständlich* angesehen, wie *Melanie Joy* feststellt:

> Wenn eine Ideologie fest etabliert ist, ist sie im Wesentlichen unsichtbar. Eine Ideologie zu hinterfragen, von der wir nicht einmal wissen, dass sie existiert, ist schwierig, wenn auch nicht unmöglich. Noch schwieriger wird es aber, wenn sich die Ideologie aktiv darum bemüht, im Verborgenen zu bleiben. Das ist bei Ideologien wie dem Karnismus der Fall. Ich bezeichne diese Art von Ideologie als gewalttätige Ideologie, weil sie auf physischer Gewalt aufbau
> Wollten wir die Gewalt aus dem System herausnehmen, dann würde das System aufhören zu existieren.[85]

Als begonnen wurde, die Unterdrückung, also die *Gewalt,* aus dem System der Sklavenhaltung herauszunehmen, brach das System folgerichtig zusammen. Wird der Plan gefasst, bis zu einem *Tag X* alles durch den Menschen verursachte Tierleid zu beenden, wird sich auch dieses System auflösen. Die Bewertungsmuster würden sich ändern und damit auch der Sprachgebrauch. Dem *Schwein* ein *Interesse* zuzuteilen, bedeutet in der Endkonsequenz, es nicht essen zu können. Der Begriff *Schwein* würde dann vielleicht für Klugheit, Spaß und Sensibilität stehen, also positiv konnotiert. Heute wäre es ein Missverständnis par excellence, würde ich eine kluge, offene und humorvolle Person als *Schwein* bezeichnen.

Meine Prognose lautet, dass Tiere nach dem eingangs erwähnten *Tag X* nicht mehr zum Vergleich für menschliche Eigenschaften herangezogen werden würden, sondern sowohl im Alltag als auch in der Kommunikation als eigenständige Wesen *gelassen* werden. Dieser Vision steht in unserer gegenwärtigen

---

[85] Melanie Joy *Warum wir Hunde lieben, Schweine essen und Kühe anziehen – Karnismus – Eine Einführung,* Münster 2013, S.36

Lage entgegen, dass es bedeuten würde, die Grundfesten des *christlichen Glaubens*, wenn nicht sogar des *christlichen Abendlandes* in Frage zu stellen, würde gegen die, wie Melanie Joy sie nennt, *Ideologie* vorgegangen werden.

Die hierarchische Ordnung des Daseins zwischen Menschen und Nichtmenschen würde zunächst in Frage gestellt und anschließend völlig neu geordnet, vielleicht sogar komplett aufgelöst, neu verstanden und vermittelt werden müssen.[86]

Aber wie wirken die als Beschimpfungen herhaltenden Tierarten beispielsweise auf Kinder, wenn sie sie das erste Mal hören?

Kinder *erlernen* nicht den Umgang mit Tieren, sondern *verlernen* ihn. Der Naturforscher und Tierfilmer *Sir David Attenborough* fasst die Nähe zu nichtmenschlichen Wesen in der Kindheit in einem kurzen Satz zusammen:

> People say to me, ‚How did you first become interested in animals?', and I look at them and I say: ‚Was there a time when you were not interested in animals?' It's the first sort of pleasure, delight and joy you get as a child.[87]

Attenborough geht ganz richtig davon aus, dass Kinder von sich aus Tieren mit einer wohlwollenden und zugewandten Haltung begegnen. Gleichzeitig wird ihnen von den *Erwachsenen* ein sehr widersprüchliches Bild vermittelt, das seine Bestandteile auch in den besagten Schimpfwörtern findet. Ein Kind, das bei-

---

[86] Siehe Kap. 3.1 *Die Theologie und das Tier*

[87] David Attenborough in *Lifetime's delight and future fear*, in *The Guardian Weekly*, 06.10.17

„Die Leute sagen zu mir: "Auf welche Weise hast Du begonnen, Dich für Tiere zu interessieren?" Und ich schaue sie an und sage: "Gab es eine Zeit, in der du nicht an Tieren interessiert warst?" Es ist die erste Art von Vergnügen und Freude, die Du bekommst als Kind."

spielsweise einem *Esel* begegnet und diesen ganz authentisch auf seine Weise kennen und schätzen lernt, wird verwirrt sein, wenn es eine Unterhaltung miterlebt, in der ein Mitmensch als *Esel*, und zwar in nicht wohlwollender Weise, bezeichnet wird. Dasselbe gilt für Erlebnisse, in denen bestimmte *Tiere* vertrieben, andere wieder gepflegt werden. Ein Präzedenzbeispiel finden wir in der Behandlung von *Stadttauben*: Eine Passantin, von mir auf ihr Verscheuchen von Tauben angesprochen, entgegnete, dass es sich bei den *Tauben* um die *Ratten der Lüfte* handele, sozusagen eine doppelte Verunglimpfung. Eltern, Passanten sehen Stadttauben als eine Art Plage an, die aufgelöst werden muss, was in dem Moment ein Ende haben würde, in dem die Taube an sich als ein schätzenswertes soziales Wesen angesehen werden würde. Anhand der edlen Bedeutung, die Tauben in der Historie haben, erscheint hier eine Willkürlichkeit, die wir von anderen Mensch-Tier Beziehungen auch kennen.

Die *Friedenstaube*, aber auch die Taube in Form des *Heiligen Geistes*, haben beide offenbar nicht die allgemeingültige Wirkung, die Abwertungen verhindern würde. Wir haben es hier mit mythischen Abspaltungen zu tun, die in sich geschlossen sind. Viel unmittelbarer und alltäglicher werden Tauben in trübem Umfeld erlebt: Sie bewegen sich nahrungssuchend als *niedere Wesen* zwischen Menschenmassen, werden überfahren, sehen *grau* und oft *zerrauft* aus, Böden sind mit Exkrementen in Mitleidenschaft gezogen, Sicherheitsmaßnahmen wie Nägel- oder Stabgitter werden vorgenommen, etc. Diese Ereignisse werden in der Erwachsenenwelt entsprechend unterstützend kommentiert und schon ist das auf *Augenhöhe* stattfindende Verhältnis zwischen Kind und nichtmenschlichem Wesen gestört, der Begriff *Taube* negativ besetzt.

Die *anderen,* sich meistens auch, bzw. ungefähr auf Augenhöhe mit (Klein)Kindern bewegenden gefiederten Lebewesen sind

Schwäne, Gänse, Enten, die aber aufgrund ihrer positiv besetzten Lebensräume *Park, See, Bach* bereits von vornherein ein *sympathisches* Bild abgeben. Zudem können sie gefüttert werden und dienen somit dem Trachten des Menschen nach Abhängigkeiten: Tue ich dem Tier *Gutes*, belohnt es mich mit seiner *Aufmerksamkeit.* Die *Aufmerksamkeit* einer Taube ist hingegen nicht erwünscht.

Dem Kind müssen diese Verhaltensweisen und Sprachmuster *widersprüchlich* erscheinen, obwohl sie für den Menschen *selbstverständlich* erscheinen. Die *guten (frei lebenden) Wesen Gans, Ente,* die im Winter gefüttert werden, denen man sich ihnen also zuwendet, begegnen uns als *Braten* oder *Wurst* (von *nicht freilebenden Tieren)* auf dem Teller. Werden sie dafür bestraft, dass sie *gut* sind? Müsste da nicht eigentlich die *Taube* liegen, die es nicht anders verdient hat, als gegessen zu werden? Hier hat der Begriff der *Reinheit* offenbar eine nicht unbedeutende Position in dem Bewertungssystem. *Geflügel,* wie Hühner, Gänse, Enten, wird in nahezu allen Glaubensgemeinschaften der Welt verzehrt, es scheint somit als die *reinste* Tierart angesehen zu werden. Beim *Rind* und *Schwein* gibt es starke Unterschiede in der Bewertung, was eben auch mit dem, was die Tiere essen und wie sie leben, zu tun hat.

Kindern bleibt keine Wahl, sie müssen sich den Bewertungs- und Verhaltensmustern der Welt der Erwachsenen anpassen, da sie mit ihrer eigenen, unvoreingenommenen Haltung gegenüber Tieren keine Chance haben, wahrgenommen zu werden. Ginge es nach dem Verständnis von Tieren, das Kinder besitzen, wäre der *Tag X* schon längst eine beschlossene Sache.

Spätestens auf dem *Kinderbauernhof*, ein ebenfalls *strategischer Begriff*, lassen sich augenscheinliche *Gegensätzlichkeiten* zwischen dem, was gesagt, gesehen und dem, was gegessen wird, nicht mehr ausklammern, obwohl auch hier alles dafür getan wird, dass das *Gute*, das der Mensch den Tieren darbietet, im Zentrum der Aufmerksamkeit steht. Trotzdem stellt sich für Kinder oft die Frage, warum das Kalb, das einstimmig als *niedlich* bezeichnet wurde und zuweilen sogar einen Namen trägt, plötzlich weg ist. Erklärungen finden sich viele, konkret sind sie in der Regel nicht. Das *Kalb* ist da, irgendwann weg, es ist einfach so; dafür ist das Fleisch immer und überall verfügbar; als eine Art abstraktes Nahrungsmittel. Gibt es da einen Zusammenhang zwischen dem Verschwinden des Kalbes und dem Fleisch auf dem Teller?

Früher oder später werden diese Fragen gestellt und man kommt an einem klärenden Zusammenhang zwischen dem Fleisch auf dem Teller und dem lebenden Wesen nicht ganz vorbei. Aber da es sich um eine *Ernährungsnorm* handelt, wird dieses *Phänomen* in der Regel nicht hinterfragt.

Die im menschlichen Wesen verankerte tiefe Sehnsucht nach der *guten Welt*, aber simultan auch nach der *unberührten, wilden Welt* wird überwiegend durch künstliche mediale Inszenierungen mit ausschließlich *positivem Sprachduktus* gestillt. Ein prominentes Beispiel finden wir in der BBC-Serie *Planet Earth*, die sich inzwischen zu einer umfangreichen *Dokumentation der nichtmenschlichen Wunder unserer Erde* entwickelt hat.[88] Aber auch im täglichen TV-Programm und allen themenentsprechenden Internet-Plattformen finden sich filmische Darstellungen der *unberührten* nichtmenschlichen Welt der *seltenen* Lebewesen. Dazu kommen animierte Kinofilme, in denen das Leben der unterschiedlichsten Tiere, in anthropomorphe Storys gepackt, dargestellt wird. In diesem Genre ist alles möglich, selbst vor einem Plot, in dem Tiere wie Menschen sprechen oder die Macht über den Menschen ergreifen und dabei sehr erfolgreich sind, wird nicht zurückgeschreckt, wie beispielsweise in dem

---

[88] http://www.bbc.co.uk/programmes/b006mywy (Stand 09/17)

Film *Animal Farm* nach dem gleichnamigen Roman von *George Orwell.* Dieser mutige und fast schon *sentientistische (empfindsame)* Ansatz gegenüber nichtmenschlichen Wesen wird allerdings dadurch völlig aufgelöst, dass die Tierwelt die gesammelten Werte-, Sprach- und Kommunikationssysteme der menschlichen Gesellschaft nicht nur abbildet, sondern übernimmt. Die nichtmenschlichen Wesen werden durchgängig vermenschlicht, im Falle von *Animal Farm* beispielsweise wehren sich die Wesen zwar gegen die Ausbeutung, nicht aber ohne im Verlauf der Geschichte selbst auszubeuten und damit ein zentrales und destruktives Prinzip unserer Gesellschaft zu annektieren.

In der überwiegenden Anzahl von animierten *Tierfilmen* geht es um menschliche Gefühlslagen und Vorlieben unter dem Gebrauch menschlicher Kommunikationsformen: Intrigen, Liebe, Freundschaft, Hass, Zerstörung, Instandsetzung, Entfaltung, etc. Es geht also nicht um die Tiere, sondern um den Menschen. Die Tiere sind das Gefäß, in das das *Eigene* gefüllt wird, um sich zu unterhalten; ein Fall *medialer Kolonialisierung* des nichtmenschlichen Reichs.

In diesem Sinne sind auch *Comics* wie *Tom & Jerry*, *Donald Duck*, *Bugs Bunny*, etc. zu erwähnen, die im Reigen der animierten Kinderliteratur selbstverständlich ihren festen Platz haben, aber Tiere zu künstlichen Wesen mit zutiefst menschlichen Verhaltensmustern stilisieren, wenn nicht sogar diskreditieren, wie am Beispiel des Versagers *Donald Duck* abzulesen ist, der nicht mal vernünftig zu sprechen braucht, um Ansehen zu erlangen, sondern nur eine Art Kauderwelsch hervorbringt, das der gesamten *Duck-Family* zu eigen ist. Das Selbstverständnis, mit dem diese Literatur konsumiert und als überwiegend positiv bewertet wird, lässt auf eine unkritische Haltung gegenüber den Quellen, denen diese Haltung entspringt, und auf die Bewertungssysteme, auf die diese Sichtweise hindeutet, schließen. Bestimmten Tieren, in diesem Falle Enten, eine *Spaß-Sprache* zu verleihen, verhindert den Blick auf die Kommunikation, die die Wesen im realen Leben miteinander verbindet. Die Comic-Sprache prägt und schafft Identitäten.

Hier greift der sehr gerne auch von Tierrechtlern thematisierte Widerspruch, dass wir die einen Tiere mögen und die anderen essen, nicht. Tiere generell zur eigenen Unterhaltung zu benutzen gehört in dasselbe Bewertungsspektrum, wie Tiere zur eigenen Ernährung zu verwenden, sie erhalten in beiden Fällen Funktionen, die fern von ihren Wesenszügen liegen.

Aber es geht in diesen medialen Inszenierungen noch um etwas anderes neben den *üblichen* zwischenmenschlichen Verhaltensformen, das auf einen Widerspruch verweist: In allen *Animationsfilmen* oder *Comics* werden den nichtmenschlichen Wesen, sowohl solchen mit als auch ohne Wirbel(n) *Interessen, Empfindungsfähigkeiten* und *Wertungskompetenzen* verliehen. Es gibt jedoch selten, von *Animal Farm* einmal abgesehen, ein *Ranking*, was diese Fähigkeiten anbelangt. *Ungleichheit* und *Speziesismus* spielen keine, bzw. nur untergeordnete Rollen, *Rassismus* ist nicht vorhanden, ebenso wenig aber auch die nahrungskettenbedingten Hierarchisierungen. Diese Beobachtung bildet einen Widerspruch zu dem *Rassismus* und *Speziesismus*, der im menschlichen Alltag ausgeübt wird. Das bedeutet, dass die animierte Tierwelt zwar ausgestattet ist mit fast dem gesamten Katalog menschlicher Gefühls-, Kommunikations- und Bewertungsangeboten, nur marginal jedoch mit nicht ethischen, nicht moralischen Verhaltensnormen, Haltungen und Handlungen. Kurz: Ein entscheidender Teil des menschlichen Katalogs der Destruktion fehlt in tierbesetzten Animationen, sodass die animierten Wesen einen Rest *Gutes* repräsentieren. Die Destruktion folgt dann im echten Leben: Warum muss ein mit Schlauheit und Charme, mit bewundernswerter Bewegungsintelligenz und Freundlichkeit ausgestattetes Wesen wie der Hase *Bugs Bunny* im von Menschen geschaffenen realen Dasein gejagt, geschlachtet und verzehrt werden? Mit der Antwort löst sich der Widerspruch auf: Weil es sich um ein nichtmenschliches und damit untertäniges Wesen handelt, das entweder der Unterhaltung oder der Ernährung dient. Hier liegt der Kern der Menschenbezogenheit in Form von einer Absolution, die der Mensch sich selbst mit den *guten* Darstellungen von Tieren erteilen möchte.

Der Mythos *Disneyland* ist für diesen Mechanismus ein Präzedenzbeispiel. Hier haben Kinder und Erwachsene die Möglichkeit, die gesamte Unterdrückung und Ausbeutung der nichtmenschlichen Wesen abzustreifen und ins *Gute*, *Freundliche* umgewandelt, wahrzunehmen. Ihnen wird ein *glücklicher* Spiegel (*Der Zerrspiegel des Guten*) des eigenen Daseins, entproblematisiert und mittels der dargestellten Tieranimationen durch und durch positiv besetzt, geboten. Nebenbei werden Burger und Würste verzehrt, die von den echten Mitgeschöpfen stammen, was aber keinen Anlass zur Sorge gibt, da man die Disney-Tiere ja nicht schlachten kann. Hier ist ein negativ besetzter Sprachgebrauch von vornherein ausgeschlossen.

Melanie Joy sieht in dem *Mythos* einen Systemerhaltungsmechanismus:

> Hier kommen die Mythenbildner ins Spiel. Die Mythenbildner besetzen alle Bereiche in unserer Gesellschaft, wodurch sichergestellt ist, dass die Informationen, die wir erhalten, stets die drei Ns (Normal, Natürlich, Notwendig; Anm. des Autors), verstärken, wohin wir uns auch wenden. Die Mythenbildner sind die Institutionen, die als Säulen des Systems dienen und ihre

jeweiligen Vertreter.[89]

Würde keine *Mystifizierung* der dargestellten *gesunden* Lebenszyklen und *lustigen* Verhaltensmustern nichtmenschlicher Wesen im *Disney-Mythos* stattfinden, könnte der Mensch die eigenen zerstörerischen Vorgänge nicht aushalten, es entstünde ein Handlungsdruck, der durch die Verschiebung der *guten* Realität in das Reich des *Träumens*, bzw. des *Mythischen* präventiv vermieden wird. Auch nur der kleinste Hinweis auf das durch uns Menschen ausgelöste Leid der Tiere im Rahmen der *Mystifizierung* hätte eine nicht aushaltbare Konfrontation mit der Realität zur Folge, die Wut, Trauer und Schmerz auslösen würde. Die selbstgemachte Absolution ist demzufolge der Versuch einer Rettung vor der eigenen Verzweiflung über das eigene Handeln, das offenbar einem Zwang unterliegt.

Deshalb ist es *notwendig*, den Darstellungen von nichtmenschlichen Wesen in den Medien und in der Literatur einen *mythischen, nichtrealen* Rahmen zu geben, wie der in diesem Bereich verwendete Sprachgebrauch belegt. Selbst die *ausbeutenden* und *verruchten* Wesen in Comics und animierten Filmen wie *Animal Farm* sind Bestandteil des *Mythos*, so menschenähnlich sie sich auch verhalten, was darauf zurückzuführen ist, dass es sich eben um *Tiere* handelt.

Unsere jüngsten menschlichen Mitbewohner wenden keine tierdiskreditierenden Beschimpfungen an, töten keine Tiere, weder Bodenkriecher noch Insekten, noch streben sie danach, Tiere in Gefangenschaft zu nehmen. Das bedeutet nicht, dass Käfer, Würmer zuweilen nicht doch in Gläsern landen, von Erwachsenen ermutigend kommentiert. In diesem Falle könnten Erwachsene beispielgebend eingreifen und vermitteln, dass jeg-

[89] Melanie Joy *Warum wir Hunde lieben, Schweine essen und Kühe anziehen- Karnismus – Eine Einführung* Münster 2013, S.111

liche Gefangennahme unangemessen ist. Leider ist das Gegenteil der Fall, es beginnt eine Pädagogik voller Widersprüche, die letzthin darauf abzielt, den Kindern die gesamtgesellschaftliche Haltung gegenüber Tieren zu vermitteln. Selbst im *Tierschutz* oder in der allgemeinen *Naturpädagogik* werden die Tiere nicht gelassen, sondern als Anschauungsobjekte eingefangen, *ausgestopfte Wesen* unkritisch betrachtet und vermittelt, wie man auf Pferden *reitet*, Hunde *anleint* oder Katzen *hält.*

Ginge es nach den Kindern, behielten die Begriffe *Mitgeschöpf* und *Würde* ihre tatsächliche Bedeutung.

Ich möchte dieses Kapitel mit einem Beispiel beenden, an dem die *Normalität* der alltäglichen *Widersprüchlichkeit*, die Kinder in der Haltung gegenüber und von Tieren erfahren, exemplarisch dargestellt werden kann: Einer der bekanntesten und in heimischen Gärten und Wäldern vorzufindenden Vögel ist die *Meise*. Sie schmückt Kinderbücher, ist Bestandteil von vielen Liedtexten und kann bei der Nahrungssuche auf dem Balkon oder im Garten beobachtet werden. Kinder wachsen mit diesem Vogel auf, er ist nicht nur in ländlichen Gebieten zu Hause, sondern auch regelmäßig zu Gast in urbanen Siedlungen. Er wird als geschätztes Lebewesen wahrgenommen, fast schon mit einer Selbstverständlichkeit in die *Mensch-Tier-Beziehung* integriert. Und doch gibt es da eine Kategorisierung, die das Verhältnis nicht nur eintrübt, sondern auch wertet. Die *Meise* muss für eine eher moderate Beschimpfung im Zwischenmenschlichen herhalten. Die Gründe dafür sind unbekannt, aber trotz der *guten Beziehung* zu der *Meise* wird diese sprachlich diskreditiert. Und nicht nur sprachlich: Letzthin gibt diese Form der Beschimpfung die, in diesem Fall codierte, generelle Haltung gegenüber der Tierwelt wieder. Bautätigkeiten und Versiegelungen von Landschaften, Baumfällungen und Rodungen von Brachflächen würden nicht zugunsten der *Meise* gestoppt werden. Eventuell zugunsten des *Eisvogels*, der dient aber auch nicht als Beschimpfung. Aber da die Beschimpfung den Stellenwert einer *Legitimation* besitzt, Gebiete, in denen die Meise lebt, für menschliche Zwecke zu roden, lernen Kinder, dass diese Wesen keine Rechte besitzen, sondern lediglich hübsch anzusehen sind und den Stoff für poetische Wendungen in Büchern und Liedern ausmachen. Geschützt werden müssen sie jedenfalls nicht. *Normal* und *natürlich* ist in diesem Zusammenhang auch die Tatsache, dass täglich Hunderte von *Meisen* (und andere Vögel) gegen Scheiben fliegen und sich dabei ernsthaft verletzen oder umkommen. Bei Kindern und Jugendlichen gibt solch ein Ereignis Anlass zu Trauer, wird aber seitens der erziehenden Erwachsenen als *Kollateralschaden* verbucht, da die Architektur des jeweiligen Gebäudes nun mal diese außergewöhnlichen Glasfronten vorsieht und aufgeklebte Vogelattrappen den Gesamteindruck schmälern.

Sprache legitimiert eine bestimmte Haltung und dient somit der Ideologie, wie wir aus politisch-gesellschaftlichen Kontexten wissen. Aber diese Kontexte betreffen den Menschen und werden deswegen als wichtig, notwendig und bedeutend definiert, was auch sein muss. Nur so konnten der Sprachgebrauch und -duktus, der in der Zeit der Sklavenhaltung und des Nationalsozialismus üblich war, später analysiert und entlarvt werden. Es ist nun an der Zeit, unsere sprachlichen Wendungen in Bezug auf Tiere genauestens zu untersuchen, um die hier verborgenen Hinweise und Zeichen auf die Gewaltideologie zu entdecken und zugunsten der uns umgebenden Mitgeschöpfe aufzulösen.

Die Würde des nichtmenschlichen Wesens ist ebenso unantastbar wie die des Menschen.

2.2.5 Der Eindringling

Sie behandeln uns wie Tiere[90]

Wer denkt, dass dieses Zitat von einem *Menschen* stammt, liegt falsch. Es wird von einem *Hahn* geäußert und zwar in einer Verfilmung des Kinderbuchs *Konferenz der Tiere* von *Erich Kästner*. Einerseits kann dieser Satz mit etwas Augenzwinkern aufgefasst werden, andererseits spiegelt er eine uns im Alltag ständig begegnende Realität wider, nämlich die der Diskriminierung von uns fremd erscheinenden Menschen mit anderen Hautfarben und Sitten. Dass es sich bei dem allgemein bekannten Zitat auch um die Diskreditierung von nichtmenschlichen Lebewesen handelt, ist offenbar noch nicht aufgefallen. Dabei ist noch gar nicht geklärt, wer eigentlich mit *sie* oder *uns* gemeint ist, geschweige denn, wie die Art der *Behandlung* gestaltet ist. Fest steht lediglich, dass sich der Hahn *schlecht* behandelt fühlt, was offenbar dem Image, das *Tiere* besitzen, entspricht.

Sie behandeln uns wie Tiere ist eine gängige Redewendung, die u.a. in Kriegsgebieten von Opfern diktatorischer Systeme benutzt wird. Die französische Autorin *Célia Mercier* hat ihrem Buch, in dem sie über die Lage der *Jesiden* (eine kurdisch sprechende Minderheit im Norden Iraks, *Anm. des Autors*) berichtet, die unter der Herrschaft des *Islamischen Staates* misshandelt, versklavt und vertrieben wurden, den gleichnamigen Titel verliehen.[91] Aus einer Studie der Psychologen *Nick Haslam* (University of Melbourne) und *Steve Loughnan* (University of Edinburgh), deren Forschungsgegenstand die gesellschaftliche Haltung gegenüber Außenseitern, Kriminellen und Drogenabhängi-

[90] Der Hahn in *Konferenz der Tiere*, nach Erich Kästner, 2010, Regie: Holger Tappe

[91] Cecilia Mercier, *Sie behandeln uns wie Tiere*, München 2017

gen ist, geht hervor, dass die Bezeichnung *Tiere* für diese gesellschaftliche Randgruppe sehr gängig ist:

> Outraged members often the public call sex offenders animals.
> The thesis that viewing others as objects or animals enables our very worst conduct would seem to explain a great deal.[92]

Diese gesellschaftliche (oder handelt es sich um eine originär menschliche?) Eigenart, das Fremde zunächst einmal abzuwerten, wenn nicht sogar abzulehnen, ist in Bezug auf die nichtmenschliche Welt stark ausgeprägt, wie im vorangegangenen Kapitel dargestellt wurde.

Dient das Tier hingegen der Unterhaltung, wird auf abwertende Kommentare größtenteils verzichtet.

Wie kam es zu der Empörung des Hahns?

In eine friedliche Gruppe von Wesen dringt eine äußere Macht ein, die das intakte Gefüge dieser Gruppe stört, wenn nicht sogar zerstört. Und diese äußere Macht ist der *Hahn*, also der eigentliche *Eindringling,* der sich zusammen mit einigen Verbündeten einer in der afrikanischen Savanne lebenden Gruppe von Tieren anschließt, mit einem französischen Akzent *spricht* und von diesen gedemütigt, wenn nicht sogar bedroht wird. Ihm wird zu verstehen gegeben, dass er dort schlichtweg nichts zu suchen hat. Aber warum diese Ablehnung so massiv ist, wird nicht erklärt, seine Erscheinungsformen und sein Akzent reichen offen-

---

[92] Paul Bloom in *Beastly-Perpetrators of violence, we're told, dehumanize their victims. The truth is worse.* In *The New Yorker*, 27.November 2017, S. 75 „Empörte Mitglieder der Öffentlichkeit nennen Sexualstraftäter Tiere. Die These, dass das Bezeichnen anderer als Objekte oder Tiere unser schlimmstes Verhalten ermöglicht, scheint eine Menge zu erklären."

bar. Das kommt uns aus zwischenmenschlichen Lebenskontexten sehr bekannt vor, weswegen wir es hier mit einer – zugegebenermaßen eher seltenen – destruktiven menschlichen Projektion auf das Tierreich zu tun haben. Würde es sich um eine wirklich im Tierreich angesiedelte Szene handeln, würde der Hahn gefressen werden. Die dort seit Jahrhunderten ansässigen Arten würden den Fremdling vertreiben oder fressen, je nach Struktur der dort herrschenden Nahrungskettenverhältnisse.

Aber in dem Filmplot verhält sich der *Hahn* wie ein *Mensch:* Er besiedelt die Savanne, ist von daher gesehen eigentlich ein *Gast*, betrachtet sich selbst aber nicht unbedingt als *Gast*, sondern als rechtmäßiger neuer Bewohner.

Er besiedelt, möchte irgendwie teilhaben, seine *Rechte* geltend machen, bewertet, klagt und ist sich keiner Verantwortung für sein eigengemachtes Schicksal bewusst. Auch diese, sehr *selbstbewusste* Verhaltensweise kennen wir aus unserem Alltag im Privaten und Beruflichen.

Bleiben wir bei dem Beispiel der afrikanischen *Savanne* südlich der Sahara und betrachten wir das Verhältnis von Mensch zu Tier, dann ergibt sich folgendes Bild: Dort existieren überwiegend intakte Nahrungsketten und nach *Harmonie* strebende Lebensgemeinschaften, die sich untereinander nicht daran hindern, sich gemeinsam um Wasserstellen zu scharen und ihren Durst zu löschen. Vereinzelte indigene Volksstämme leben noch in einer Art friedlicher Koexistenz mit unterschiedlichen nichtmenschlichen Arten, werden aber zunehmend von anderen *eindringenden* menschlichen, nicht indigenen Arten verdrängt, kolonialisiert und entkräftet.

Der (wirtschaftlich prosperierende) Mensch ist hier der *Eindringling*, der die intakten Lebensgemeinschaften, Organismen, Lebenszyklen mittels *Jagd*, *Überweidung*, *Abholzung,* stark belastet und ihnen Schaden zufügt. Somit handelt es sich bei der

Filmszene mit dem zitierten *Hahn* um ein durchweg menschliches Szenario; der Hahn als Stellvertreter für einen menschlichen Eindringling. Ob er den Status eines *Flüchtlings* oder den eines *Siedlers* hat, kann zu dem Zeitpunkt noch nicht gesagt werden. Mit dem *Tierreich* an sich jedenfalls hat der Film nichts zu tun, sondern ist eher als Parabel auf das menschliche Unvermögen zu verstehen, die Tiere und Pflanzen nicht *lassen* und das *Fremde* nicht achten können; was letzthin auf dasselbe hinausläuft.

Unbestritten ist, dass eine Vielzahl von Gebieten unseres Planeten unter starker menschenverursachter Belastung leiden, Zerstörungsszenarien stattfinden und irreparable Schäden verursacht werden, deren Folgen erhebliche Einflüsse auf vormals intakte Ökosysteme haben und evolutive Veränderungen nach sich ziehen. Der Biologe und Philosoph *Martin Gorke* stellt fest:

> Zwar wird bei einer Auslöschung ebenso wie bei einer Tötung eines Organismus eine einzigartige Individualität zerstört, doch besteht der gewichtige Unterschied darin, dass beim Tode des historischen Individuums Art zusätzlich zum Tod seiner organismischen Teile eine ganze Lebenslinie verlorengeht. Es verschwindet nicht nur ein einzelner Genotyp[93], also ein winziger Bestandteil dieser Lebenslinie, sondern es wird ein kompletter, in Millionen von Jahren herangereifter Genpool vernichtet. (...) Eine Art zu vernichten heißt somit, einen über Jahrmillionen unter unzähligen Herausforderungen und Gefahren erfolgreich verteidigten

[93] Der **Genotyp** (griechisch γένος génos „Gattung, Geschlecht“ und τύπος týpos „Gestalt, Abbild, Muster“) ist die Gesamtheit der Gene eines Organismus oder auch das Erbbild dieses Lebewesens. Er repräsentiert dessen exakte genetische Ausstattung, die sämtliche in diesem Individuum vorhandenen Erbanlagen umfasst. (Wikipedia 09/17)

> Prozess des genetischen „Entdeckens“ und „Lernens“ plötzlich niederzuschlagen. Es bedeutet, „eine einzigartige Geschichte des Lebens für immer abzubrechen“ (Rolston 1985, 723).[94]

Die Frage stellt sich, ob der Mensch als genereller *störender Eindringling* vor ca. 1,8 Millionen Jahren (*Homo erectus)* oder als eine integrative *biologische Art,* also ausschließlich als *ein Produkt der Stammesgeschichte,* gesehen werden kann, bzw. muss. Mir scheint, dass die zuerst genannte Option zutrifft: Der Mensch besitzt keine Verbindung zu der ihm umgebenden nichtmenschlichen Welt. Das kann daran erkannt werden, dass es dem Menschen, wenn er auf welche Art auch immer mit der nichtmenschlichen Welt zu tun hat, nie um die Harmonisierung mit der nichtmenschlichen Welt geht, sondern um seine eigenen Belange, die sich auf die Gefangennahme, die Vertreibung oder das Töten reduzieren lassen. Ein Gespräch zwischen zwei Fahrgästen in der S-Bahn, das ich miterleben konnte, gibt Aufschluss darüber, dass die Zugewandtheit dem Tier gegenüber nur Schein ist:

Fahrgast A wurde von B gefragt, wie es in Neuseeland war und was dort für Probleme herrschen. A antwortete, dass die Nagetiere ein zentrales Problem darstellen, weil sie die Kiwis fressen. B fragte daraufhin, ob die Kiwis geschützt sein. Darauf A: Sind sie, sie seien ja schließlich das Tier der nationalen Identität, weswegen die Nager bis 2050 ausgerottet werden müssen. Die Nager seien sozusagen Freiwild. B fragte, ob auch Kaninchen *abgeballert* und dann wenigstens gegessen werden würden.

[94] Martin Gorke, *Artenschutz und Tierschutz: Gegner oder Verbündete?* In *TIERethik Zeitschrift zur Mensch-Tier-Beziehung*, MV-Verlag Münster Heft II/2015, S28

Das konnte A nicht beantworten, bemerkte aber in einem Nebensatz, dass ja die Europäer die Nager eingeschleppt hätten.

Die Frage von *B* zielte, vielleicht ohne dass *B* es in diesem Sinne gemeint hat, natürlich darauf ab, dass Kaninchen keine Fleischfresser sind, aber von dem großflächig verteilten *Schädlingsbekämpfungsmittel* in Mitleidenschaft gezogen werden würden.

Mich hat dieses Gespräch angeregt, diesen Fall der von Staats Seiten offenbar legitimierten Ausrottung ganzer Arten genauer zu untersuchen. Dabei habe ich erfahren, dass dieses Thema in Neuseeland alle Bevölkerungsschichten betrifft und allen denjenigen, die sich *für* Nager aussprechen, fast dasselbe Schicksal wie den Nagetieren selbst drohte, wären sie keine Menschen.

Man befürchtet in Neuseeland, dass identitätsstiftende Wesen wie der flugunfähige *Kiwi* oder der ebenfalls fluguntüchtige *Kakapos* (Eulenpapagei), die keine natürlichen Feinde besitzen[95], über kurz oder lang ausgerottet, bzw. bestimmte Baum- und Pflanzenarten durch Kahlfraß durch Nagetiere gänzlich getilgt sein werden. Paradoxerweise bedient man sich u.a. Vernichtungsmitteln, die auch *Kiwis, Kakapos* und *Nutztiere* gefährden. Man plant bis 2050 ein von Nagetieren befreites Neuseeland. Neben der offiziellen Lizenz zu einer Art Vernichtungsfeldzug gegen Nagetiere, der einem *Ökozid* gleichkommt, wird hier eine Haltung vermittelt, die mit zeitgemäßem ökologischen Denken und Handeln nichts mehr zu tun hat. *Martin Gorke* meint dazu:

> Ist die neue Wildtierart eingeschleppt worden, ist dies

---

[95] Die Nagetiere gelten nicht als *natürliche Feinde*, da sie als *invasive Arten* betrachtet werden.

> unter holistischer[96] Perspektive grundsätzlich zu bedauern. Der Grund dafür ist allerdings nicht wie in der ökozentrischen Ethik, dass eingeschleppte Arten das „Gleichgewicht der Arten" stören und dem Ökosystem „Schaden" zufügen. Der primäre Grund liegt aus holistischer Sicht vielmehr darin, dass mit einer Einschleppung ohne Not ein Ökosystem deziminiert wird und man dabei – wissentlich oder unwissentlich – das Risiko eingeht, bestimmte Arten und zahlreiche Organismen massiv zu gefährden.[97]

Der Philosoph Andreas Bachmann greift das Thema ebenfalls auf:

> So ist keineswegs gesagt, dass man Katzen oder Ratten töten darf, um die Kakapos als Art zu retten, ja, es ist nicht einmal klar, ob man ihnen auch nur leichte Schmerzen zufügen darf, wenn dies ein Mittel wäre, um die Kakapos zu schützen, zumal das Aussterben der Kakapos keine negativen Konsequenzen für andere Arten hätte. Ob die kulturelle Bedeutung die Tötung oder Leidzufügung rechtfertigt, ist keineswegs ausgemacht.[98]

---

[96] Holismus, auch Ganzheitslehre, ist die Vorstellung, dass natürliche Systeme und ihre Eigenschaften als Ganzes und nicht als Zusammensetzung ihrer Teile zu betrachten sind. (Wikipedia)

[97] Martin Gorke, *Artenschutz und Tierschutz: Gegner oder Verbündete?* In *TIERethik Zeitschrift zur Mensch-Tier-Beziehung*, MV-Verlag Münster, 7. Jahrgang 2015/2, Heft 11, S.42

[98] Andreas Bachmann in *Interview mit Andreas Bachmann – Artenschutz und Tierschutz. Ein Dilemma?* In *TIERethik, Zeitschrift zur Mensch- Tier-Beziehung*, MV-Verlag Münster, 7. Jahrgang 2015/2, Heft 11, S.99

Hier scheint der Mensch der Impulsgeber zu sein, auf willkürliche Weise ein Tier zum Nationalwesen zu erklären und in der Folge alles Lebendige zu vernichten, das diese, eher fragwürdige, Identität bedroht. Wohlgemerkt: Die Unantastbarkeit des *Kiwis* hat eine ausschließlich wirtschaftliche Bedeutung, und zwar in Bezug auf den Tourismus, auch wenn man den Kiwi in freier Wildbahn kaum erleben kann, da er erstens sehr scheu und zweitens nachtaktiv ist. Aber er gehört eben in den identitätsstiftenden Bereich des Staates. Hier steht die Identität auf tönernen Füßen, da es die europäischen Einwanderer waren, die den Kiwi zum Nationalheiligtum erklärt haben, die Maoris (Ureinwohner) pflegen eine eher holistische Haltung gegenüber der Natur. Bei ihnen gibt es keine spezifischen Hervorhebungen bestimmter Lebewesen.

Die beiden oben zitierten Ansichten sind stellvertretend für eine Vielzahl von Fällen, in denen die Benennung einer Art als *invasiv* massive Vernichtungsaktivitäten legitimieren, die jedoch überwiegend nicht das Ergebnis hatten, das gewünscht war. Ebenso ungewiss ist der Ausgang der Vernichtungsaktionen.

Im Falle Neuseelands haben wir es mit einem westlich geprägten Auslöschungsschema in zwei Erscheinungsformen zu tun.

Auslöschung I: Neuseeland wurde 1642 von *Abel Tasman,* 1769 von James Cook angegriffen und ungeachtet der Ureinwohner annektiert, Menschen und Tiere wurden, wenn nicht ausgebeutet oder gefangen genommen, liquidiert. Es ist zu vermuten, dass bereits mit diesen Besiedlungsaktivitäten Nagetiere eingeschleppt wurden. Das heißt, dass *Invasionen* von Mensch und Tier gleichermaßen stattgefunden haben, allerdings vom menschlichen Wesen initiiert, Nagetiere wären sonst wohl kaum auf die Insel gelangt.

Auslöschung II: Um die Eigentums- und Wirtschaftsverhältnisse nunmehr gemäß den Interessenlagen zu gestalten, werden die mitgebrachten und sich – ebenso wie die Menschen – vermehrenden Nagerpopulationen im 21. Jahrhundert vernichtet, ohne dass es empirisch nachweisbar ist, dass diese Maßnahmen zum *Erfolg* führen, der in einem Ansteigen der *Kiwi*- und *Kakapos*-Populationen liegen soll. Kollateralschäden werden in Kauf genommen, die Frage, inwieweit, ob und wann sich Tier- und Pflanzenpopulationen von den massiven Eingriffen erholt haben werden, ist nicht geklärt. In den meisten Berichterstattungen zu diesem Thema geht es um die verschiedenen Mittel und Vorgehensweisen des Vernichtens, jedoch nicht um die Frage des Verhältnisses zwischen einem erzielten Ansteigen der *Kiwi*- und *Kakapos*-Populationen und den Ausrottungsmaßnahmen der Nagerarten plus Kollateralschäden.

> Restoration
> The past decade has also seen a growing published knowledge base of species and ecosystem recoveries following rodent eradications, particularly for some of the earliest eradications. Most examples of recoveries had previously been anecdotal or limited to single species following eradication (e.g. Newman 1994; Miskelly & Fraser 2006; Towns et al. 2007), but there has been a growing demand for scientific evidence of recoveries to justify further investment in new eradications both locally and internationally, and ongoing investment in rodent biosecurity. (Jones 2010)[99]

---

[99] James C. Russell, *Fifty years of rodent eradications in New Zealand: another decade of advances*, New Zealand Ecology Vol. 40, No. 2, 2016, S. 200 „Wiederherstellung.
Im letzten Jahrzehnt gab es auch eine wachsende veröffentlichte Wissensbasis über die Erholung von Arten und Ökosystemen nach der Ausrottung von Nagetieren, insbesondere für einige der frühesten Ausrottungen. Die meisten Beispiele für Erholungen der Bestände waren früher nur vereinzelt oder auf einzelne Arten beschränkt (zB Newman 1994; Miskelly & Fraser 2006; Towns et

Die hier angesprochenen wissenschaftlichen Nachweise oder Beweise für eine Erfolgskurve der Maßnahmen sind bisher nicht erbracht worden, dennoch wurden die Budgets laufend erhöht, was darauf schließen lässt, dass die Maßnahmen eine erhebliche emotionale Komponente bekommen haben, die den Vergleich mit einem *Genozid* durchaus zulässt. Das wird auch von dem Umstand bestätigt, dass nicht im Ansatz der Überlegungen, wie die *Nagerplage* einzudämmen sei, Alternativen zur kompletten Vernichtung thematisiert werden.

Auch die direkten menschlichen Einwirkungen auf das Schwinden in Neuseeland ansässiger Vogelarten in den vergangenen 100 Jahren wird nicht diskutiert, obwohl die Zusammenhänge zwischen Besiedlungs- und industriellen Erschließungsmaßnahmen und Artensterben seit *Tasman/Cook* sehr erheblich und erkannt worden sind. Diese Auslöschungen zu erwähnen, würde allerdings von dem eigentlichen Vernichtungsfeldzug ablenken.

Es scheint mir hier nur am Rande um kulturelle Identitäten zu gehen, vielmehr ist ein universaler Fremdling gefunden worden, dessen Vernichtung einen Großteil der neuseeländischen Bevölkerung zu einen scheint und dem Motto *Gemeinsam gegen den Feind* folgt. Die *gemeinsamen* Impulse sind in speziesistischen (beim Menschen würden wir von *rassistischen* Impulsen sprechen) Kategorisierungen zu finden, denen *zufällig* die Nagetiere zum Opfer fallen, da sie nun einmal *da sind*, sich *vermehren* und aus Europa stammen; wie die überwiegend weiße Bevölkerung übrigens auch.

---

al. 2007), aber es gab eine wachsende Nachfrage nach wissenschaftlichen Nachweisen, um weitere Investitionen in neue, lokale und internationale Ausrottungen und laufende Investitionen in die Biosicherheit von Nagetieren zu rechtfertigen.“ (Jones 2010)

Zahlreiche, nicht unbekannte Alternativen zu der geschilderten Ausrottungsstrategie, wie beispielsweise medikamentöse Sterilisation oder Einrichtung von speziellen Nagergehegen, Schutzgitter um Bäume oder Erforschung von Abschreckungsmaßnahmen, werden als Optionen nicht in Erwägung gezogen. Hier hat sich eine Kultur des Tötens etabliert, die vergleichbar ist mit dem *Trophy Hunting* in afrikanischen Nationalparks, in denen teilweise Großwild allein für die Jagd gezüchtet wird. In Neuseeland ist die Ausbreitung der Nagerarten ein Glücksfall für den *Super-Predator* Mensch.

Um dies zugunsten der Tiere und Pflanzen zu verändern, müsste der Mensch das nichtmenschliche Reich in bestimmten Punkten genauso wichtig nehmen wie sein eigenes.

Schauen wir uns die Ähnlichkeiten und Übereinstimmungen zwischen nichtmenschlichen Wesen und den Menschen an, finden wir überraschend viele und große Schnittmengen: Eine ganz zentrale Übereinstimmung liegt in den sozialen Gefügen. Der überwiegende Teil der nichtmenschlichen Mitbewohner schließt sich zu Rudeln, Schwärmen, Gruppen, Herden zusammen, der menschliche Bewohner strebt ebenfalls nach dem Dasein in einer Gruppe, in der er danach trachtet, Geborgenheit, Ansprache und Pflege zu geben und zu nehmen. Nahrungssuche, Nahrungsvorlieben, Nahrungsaufnahme und deren Kreisläufe gehören ebenfalls zu den zentralen Übereinstimmungen, im Falle der Säugetiere sogar der Zahnwechsel. Schwangerschaft, Geburt betreffen die Säugetiere, Entsprechungen finden wir in eierlegenden Wesen, bei denen die Geburt die Befreiung von den Eierschalen übernimmt. Übereinstimmung finden wir in dem umfangreichen Gebiet der *Empfindungsfähigkeit*, auch wenn dieser Bereich sehr unterschiedliche Ansichten und *Forschungsergebnisse* seitens wissenschaftlich vorgehender Menschen mit sich bringt. Strittig wird es bei der Frage des *Bewusstseins*, nahezu unvereinbar sind die *Meinungen, Hypothesen* und *Behauptungen* zum Thema *Selbstbewusstsein.* Da es sich bei diesen Beurteilungen und Bewertungen um rein menschliche Erklärungsversuche handelt, die geschilderte Fragestellungen am Menschen messen, möchte ich folgende Formel aufstellen: *Schon allein die Möglichkeit, dass ein Lebewesen eine wie auch immer geartete Empfindung besitzt (Leben=Empfindung), sollte jegliches, das Lebewesen schädigende Verhalten seitens des Menschen ausschließen. Diese Möglichkeit ist von der Art Lebewesen nicht zu trennen.*

Betrachten wir in unserem Alltag die uns umgebenden Wesen, so fällt auf, dass sie fast ausschließlich zu zweit oder zu mehreren unterwegs sind. In unseren Gärten, auf unseren Dächern, in unseren Parks und Gehwegen, in der Luft und in unseren Wäldern leben Paare, Rudel, Herden von unzähligen sichtbaren und unsichtbaren Tieren, die im Grunde genommen das Abbild unserer menschlichen gesellschaftlichen sozialen Gefüge darstellen. Der zentrale Unterschied ist nur der, dass der Mensch, wenn es ihm passt, zerstört und dies einerseits mit dem Wunsch nach *Lebensstandardoptimierung* legitimiert, andererseits damit, dass er die Ausbreitung von *Invasoren* verhindern will; deren Ansiedlung er in den überwiegenden Fällen jedoch selbst zu verantworten hat.

Die Liste der Übereinstimmungen könnte in dieser Weise noch länger fortgesetzt werden, jedoch ist der Gegenstand dieses Kapitels nicht die Beweisführung von Ähnlichkeiten zwischen menschlichen und nichtmenschlichen Wesen, sondern die Frage, ob mit dem Menschen ein *störendes Eindringen* in bestehende, harmonische Öko-Gefüge verbunden war/ist oder ob er eine biologische Episode dieses Planeten ist, die mit der der *Dinosaurier* verglichen werden kann, also einer zeitlichen Begrenzung unterliegt.

Ich stoße sicherlich auf Protest, wenn ich das Tagwerk eines Menschen mit dem einer *Fruchtfliege* vergleiche, von der er sich lediglich dadurch abhebt, dass er nicht von selbst fliegen kann, über eine längere Lebenserwartung verfügt und überwiegend naturzerstörerisch tätig ist. Also bleiben eine Menge Ähnlichkeiten, wie zum Beispiel die Fokussierung auf wohlschmeckende Speisen, die ihn dazu veranlassen könnten, eine ähnlich lebensbejahende Haltung einzunehmen, wie sie die Fruchtfliege besitzt. Das wäre er mit seinem Verstand imstande zu leisten. Aber diese Übereinstimmungen führen paradoxerweise nicht zu einem Verhalten, das aufgrund der Übereinstimmungen zu erwarten wäre. Stattdessen wird die Fruchtfliege vernichtet, weil sie irgendwie stört.

Irgendwie stören viele Lebewesen und spätestens seit Erfindung des Feuers wurden Pflanzen und Lebewesen in kolossalem Maße vernichtet. Ich verwende diesen Begriff *irgendwie*, weil das viel zitierte Argument, dass der Mensch die Krone der Schöpfung sei und deswegen Handlungsfreiheit hätte, vor dem Hintergrund des Ausmaßes an Zerstörung und willkürlicher Ausrottung von *Eindringlingen* nicht gelten kann. Einen Freibrief für die Vernichtung von Lebewesen kann es schon aus moralisch-ethischen Gründen, die der Mensch zusammen mit seinem Verstand verliehen bekommen hat, nicht geben. Aber er sieht sich zu diesem Freibrief legitimiert, nur weil er Mensch und damit eine Art *Super-Predator* ist, wie der Biologe und Ethiker *Thomas Potthast* zusammenfasst:

> Die Entwicklung kann sehr grob durch folgende Schritte gekennzeichnet werden: erstens die Ausrottung großer Weidegänger durch Jagd und daraus resultierende Verwaldung, zweitens die großflächige Rodung und Umgestaltung der Wälder seit der Neolithi-

> schen Revolution durch Ackerbau und Viehzucht (Geiser 1992, May 1993, Drüke *et al.* 1995); drittens die Überwindung der natürlichen Ausbreitungsgrenzen für Tiere, Pflanzen und Mikroorganismen (Elton 1958, Drake *et al.* 1989, Crosby 1991), viertens die Industrialisierung der Güterproduktion und der Landwirtschaft seit dem 19. Jahrhundert (Carson 1962, Worster 1995)[100]

Der *fünfte Schritt* wäre dann die *Genmanipulation,* die *evolutive Prozesse* beeinflusst und transformiert, der *sechste Schritt*, nachdem die *Genmanipulation* in vollem Gange ist, der Ersatz der vom Aussterben bedrohten Bienen durch elektrische Mikrodrohnen, um die Bestäubung von Millionen Blüten zu sichern.

> By reproducing some of the complex wing motion patterns and aerodynamics of fruit flies, in particular, researchers in the university's newly opened Robohouse, believe they (robotic bees) will be able to create millions of bee-like drones to pollinate plants when the real insects have died off.[101]

Tritt dieses Szenario ein, kann unbegrenzt gegen *Invasoren* vorgegangen werden, da Insektenvölker nicht mehr gefährdet werden können. Der Mensch schafft sich somit eine künstliche Um-

---

[100] Thomas Potthast, *Evolution,* Interfakultären Zentrum für Ethik in den Wissenschaften der Eberhard- Karls-Universität Tübingen, 1994, S.17

[101] Daniel Boffey *Robotic Bees* in The Guardian Weekly, 19.10.2018, S.33 „Durch die Reproduktion insbesondere der komplexen Flügelbewegungsmuster und der Aerodynamik von ruchtfliegen glauben Forscher im neu eröffneten Robohouse der Universität Manchester, dass sie (Roboterbienen) Millionen bienenähnlicher Drohnen erzeugen können, um Pflanzen zu bestäuben, wenn die echten Insekten ausgestorben sind.“

gebung und ein Kontrollsystem über jegliches Wachstum und Vergehen.

Da auf der Seite der *nichtmenschlichen Lebenswelt* keine Aktivität mit diesen Arten und Ökosystemen vernichtenden Ausmaßen festzustellen ist, kann der *Homo erectus* und später der *Homo sapiens* mit einem *störenden Invasoren* gleichgesetzt werden.

Der *Homo erectus* hat mit strategischen *Brandrodungs-, Angriffs-* und *Verteidigungsmaßnahmen* Vernichtungsfeldzüge in seiner frühesten Form etabliert. Es schien ihm nie um das Anstreben einer friedlichen Koexistenz zu gehen, sondern um Macht und Besitz. Nichtmenschliche Wesen hat er begonnen, zu seinem Besitz zu erklären, indem er sie *gefangen genommen* und damit ihren natürlichen Kreisläufen *entnommen* hat. Diese Vorgehensweisen existieren seit mittlerweile ca. 1,7 Mio. Jahre und haben sich nur insofern geändert, als dass sie *optimiert* und *perfektioniert* wurden.

Am Beispiel des *Feuermachens* kann man ablesen, dass sich der Mensch dieses Mittels der Zerstörung unvermindert bedient. Genaue Flächenausmaße, die vor 1 Mio. Jahren menschengemachten Bränden zum Opfer gefallen sind, liegen natürlich nicht vor. Im 21. Jahrhundert hingegen hat die Brandrodung in einigen Staaten Hochkonjunktur. Aus einer Beobachtung des *National Institute of Space Research (INPE)*[102] geht hervor, dass 2017 in Brasilien 106.000 (illegale) Brände gezählt wurden, die dazu dienten, natürliche Vegetationen zum Zwecke der landwirtschaftlichen Inbesitznahme zu zerstören. Diese Anzahl von Bränden war seit 1998 die höchste.[103] Hätte der sich ausschließ-

[102] https://de.statista.com/infografik/19095/anzahl-der-braende-im-brasilianischen-regenwald/ (Stand 02/20)

[103] https://de.statista.com/infografik/19095/anzahl-der-braende-im-brasilianischen-regenwald/ (Stand 02/20)

lich von Pflanzen ernährende *Paranthropus*[104] mit der Besiedelung und Verteidigung seiner Siedlungen begonnen, so wäre er nicht weit gekommen, da er durch Angriffe von nichtmenschlichen – stärkeren – Wesen unterbrochen und aufgehalten worden wäre und diese aufgrund seiner Ernährungsgewohnheiten auch nicht gejagt hätte. Heutzutage haben sich die Akteure geändert: Nicht die in Brasilien lebenden *indigenen Völker* sind die Verursacher der Flächenbrände, sondern in der Regel illegale Rohstoffhändler, also die *Invasoren,* die auch nicht davor zurückschrecken, Angehörige indigener Stämme, die ihre Gebiete verteidigen, zu beseitigen.

Wenden wir uns den als *Invasoren* bezeichneten Wesen im deutschsprachigen Raum zu, so treffen wir schnell auf willkürlich anmutende Kategorisierungen. Bei einem Besuch im landschaftlich außergewöhnlichen und teilweise *geschützten Peenetal* im nördlichen Mecklenburg-Vorpommern wurde mir angesichts eines Gesprächs bewusst, dass es bei dem Schutz weniger um das Tier- und Pflanzenreich an sich geht, sondern um menschliche Interessen.

Auf meine Frage an den Leiter des *Naturparkes Flusslandschaft Peenetal* und Biologen *Dr. Frank Hennicke*, wie das in der inneren Schutzzone der Peene gestattete Angeln mit dem Auftrag des *Naturschutzes* zu vereinbaren sei, erhielt ich folgende Antwort:

> (...) Naturschutzfachlich ist dazu aber ebenfalls festzustellen, dass Fressen und Gefressenwerden ebenso zur Natur gehört wie der Mensch selbst. Die Reproduktion aller Lebewesen trägt diesem Prinzip Rechnung. Ein gewisses Abschöpfen von Biomasse auch durch den Menschen ist daher für die Natur zumindest nicht

[104] Der pflanzenfressende Vorgänger des Homo erectus.

schädlich; vielfach sogar die Voraussetzung für ausbalancierte natürliche Verhältnisse.

Angesichts der heutigen nährstoffüberfrachteten Gewässer mit ihrem in der Folge deutlich überhöhten Fischbestand ist eine kontrollierte Abschöpfung des künstlich herbeigeführten „Überschusses“ zumindest nicht schädlich. Wenn man sich dann noch vor Augen führt, dass Naturschutz auf Akzeptanz in der Bevölkerung angewiesen ist, wäre es dem Naturschutz sogar abträglich, der Bevölkerung auch unschädliche Nutzungen zu untersagen.[105]

Der die *Biomasse abschöpfende* Mensch ist in dem geschilderten Fall der Angler, der in den Zyklus *Fressen und Gefressenwerden* nicht reinpasst, da er nach eigenem Gutdünken *frisst* und sich nicht darum kümmert, wie viel *Biomasse* er *abschöpft* oder ob es ihm überhaupt zusteht.

Dr. Frank Hennicke vermittelt einen *Deal*: Mit der Erlaubnis des *Angelns* in Schutzgebieten wird die Akzeptanz des *Naturschutzes* erkauft. Dabei ist es dem Angler ziemlich egal, ob er in einem Naturschutzgebiet fischt oder in ungeschützten Gewässern, Hauptsache, er kann seiner *Leidenschaft* folgen.

Wie im Falle der *Nagerauslöschung* in Neuseeland hat man auch hierzulande kein Interesse an Alternativen, weil diese die eigenen *Jagdinstinkte* und *Machtansprüche* einschränken würden. Stellen wir uns vor, die *Flusslandschaft Peenetal* würde für den Fischreiher zum attraktiven Lebensraum, wäre der als *Naturpark* getarnte *Ökotouristische Standort* gefährdet, weil bestimmte Zonen geschützt werden müssten und nicht betreten werden dürften. Man ist an einer Selbstregulierung der Natur

[105] Dr. Frank Hennicke, Leiter *Naturpark Flusslandschaft Peenetal* in einer mail vom 5.10.2017

nicht interessiert, weil damit das *Abschöpfen von Biomasse* nicht nötig wäre, bzw. sogar schädigende Wirkung zeigen würde, wofür der Angler keineswegs Verständnis hätte.

Aus Gesprächen mit Mitarbeitern des *Naturparks* ging hervor, dass Schutzzonen, deren Betreten nicht gestattet ist, in jedem Falle zu vermeiden sind, *Schutzzonen* ohne Betretungsverbot hingegen wären sogar erwünscht. So frage ich mich, wie der Begriff *Schutzzone* definiert wird, wenn der Mensch ja doch eingreifen kann. (Im nordfriesischen Wattenmeer beispielsweise ist die Schutzzone 1 vor den Halligen und nordfriesischen Inseln nur bei Niedrigwasser (=Ebbe) *streng der Natur überlassen*, bei Hochwasser ist diese Regelung ausgesetzt, um die internationale Krabbenfischerei zulassen zu können). Es scheint für den Menschen schwer zu ertragen, Gebiete nicht betreten zu dürfen, in denen der nicht-menschlichen Welt Raum für ungestörte Entfaltung gegeben wird. So gesehen ist der Mensch der *Eindringling per se*. Er nimmt sich das Recht, zu *gestalten* wo immer es ihm passt.

Wesen, die er irgendwann in einem Landstrich X angesiedelt hat, um mit deren *Verarbeitung* wirtschaftliche Kreisläufe anzukurbeln, wie beispielsweise alle möglichen Arten von Pelztieren, müssen dann, wenn sie ausgedient haben und *verwildert* sind, entfernt werden, weil sie nicht mehr in das *Bio*-System passen, das der Mensch dort gerne hätte. Ab diesem Zeitpunkt werden diese Arten *invasiv* genannt, um die Vernichtungsaktionen zu rechtfertigen, wie der amerikanische Biologe und Ökologe *Chris D. Thomas* an einem Beispiel veranschaulicht:

> In America, sparrows stand accused of evicting beautiful native bluebirds from their nesting holes, and even of killing them. As the Michigan Bluebird Society put it: (...) The male sparrow is particularly nasty and will

> often kill not just the young bluebirds but even the adults and eggs too. (...)[106]
> Inspection of the Christmas Bird Counts shows that year-to-year changes in the numbers of bluebirds are not affected by the number of sparrows and year to year changes in the numbers of sparrows are not affected by the numbers of bluebirds either. Is the reason simply that sparrows are clad in dowdy browns and greys and bluebirds are clothed in appealing iridiscent reds and blue, or is it because sparrows are, as the Michigan Bluebird Society put it, ‚alien'?[107]

Es liegt auf der Hand, dass die feindliche Haltung, die in diesem Beispiel gegenüber *Spatzen* eingenommen wird, eher subjektiven menschlichen Vorlieben und Bewertungsmustern entspringt als konkreten wissenschaftlichen Beobachtungsergebnissen. Nur werden diese subjektiven Betrachtungsweisen als *vogelkundliche Erkenntnis* und nicht als persönliche Wünsche, Anschauungen und Sichtweisen verbreitet. *Thomas* fragt aufgrund dessen ganz richtig:

---

[106] http://michiganbluebirds.org/, 19 July 2015

[107] Chris D. Thomas, *Inheritors of the earth,* Penguin Random House London 2017, S. 18/19

„In Amerika werden Spatzen beschuldigt, wunderschöne einheimische Drosseln aus ihren Nisthöhlen zu vertreiben und sie sogar zu töten. Wie die *Michigan Bluebird Society* es ausdrückte: (...) *Der männliche Spatz ist besonders gemein und tötet oft nicht nur die jungen Bluebirds, sondern auch die Erwachsenen und Eier*. (...)

Die Inspektion der alljährlichen Vogelzählungen um die Weihnachtszeit herum zeigt, dass die Anzahl der Vogelarten von Jahr zu Jahr nicht von der Anzahl der Sperlinge beeinflusst wird und dass die Anzahl der Sperlinge auch von der Anzahl der Vogelarten nicht beeinflusst wird. Ist der Grund einfach der, dass Spatzen ein eher düsteres braunes oder graubraunes Federkleid, Drosseln hingegen ein eher anziehendes Federkleid mit irisierenden Rot- und Blautönen besitzen, oder ist es, weil Spatzen, wie die *Michigan Bluebird Society* es ausdrückte, "fremd" sind?"

> So why have sparrows been unfairly blamed for the imaginary decline of bluebirds? Why do we not equally hate all the native North American animals – including tree swallows, flickers, hawks, chipmunks, squirrels and raccoons – that also evict or kill bluebirds?[108]

Die Frage könnte noch ergänzt werden: Warum wird die *Hauskatze* nicht als *schädigender Eindringling* klassifiziert? Die ist, subjektiv gesehen, unantastbar und aus, objektiv gesehen, schwer nachvollziehbaren Gründen, wird die Drossel auch zu einem unantastbaren Wesen erklärt.

Interessanterweise haben die geschilderten Bewertungsszenarien letzthin nichts mehr mit *invasiv* oder *heimisch* zu tun, sondern mit Vorlieben.

An einem Beispiel des Philosophen *Klaus Peter Rippe* wird die widersprüchliche Verwendung des Begriffs *invasive Art* deutlich. Der von ihm geschilderte Fall ist in der Schweiz angesiedelt:

> Für die Einstufung als „invasiv" entscheidet eine Schaden-Nutzen-Bilanz. Bezeichnet man Bisamratten als invasive Art, geht man davon aus, dass diese Bilanz bei den Bisamratten, die wirtschaftliche Schäden verursachen und den Bestand an Bachmuscheln gefährden, negativ ist. (...)
> Einheimische Flussotter überleben in einigen fischar-

---

[108] ebda. S. 19
„Warum also wurden Spatzen unfairerweise für das imaginäre Aussterben von *Drosseln* verantwortlich gemacht? Warum hassen wir nicht alle einheimischen nordamerikanischen Tiere – einschließlich *Baumschwalben, Flackern, Falken, Streifenhörnchen, Eichhörnchen* und *Waschbären* – die auch *Drosseln* vertreiben oder töten?"

> men Gewässern jedoch nur, weil sie die gebietsfremden Bisamratten erbeuten können.[109]

Man fragt sich, warum überhaupt das *invasive* Dasein der Bisamratte zum Thema gemacht wird, wenn es doch einen intakten Nahrungskreislauf, stabil gehalten durch die Nahrungsvorlieben der Flussotter, gibt.

Der Verdacht entsteht, dass es hier wiederum um ein reines *Freund-/Feindbild* geht, bei dem bestimmte Tierarten im Zentrum einer nationalen Identifikation stehen, was als Legitimation für Jagdrechte in Bezug auf *unerwünschte Arten* dient, und andere eben nicht. Neuseeland pflegt dieselben Sichtweisen gegenüber *nicht erwünschten* Arten.

Diese Sichtweisen orientieren sich nicht am Wesen, sondern an der nationalen Identität, am Brauchtum des Jägers und des Anglers, an Wesen, an denen man sich freut, bzw. an Wesen, die man ablehnt, usw., wie *Rippe* beschreibt:

> Es geht nämlich nicht darum, wie ökologische Veränderungen entstehen, sondern darum, wie diese Änderungen erstens zu bewerten sind und welches Vorgehen zweitens aufgrund dieser Bewertungen moralisch und politisch geboten ist. Auf der Bewertungsebene liegt jedoch genau das Problem.[110]

Betrachten wir dieses Problem genauer, so geraten wir schnell in den Bereich von komplexen Angstszenarien, die rational nicht mehr zu begründen sind.

---

[109] Klaus Peter Rippe, *Ethik, Tiertötung und invasive Arten* in *TIERethik Zeitschrift zur Mensch- Tier-Beziehung*, MV-Verlag Münster 7. Jahrgang 2015/2, Heft 11, S.49

[110] Ebda.

Die vom Menschen zur *Pelzgewinnung* nach Europa eingeführte *Biberratte* ist in diversen deutschen Bundesländern zur Jagd freigegeben, spezielle von den Behörden eingesetzte *Biberbeauftragte* sollen die Reduktion des Bestandes vorantreiben, wie beispielsweise in Berlin. Dabei geht von diesem Tier keine nennenswerte Gefahr für Uferböschungen, Röhricht, etc. aus, da sie ihre Population der Größe des Lebensraums, in der sie sich angesiedelt hat, anpasst. Dagegen treten im selben Territorium *Bisamratten* auf (ebenfalls *nicht heimisch*), deren Fressverhalten hohe Schäden anrichten kann. Diese aber werden von den *Biberratten reguliert*, da diese ihre natürlichen Feinde sind. Erwähnt man gegenüber *Rangern* oder *Jägern* die *Biberratte*, so löst man unweigerlich drastische Forderungen aus, die von *Vernichtung* bis *Ausrottung* reichen. Mir erscheinen diese Reaktionen als unverhältnismäßig einseitig, da, wie bereits geschildert, die Nahrungskreisläufe, solange der Mensch nicht eingreift, intakt sind. Ein Grund für die Rufe nach Vernichtung liegt auch in der Bezeichnung der Tiere, also in der suggestiven Kraft der Sprache, in der das Wort *Ratte* sehr prominent ist. Und diese Suggestivkraft wirkt unmittelbarer als die vermeintlichen Schadensbilanzen. Dazu trifft die *Ratte* zu erlegen oder gar auszurotten in der Gesellschaft auf breiten Konsens, ohne dass es naturwissenschaftlicher Begründungen bedarf.

Es wird selten auf lange zeitliche Perioden geachtet, sondern bei unmittelbar auftretenden *Schäden* ein Handlungsbedarf festgestellt, der den immer auf lange Frist angelegten Nahrungskreisläufen keine Chance gibt, sich zu stabilisieren.

In urbanen Randgebieten trifft dasselbe Schicksal den *Waschbären*, der laut EU-Definition zu den 100 *bedrohlichsten invasiven Arten* Europas gehört und, wenn man dem EU- Projekt *DAI-*

SIE (Delivering Alien Invasive Species Inventories)[111] Glauben schenken darf, erheblich an der ökologischen Schädigung ganzer Landstriche beteiligt ist:

> Biological invasions by non-native or 'alien' species are one of the greatest threats to the ecological and economic well-being of the planet. Alien species can act as vectors for new diseases, alter ecosystem processes, change biodiversity, disrupt cultural landscapes, reduce the value of land and water for human activities and cause other socio-economic consequences for man.[112]

Der Waschbär ist im 17. Jahrhundert zur *Pelzgewinnung* nach Europa eingeführt worden. Selbst Forscher sind sich einig, dass es sich bei dem Tier nun nicht mehr um ein *invasives* Wesen handelt. Das Image bleibt, das, wie bei der *Biberratte* auch, darauf zurückzuführen ist, dass die suggestive Kraft der Sprache, hier der bedrohliche *Bär*, aber auch die Fortpflanzungsgewohnheiten im Menschen Abwehrmechanismen hervorrufen. Konkret ist kein Bürger vom Waschbär bedroht. Der Waschbär, der seit ca. 25 Millionen Jahren auf diesem Planeten lebt, wird von dem Bürger, der gerade mal ca. 1,7 Millionen Jahre die Erde besiedelt, bedroht. Wie wir sehen, sind die Verhältnismäßigkeiten

---

[111] https://www.ufz.de/index.php?de=35402 (Katalog von außerirdischen invasiven Artenbeständen)

[112] https://www.ufz.de/index.php?de=35402 (Stand 02/20)
Biologische Invasionen durch nicht einheimische oder "fremde" Arten sind eine der größten Bedrohungen für das ökologische und wirtschaftliche Wohlergehen der Erde. Nicht heimische Arten können als Überbringer für neue Krankheiten fungieren, Ökosystemprozesse verändern, die Biodiversität verändern, Kulturlandschaften zerstören, den Wert von Land und Wasser für menschliche Aktivitäten verringern und andere sozioökonomische Folgen für den Menschen haben.“

vollkommen aus dem Ruder gelaufen. Dem Waschbären wird kein Raum und keine Zeit gegeben, sich mit seiner Position in dem urbanen Nahrungsnetz zu stabilisieren. Ähnlich verhält es sich beim Wildschwein. In Berlins südlichen Randbezirken ist die Abneigung gegen die Tiere inzwischen so hoch, dass sich die Abschussraten ständig verdoppeln, was aber nicht, wie geplant, die Populationsdichte der Wildschweine verringert, sondern erhöht, da die Wildschweine bestrebt sind, ihre Populationen stabil zu halten. Beseitigt der Mensch einen Großteil der Tiere, wird dieses Streben nach Harmonie und Gleichgewicht ge- und schließlich zerstört. Man kann diese Situation auf eine einfache Formel bringen:

Der Mensch besiedelt urbane Randgebiete, ist dort zu Gast, wird mit ansässigen Wildtieren konfrontiert, klagt über deren Lebensgewohnheiten und beseitigt sie.

Aber warum die Waschbären beseitigt werden müssen, bleibt letzthin ein Rätsel. Privatpersonen, die ich befragt habe, berichten von enormen Schäden im Garten, von Beutezügen gegen Singvögel, Mitarbeiter von Naturwachten machen für Verbisse in erheblichem Ausmaß sowie Pflanzenschäden Waschbären verantwortlich, aber weder die Privatpersonen noch die Mitarbeiter von Naturwachten können stichhaltige Beweise vorbringen. Ganz abgesehen davon entsprechen diese Bedrohungsszenarien, die *Epidemien* gleichgesetzt werden, nicht den Tatsachen. Schaut man sich die Gärten in urbanen Randbezirken an, so entsteht der Eindruck, dass hier die gesamte eingezäunte Natur vollständig unter Kontrolle ist. Glaubt man den Schilderungen, müssten diese Gärten Stätten der Verwüstung sein.

Daraus leite ich ab, dass es ganz profan um ein Feindbild geht, dass das fremde Tier, egal wie es sich verhält, vernichtet werden muss. Wobei der Begriff *fremd*, wie bereits erwähnt, nicht mehr zutrifft.

Den Maulwurf, der seit ca. 40 Mio. Jahren im eurasischen Raum ansässig ist, trifft dasselbe Schicksal, obwohl er nicht als *gebietsfremd* bezeichnet werden kann. Auch hier ist eine eher eigenartige Logik des Vernichtens festzustellen, die sich verselbstständigt hat, obwohl noch nicht bewiesen werden konnte, dass der Maulwurf Wurzelwerk und Böden *zersetzt.* Das *Selbstverständnis* des Feindbildes dient als Legitimation der Vernichtung, obwohl Konsens darüber besteht, dass die genannten Tiere gegenüber dem Menschen eine Friedfertigkeit an den Tag legen.

Erstaunlich ist, dass, wie so oft in Bezug auf Tiere, auch hier mit zweierlei Maß gemessen wird: Die *Katze*, das *Chamäleon* – eingesperrt in ein Terrarium –, die *Papageien* – ihr Dasein in Volieren fristend – usw. sind *gebietsfremde* Wesen, werden aber nicht nur akzeptiert, sondern in Gefangenschaft zur Schau gestellt oder gehätschelt und *verwöhnt*, auch wenn sie, wie im Falle der *Katze*, Jagd auf Singvögel machen. Der Fall ist paradox: Das *gebietsfremde* Wesen, also die *Katze,* erhält unter menschlicher Fürsorge die Möglichkeit der Ansiedlung und reduziert aufgrund seines Jagdverhaltens *ansässige* Arten. Damit trägt sie zur Dezimierung der *einheimischen* Artenvielfalt bei. Freigänger, die dennoch ein Zuhause haben, jagen nur zum Zeitvertreib. Das größte Problem für die Vögel stellen verwilderte Hauskatzen dar. Sie sind gezwungen, ihren Nahrungsbedarf außer über menschliche Abfälle praktisch komplett durch die Jagd auf Kleintiere zu decken. Mäuse und Singvögel, insbesondere nistende Singvögel und deren Jungen, gehören zu den zahlreichen Opfern von *Hauskatzen. Katzen* gelten darum als die alleinige oder hauptsächliche Ursache für eine empfindliche Störung von Ökosystemen und Nahrungsketten, da sie nicht nur Vögel, sondern auch Blindschleichen, Kröten und junge Kaninchen jagen und über keine Feinde verfügen, die sie in die Nahrungskette integrieren würden.

Es scheint trotz des Wildererverhaltens von *Katzen* um die Kontrolle (=Eigentum) zu gehen, *gebietsfremd* o.k., wenn unter Kontrolle, bzw. wenn Eigentum. Deswegen ist der Widerstand gegen die Pläne, *Luchs* und *Wolf* wieder anzusiedeln, außerordentlich hoch, da diese als Feinde der *Hauskatze* (und Nutztiere) gelten und nicht domestiziert werden können. Der aus Artenschutzperspektive eigentliche Hintergrund der Wiederansiedelungsvorhaben ist der, zerstörte Nahrungsnetze und Nahrungsketten wiederherzustellen, was aber nicht nur bei den Haustierbesitzern Panik hervorruft, sondern auch den Jäger auf die Barrikaden bringt, da er um seine Jagdstrecken bangt.

Meiner Ansicht nach sollte weder in zusätzlichen Gebieten gesiedelt, insbesondere zum Zwecke der Landwirtschaft, noch gejagt werden, also *nicht eingedrungen* werden. Der beschriebene *Tag X* ermöglicht es, die evolutive Eigenständigkeit der Natur festzuschreiben, in die dann mehrheitlich nicht mehr eingegriffen werden kann, wie in diesem Zitat auf poetische Weise dargestellt wird:

> ...the dark northeastern forest, a constant reminder that the trees and hawks and deer and bears had been there long before humans showed up, and would surely be there long after.[113]

Eine weniger poetische Darstellung finden wir in diesem Zitat:

> Other recent analyses have revealed that humankind

---

[113] Claire Massud, *The burning girl*, Little Brown Book Group, London 2017, S. 10
„... der dunkle nordöstliche Wald, eine ständige Erinnerung daran, dass die Bäume und Falken und Hirsche und Bären schon lange, bevor sich Menschen angesiedelt haben, aufgetaucht waren und sicherlich noch lange danach dort sein werden.“

> has destroyed 83% of all mammals and half of plants since the dawn of civilization and that, even if the destruction were to end now, it would take 5-7 million years for the natural world to recover.[114]

Die Autoren dieses Zitats sprechen den Kern des Problems an: Die umfassende Zerstörung biodiverser Lebensbereiche durch den Menschen. Vor diesem Hintergrund von *invasiven*, also *Zerstörung verursachenden Arten* zu sprechen, ist komplett verfehlt. Die Zerstörung beginnt immer beim Menschen, auch da, wo er meint, seine eigene in die Wege geleitete Zerstörung wieder richten zu müssen, was letzthin zu weiterer Zerstörung führt. *Renaturierungsmaßnahmen* und *Wiederansiedelungen* schaffen immer der Natur fremde Bedingungen, es sei denn, man überlässt das *renaturierte* (=*wilde*) Gebiet über Jahrhunderte sich selbst.

Der Begriff *Gast (=invasives* Wesen) umschreibt ein Wesen, das irgendwann einmal nicht da war, nunmehr da ist, aber auch wieder geht, es sei denn, es bleibt, weil beispielsweise das Nahrungsaufkommen interessant ist. Es kann aber auch aufgrund der ungünstigen lebensräumlichen Umstände wieder gehen oder in seiner Populationsdichte reduziert werden, weil es bei den *Gastgebern* natürliche Feinde gibt. Es kann aber auch vorhandene Populationsdichten verringern, weil es in der Nahrungskette höher steht. Hier würde sich, wenn diese Lebensräume in Ruhe gelassen werden würden, eine evolutive Selbstregulierung einstellen. Das jedoch ist nicht im Sinne des *Gastes* Mensch.

---

[114] Damian Carrington and Jonathan Watts, *The age of extinction* in *The Guardian Weekly* 09.11.2019, Vol 199, S. 11
„Andere neuere Analysen haben ergeben, dass die Menschheit seit Anbeginn der Zivilisation 83% aller Säugetiere und die Hälfte der Pflanzen zerstört hat. Selbst wenn die Zerstörung jetzt enden würde, würde es 5-7 Millionen Jahre dauern, bis sich das nichtmenschliche Reich erholt hat."

> The loss of biodiversity is a silent killer. It's different from climate change, where people (and nonhuman beings) feel the impact in everyday life.[115]

Die *Stille der Auslöschung* ist nur möglich durch *stille Duldung,* bzw. *stille Legitimation.* Wir kennen diese Reaktionen aus dem zwischenmenschlichen Bereich. Oft wird eine für eine andere Person nicht angenehme Handlung damit begründet, dass diese Person sich *ja nicht gewehrt hätte.* So verhält es sich auch sowohl in der nachbarschaftlichen als auch in der globalen Destruktion von Bio-Diversität: Es sind keine lautstarken Proteste, abgesehen von denen von Umweltschutzaktivisten, zu vernehmen. Eine Episode lautstarker Protestbewegungen fand in der ersten Hälfte des Jahres 2019 unter dem Motto *Fridays for Future*[116] statt. Hunderttausende von Schülern sind freitags, anstatt den Schulunterricht zu besuchen, auf die Straße gegangen, um die Politik in die Pflicht zu nehmen, für eine *saubere* und *gesunde* Zukunft zu sorgen. Diese Proteste wurden ausgelöst von der schwedischen Umweltaktivistin *Greta Thunberg*, die Ende 2018 begonnen hatte, jeden Freitag für eine konstruktive Umweltpolitik zu streiken.

Ich spreche von einer *Episode*, weil sich der konkrete Erfolg dieser Bewegung nur einstellen kann, wenn wir als Menschen die Pflanze oder das Tier, das sich unmittelbar neben uns befindet, nicht nur wahrnehmen, sondern als schützenswert begreifen. Ansätze eines Paradigmenwechsels sind erkennbar, aber nicht in dem Maße Erfolg versprechend, wie es für eine zukünftig *intak-*

---

[115] ebda. S. 12
„Der Verlust der Biodiversität ist eine stille Auslöschung. Sie unterscheidet sich darin vom Klimawandel, wo die Menschen (*und nichtmenschliche Wesen*) die Auswirkungen im Alltag spüren."

[116] https://fridaysforfuture.de/ (Stand 04/19)

te und *gesunde* Umwelt erforderlich wäre, auch wenn die weltweite *Fridays-for-Future*-Bewegung das Thema des *Klimaschutzes* auf den Tagesordnungen verschiedener Regierungen nach weit oben haben rücken lassen. Zudem steht die Frage im Raum, wer sich von den Protestierenden konkreten Maßnahmen widmet und beispielsweise auf Flugreisen verzichtet? Dem gegenüber steht der Begriff *Generation Easy Jet*, der auch eine Bewegung umschreibt, die auf eine prosperierende, die nichtmenschliche Welt unaufhörlich störende und zerstörende Erfolgskurve blicken kann und die in einer Weise expandiert, die mit an Sicherheit grenzender Wahrscheinlichkeit durch die *Fridays-for-Future*-Aktionen keine Einbrüche erleiden wird. Die Schnittmengen der *Fridays-for-Future* Bewegung und der *Generation Easy Jet* Community sind vermutetermaßen sehr hoch. Es ist nicht auszuschließen, dass ein *Fridays-for-Future-Hopping* existiert, um möglichst global an der Bewegung teilnehmen zu können. Die Beteiligten der *Generation Easy Jet* Community erfüllen das Bild der *Invasoren* par excellence. Nicht nur Städte werden bis an den Rand ihrer Belastbarkeit mit Menschen überschwemmt, sondern auch Naturgebiete, Strände und Meere. Warum wird diese durchweg zerstörerische Reise- und Besiedelungsaktivität legitimiert und gefördert, die vorübergehende Ausbreitung einer Pflanze oder eines Tieres X im Gebiet Y jedoch nicht mal geduldet? Es hat wahrscheinlich mit der Selbstbezogenheit zu tun, deren Folgen die nichtmenschlichen Wesen und letzthin auch Teile der Menschheit – in erster Linie *primitive Völker,* wie Albert Schweitzer es ausdrückt – zum Opfer fallen.

Aber vielleicht erfüllen die Auswirkungen der *Friday-for-Future*-Episode langfristig gesehen ihren Zweck insofern, als dass die jetzt aktiven Jugendlichen im Erwachsenenalter keinen Wert auf Lebensstandard-optimierende Verhaltensnormen legen und sich ihrer Verantwortung gegenüber der nichtmenschlichen Welt bewusst werden. Es bleibt abzuwarten, ob sich die *Fridays-for-Future*-Bewegung in eine *Generation-for-Future*-Bewegung verwandelt.

Die Menschheit ist in ihrer moralisch-ethischen Kompetenz gefordert, sich wie ein *Gast* zu benehmen und in das Vorhandene nicht, bzw. nur mit großer Vorsicht einzudringen. Inzwischen ist klar, dass sie diese Kompetenz entweder nicht besitzt oder nicht anwenden möchte, was allerdings dazu führt, dass sie sich selbst schadet. Ob diese Schädigung so weit geht, dass sie durch ihre degradierenden Vorgehensweisen sich selbst abschafft, bleibt ebenfalls abzuwarten. Bislang sind die Kompensationsmaßnahmen noch so effektiv, dass sie nicht nur überlebt, sondern sich unaufhörlich vermehrt und die Selbstschädigungen offenbar ein *vertretbares Maß* nicht überschreiten. Fest steht, dass es für den Planeten Erde und dessen evolutiven Entwicklungen und Bewahrungen von Biodiversitäten die Rettung wäre, wenn wir Menschen, genauso wie im Falle der Dinosaurier, die auf der Erde ein Gastspiel von einer Dauer von ca. 180 Millionen Jahren hatten, ein vorübergehendes Kapitel darstellen.

Die Auslöschung der allseits beklagten *invasiven Arten* kann also, wie wir gelesen haben, nicht auf eine konkrete Bedrohung des Menschen oder seiner von ihm unterschiedlich hoch oder nicht so hoch bewerteten Pflanzen- oder Tierwelt bezogen werden. Die biodiversen Systeme streben immer nach Harmonie in den Lebensformen und Nahrungsnetzen, allerdings sind die Zeiträume teilweise extrem lang und vom Menschen, entgegen seiner Überzeugung, nicht zu steuern. Alles ist miteinander verwoben, verknüpft, aufeinander abgestimmt und ständig in Bewegung. Von der Natur verursachte Störungen treten im innernatürlichen Bereich immer nur *kurzfristig* auf, die Natur reguliert sich, zuweilen über unüberschaubare Zeiträume, selbst. Albert

Schweitzer erkennt das (Un)Vermögen des Menschen, diese Harmonisierungen, selbst im zwischenmenschlichen Kontext, zu stören:

> Das Unternehmen, allgemeingültige Wertunterschiede zwischen den Leben zu statuieren, läuft darauf hinaus, sie danach zu beurteilen, ob sie uns Menschen nach unserem Empfinden näher oder ferner zu stehen scheinen, was ein ganz subjektiver Maßstab ist. Im Gefolge dieser Unterscheidung kommt dann die Ansicht auf, daß es wertloses Leben gäbe, dessen Schädigung nichts auf sich habe. Unter wertlosem Leben werden dann, je nach Umständen, Arten von Insekten oder primitive Völker verstanden.[117]

Der Mensch betätigt sich aber auch als *Gastgeber*, indem er beispielsweise *Kranichen* und *Störchen* Nistplätze zur Verfügung stellt, als Ausgleichsmaßnahme für die kontinuierliche Versiegelung freier Flächen und Lebensräume zum Zwecke landwirtschaftlicher Ansiedelungen.

Kraniche oder *Störche* sind zwar auch *Invasoren* (=*Gäste,* viele Kranichpaare überwintern inzwischen in Deutschland), aber zunehmend Gegenstand touristischer (=wirtschaftlicher) Interessen, gegebenenfalls auch identitätsstiftend für Landkreise und deren Bewohner. Bleiben sie aus, fehlt etwas, da mit ihnen fest gerechnet wird. Betrachten wir den *Kranich* genauer, so fällt auf, dass er eine prominente Sonderstellung einnimmt, da er als Logo einer deutschen Fluggesellschaft dient, die indirekt an der Gefährdung und Zerstörung von dessen Lebensräumen und Migrationszyklen beteiligt ist. Diesen Umstand sucht sie mit einer

---

[117] Albert Schweitzer, Die Ehrfurcht vor dem Leben - Grundtexte aus fünf Jahrzehnten, Beck München 1991, S. 157

finanziellen Förderung der Organisation *Kranichschutz Deutschland* zu kompensieren, hat diese jedoch 2017 beendet.[118] Weder die Förderung an sich noch die Beendigung der Förderung wurde in der Öffentlichkeit signifikant wahrgenommen. Der Fluggast hat auch kein Interesse daran, zu erfahren, dass die Gesellschaft, mit der er unterwegs ist, als Kompensation zu verstehende Zahlungen leistet, um seinem *Wappentier* Lebensräume zu ermöglichen. Das würde bedeuten, dass der Fluggast vorgehalten bekommt, dass er die Zerstörung der Lebensräume unterstützt, worauf er nicht aufmerksam gemacht werden will. Andererseits haben aber auch Naturschutz- bzw. Vogelschutzverbände das Thema nicht an die Öffentlichkeit gebracht, weil immer dann, wenn die Besucherzahlen der *Kraniche* hoch sind, mitgeteilt werden muss, dass *der Bestand nicht gefährdet* sei; was weder stimmt noch sinnstiftend ist. Hier herrscht offenbar eine unausgesprochene Befürchtung, man könnte so verstanden werden, dass man der Fluggesellschaft eine Art Schuld zuteile, wenn die Kranich-Besucherzahlen abnehmen. Man kritisiert den Förderer der eigenen Projekte nicht. Zudem nutzt ein nicht unerheblicher Teil der Kranich-Beobachtungstouristen in beruflichen oder privaten Zusammenhängen die Fluglinie und macht sich damit für das mögliche Ausbleiben der Kranichzüge angreifbar. All diese Grauzonen der Mitverantwortlichkeiten möchte man nicht zur Sprache bringen, die Freude an der Kranichbeobachtung soll ungetrübt bleiben, die eigenen Anteile an

[118] «Zum Jahresende beendet die Lufthansa Group ihre langjährige, finanzielle Förderung unserer Organisation für die wir sehr dankbar sind», schreibt der Kranichschutz Deutschland auf seiner Webseite. Der Entscheid sei aber «kurzfristig» mitgeteilt worden. Und er sei für die Arbeitsgemeinschaft «existenzbedrohend». Lufthansa hatte die Vogelschutz-Organisation 26 Jahre lang unterstützt. Dies vor allem darum, weil der Kranich ihr Wappentier ist. (https://www.kraniche.de/de/) Stand 11/17

den instabilen Kranichpopulationen ahnt man, Stellung beziehen jedoch wäre eine unsichere Angelegenheit.

Mögen Kraniche inzwischen Verkehrswege von Flugzeugen in ihr Ortungssystem integriert haben, so stellen Flugzeuge, Flughäfen und die damit verbundenen Landschaftsversiegelungen Bedrohungen dar, denen die Tiere sowohl auf ihren Migrationszügen als auch am Boden ausgesetzt sind.

Nicht Kompensation oder Ausgleich ist gefordert, sondern Vermeidung. Eine Kollegin hat mir unlängst mitgeteilt, dass sie auf ihren Flugpreis einer Reise nach *Thailand* eine Kompensationssumme für den individuellen C02-Abdruck bezahlt hat und nun ruhigen Gewissens ihre Reise antreten kann. Diese Reaktion ist eine Bestätigung dafür, dass eine vermeintlich ausgleichende Maßnahme immer eine das Gewissen beruhigende Wirkung zu haben scheint, was wiederum eine Art Freibrief für Zerstörung darstellt. Bei dem geschilderten Beispiel handelt es sich um die bekannte Aufforderung *Calculate and compensate for your C02 Footprint*[119] die ein *tool* der Legitimation des eigenen umweltschädigenden Handelns ist. Würde man nicht umweltschädlich handeln, wäre dieses *tool* nicht notwendig.

Der Tourismusfaktor, wie am Beispiel der *Kranichbeobachtungen* dargestellt, bestätigt den Widerspruch. Werden die Tiere einerseits gepriesen, bewundert und zu den Jahreszeiten, zu denen sie bei uns zu *Gast* sind, zwecks Sichtung aufgesucht, so werden sie andererseits u.a. durch das weitverbreitete menschliche Reiseverhalten gefährdet. Die Erwärmung der Atmosphäre bedingt eine Änderung der Migrationszyklen u.a. auch der *Kraniche*, sodass sie beispielsweise in Deutschland früher eintreffen, ohne dass die lokalen Temperaturen dem Nahrungsbedarf der

---

[119] https://de.myclimate.org/de *(Stand 10/17)*

Tiere entsprechen, was sich wiederum auf das Brutverhalten negativ auswirkt.

Mit der Aussage, dass der *Bestand nicht gefährdet* sei, wird vermittelt, dass man sich um die *Kraniche* nicht zu sorgen bräuchte, man kann also ungehindert und ungeachtet eventueller Gefährdungen weiterhin naturnahe Flächen *kultivieren* und industrielle Produktionskreisläufe optimieren. Eine kontraproduktive Bekanntgabe, die langfristig gesehen das Gegenteil von dem bewirkt, was gemeint sein könnte.

Die Haltung des Menschen gegenüber den *Kulturgütern Storch* und *Kranich* hat vor dem Hintergrund der dargestellten Überlegungen etwas Einseitiges, da der *Verzicht auf die freie Entfaltung* zugunsten der Bewahrung von Lebensräumen und Lebenszyklen bei *Storch* und *Kranich* kaum bis gar nicht in Erwägung gezogen wird. Der globale Flächenverbrauch für industrielle Ansiedelungen, zum Anbau von Tierfutter, sowie die globale Massentierhaltung und damit die überwiegenden menschlichen Ernährungsweisen tragen zu einem großen Teil zu einer massiven Einschränkung der Lebensräume der genannten Zugvögel bei. Der Biologe *Brian Machovina* fasst zusammen:

> The consumption of animal-sourced food products by humans is one of the most powerful negative forces affecting the conservation of terrestrial ecosystems and biological diversity. Livestock production is the single largest driver of habitat loss, and both livestock and feedstock production are increasing in developing tropical countries where the majority of biological diversity resides. The projected land base required by 2050 to support livestock production in several megadiverse countries exceeds 30–50% of their current agricultural areas. Livestock production is also a leading cause of

> climate change, soil loss, water and nutrient pollution, and decreases of apex predators and wild herbivores, compounding pressures on ecosystems and biodiversity.[120]

Machovinas Forschungsergebnisse sind auf die Situation des *Kranichzuges* und seines Aufenthaltes beispielsweise in Brandenburg anwendbar: Dort nimmt der Mais- und Rapsanbau in naturflächengefährdender Weise dermaßen zu, dass die Rückzugs- und Brutgebiete des *Kranichs* immer weiter eingeschränkt werden. Die touristisch motivierte Bezeichnung *Nationalparkdorf* wird zur Farce, wie an folgendem Beispiel abgelesen werden kann: Ist man im südlichen Nationalpark *Unteres Odertal*, vom Landesinneren kommend Richtung Oder unterwegs, so trifft man auf Dörfer, an deren Eingang eine mächtige Holzskulptur mit dem Hinweis *Nationalparkdorf* auffällt. Einige dieser Dörfer, die durch diese Bezeichnung hoffen, ihre Attraktivität zu steigern, sind umgeben von landwirtschaftlichen Flächen ungeheuren Ausmaßes; von geschützter Unberührtheit eines Nationalparks keine Spur. Ursprünglich befand sich die

---

[120] Brian Machovina, *Biodiversity conservation: The key is reducing meat consumption* in *Science of the Total Environment,* www.elsevier.com/locate/scitotenv, 2015
„Der Konsum von tierischen Nahrungsmitteln durch den Menschen stellt einen der stärksten negativen Einflüsse auf die Erhaltung der Ökosysteme unserer Erde und deren biologische Vielfalt dar. In der Viehzuchtproduktion liegt die einzige Ursache für den Verlust von Lebensräumen. Sowohl die Vieh- als auch die Rohstoffproduktion nehmen in den Entwicklungsländern und in den Tropen zu, in denen der Großteil der biologischen Vielfalt lebt. Die Fläche, die bis 2050 zur Unterstützung der Viehzucht in mehreren Megadiversitätsländern benötigt wird, übersteigt 30 bis 50% ihrer derzeitigen landwirtschaftlichen Flächen. Demzufolge ist die Tierproduktion auch eine der Hauptursachen für den Klimawandel, den Bodenverlust, die Wasser- und Nährstoffverschmutzung, sowie den Rückgang der Raubtiere und der wild lebenden Pflanzenfresser sowie für den Druck auf die Ökosysteme und die Biodiversität.“

Nationalparkgrenze unmittelbar hinter diesen Dörfern, wurde durch Verkauf an Landwirte und Umsetzung von landwirtschaftlichen Flächennutzungsplänen immer weiter Richtung Oder verschoben. Durchquert man diese Dörfer, trifft man nach ca. einem bis zwei Kilometern auf das Oderufer, wo dann auch der Nationalpark beginnt. Es steht außer Frage, dass bei bestimmten Windrichtungen die in der Landwirtschaft eingesetzten chemischen *Schädlingsbekämpfungsmittel* auf *invasivste* Weise die Biodiversität des Pflanzen- und Tierreichs des Nationalparks beeinträchtigen.

Diese Zusammenhänge werden den menschlichen Besuchern in der Regel nicht vermittelt, da der Aufenthalt in der *Kranich*-Beobachtungsstation, im *Storchen- oder Nationalparkdorf* nicht geschmälert werden soll.

Der Verdacht liegt nahe, dass die Tiere zu wirtschaftlichen Zwecken instrumentalisiert werden, womit wir wieder bei meiner Ausgangsthese wären, dass es immer um den Menschen, nie um das nichtmenschliche Wesen an sich geht. Besonders auffällig wird dieser menschliche Zentrismus, wenn durch die Begriffe *Kranichland, Storchendorf, Nationalparkdorf* ein bestimmtes, dem Tier zugewandtes Bild vermittelt werden soll, was jedoch vor der Realität, wie wir erkannt haben, keinen Bestand hat.

Ich möchte dieses Kapitel nicht beenden, ohne auf die Vielzahl von Kleinstlebewesen einzugehen, die uns in unserem Alltag begegnen und die wir oft als *Eindringlinge* wahrnehmen.

Im Folgenden eine kurze Gegenüberstellung ausgewählter *Gäste* und deren Bewertung: *Spinnen* lösen Schrecken und Bestürzung aus, *Marienkäfer* Zuneigung und Empathie, *Silberfische* und *Ameisen* werden mit massiven Giften bekämpft, *Maikäfer* dienen als Inspiration für poetische Texte/Lieder, *Tausendfüßler* duldet man und manchmal nicht, *Asseln* werden als *höhere Krebse* klassifiziert und dürfen deshalb nicht vernichtet werden, haben jedoch ein eher trübes Image, für *Motten*, die, wie eine Vielzahl weiterer unscheinbarer Tiere, als *Ungeziefer* kategorisiert werden, gibt es eine nicht im Verhältnis zu der Friedfertigkeit der Tiere stehenden Auswahl an *Vertilgungsmitteln,* obwohl es zahlreiche Möglichkeiten gibt, die Tiere von den Objekten ihrer Begierde wegzulocken. *Fruchtfliegen* muss mit Fallen begegnet werden, *Libellen* gehört unsere ganze Bewunderung.

Eigentlich ist es ganz einfach: Keines dieser Lebewesen bedroht den Menschen in seiner Gesundheit oder Existenz. Werden wir uns der Willkür dieser Bewertungsmuster bewusst und messen wir jedem der genannten Tiere einen Eigenwert bei, so sind wir aufgefordert, diese zu schützen, das Zusammenleben mit ihnen für beide Seiten im Gleichgewicht zu halten und mit diesem Bewusstsein deren grundsätzliches Recht auf Leben anzuerkennen.

Charles Darwins Darstellung von den perfekt aufeinander abgestimmten und uns umgebenden nichtmenschlichen Lebensprozessen verdeutlicht die zu achtenden Gesetze der Biodiversität:

> «It is interesting to contemplate an entangled bank, clothed with many plants of many kinds, with birds singing on the bushes, with various insects flitting about, and with worms crawling through the damp earth, and to reflect that these elaborately constructed forms, so different from each other and dependent on each other in so complex manner, have all produced by laws acting around us.[121]

---

[121] Charles Darwin in *Origin of species* in Edward O. Wilson, *Half Earth,* New York 2016, S. 111
„Es ist faszinierend, eine überwucherte Bank zu betrachten, die mit vielen Pflanzen vieler Arten bekleidet ist, Vögel auf und in Büschen singen, verschie-

Edward O. Wilson stellt die Folgen dar, wenn wir uns als Menschen nicht unserem Status entsprechend verhalten:

> Therein, we can find no species that lives alone. When we allow one species to die, we erase the web of relationships it maintained in life.[122]

Abb. 5

---

dene Insekten umherschwirren, Würmer durch die feuchte Erde kriechen, und darauf hinweisen, dass diese aufwendig aufgebauten Formen so unterschiedlich sind und alle voneinander und in so komplexer Weise voneinander abhängig. Ein Hinweis darauf, dass sie durch Gesetze entstanden sind und leben, die unbemerkt um uns herum wirken."

[122] ebda. S. 106
„Es existiert keine Species, die alleine lebt. Wenn wir eine Spezies vernichten, löschen wir das Beziehungsgeflecht, das sie im Leben erhält."

3. Spurensuche

> Tatsächlich ist der Mensch als einziger (!) Bewohner des Planeten auf der Informations-Arche abgebildet, wohingegen alle pflanzlichen und tierlichen Mitbewohner fehlen.[123]

Die *NASA* hat 1977 mit der Sonde *Voyager* eine Bildplatte mit der im Zitat genannten Information ins All befördert. Diese sehr reduzierte Botschaft stellt eine Entlarvung der in den vorangegangenen Kapiteln geschilderten menschlichen Haltung gegenüber seinen nichtmenschlichen Mitgeschöpfen par excellence dar. Dem ist nichts mehr hinzuzufügen außer die lakonische Feststellung, dass alles nichtmenschliche Leben ausschließlich im Sinne menschlicher Ordnung zu leben hat und als eigenständiges Leben nicht zählt. Es wird mit dieser *Ikonographie*, bzw. *Symbolik* klargestellt, wer hier die Macht und damit das Sagen hat. In der Tat: Insofern ist die Darstellung von nichtmenschlichen Organismen komplett überflüssig. Gleichzeitig aber werden im All Spuren von – nichtmenschlichem (sic!) – Leben gesucht und die Frage stellt sich, warum?

Im Rahmen eines Aufenthaltes im *European Southern Observatory (ESO)* in der Atacama Wüste in Chile erfuhr ich von den dort arbeitenden Astronomen, dass es ihnen neben der Ressourcen-strapazierenden Datenverarbeitung nur darum geht, extraterrestrisches Leben zu entdecken. Auf meine Frage, was der tiefere Sinn dieses archäologischen Unterfangens sei, wurde mir geantwortet, dass man hoffe, mehr über die Vergangenheit des Menschen zu erfahren und sich sogar das Rätsel der Herkunft

---

[123] Klaus Meyer-Abich, *Praktische Naturphilosophie. Erinnerung an einen vergessenen Traum*, München 1997, S.11 in Rainer Hagencord, *Diesseits von Eden-Verhaltensbiologische und theologische Argumente für eine neue Sicht der Tiere,* Regensburg 2009, S. 43

des Lebens auf der Erde lösen ließe. Schließlich ist der Blick ins All keiner in die Zukunft, sondern einer in die Vergangenheit. Ich bezweifle, dass, wenn man Erfolg mit dieser Spurensuche hat, diese Erkenntnisse zu einer den nichtmenschlichen Lebewesen zugewandten Sicht- und Lebensweise führt. Aber darum geht es den Wissenschaftlern nicht. Es geht um das wissenschaftliche Begreifen des Ursprungs der Menschheit, das für die weiteren Vorgehensweisen im Umgang mit dem Planeten Erde eher von minderer Bedeutung ist; also ein anthropozentrisches Selbstzweck-Unternehmen. Selbst wenn man auf extraterrestrisches Leben stoßen würde, wäre eine behutsame, nicht ausbeuterische Haltung, mit diesem *Leben* umzugehen, eher Vision als Realität.[124]

Wir haben die Erfahrung im zwischenmenschlichen Bereich bereits mit Personen wie *Abel Tasman* oder *James Cook* gemacht, die nicht etwa an den Landstrichen und deren Lebenswelten, die sie angesegelt haben, interessiert waren, sondern an der Vernichtung, Annektion und Ausbeutung dessen, was sie vorfanden.

Gehen wir ca. 4000 Jahre zurück, begegnet uns der *Gilgamesch-Epos*, ein Paradebeispiel für radikalste Abholzungsmaßnahmen zum Zwecke der Machtsicherung.

Die Zedernurwälder des Libanon wurden vor rund 4000 Jahren abgeholzt, das Holz mit Hilfe von unzähligen Zugtieren vom Libanon bis ins südliche Mesopotanien (ca. 2500 Kilometer entfernt, heutiger Irak) transportiert, um Paläste und Tempel zu bauen oder weiter verschifft zu werden, wie ein Ausschnitt aus dem *Gilgamesch-Epos* deutlich macht:

> Mein Freund, Chumbaba, den Wächter des Zedernwaldes, zermalme ihn, töte ihn, bring ihn zum Schwei-

[124] Siehe auch Kap. 3.1 *Das Tier in der Theologie*

> gen! Gilgamesch, verschone mein Leben, für Dich will ich wohnen im Zedernwald. Bäume, soviele Du befiehlst, will ich Dir schlagen.
> Mein Freund, eine hochgewachsene Zeder haben wir geschlagen, deren Wipfel den Himmel streifte. (Daraus) zimmere ich eine Tür von sechs Ruten Höhe, zwei Ruten Breite. Eine (ganze) Elle ist sie dick, ihr Drehbalken und die obere und untere Angel sind aus einem Stück. Nach Nippur möge (sie) der Euphrat tragen und der Tempel von Nippur soll sich drüber freuen!
> Sie banden ein Floß zusammen, legten darauf die Tür. Enkidu hielt das Steuerruder...und Gilgamesch das Haupt des Chumbaba.[125]

Der zitierte Text gibt einen Dialog zwischen *Enkidu*, dem Diener und Freund des Herrschers und Königs von Mesopotanien, *Gilgamesch*, wieder. Es wird beschrieben, wie letzterer ein dort lebendes, offenbar Furcht auslösendes *Wildtier* mit dem Namen *Chumbaba* (vermutlich ein Vertreter einer in diesen Gebieten ansässigen, in Folge der Rodung ausgestorbenen Löwenart) vernichtet, um *Enkidu* zu ermöglichen, den Wald abzuholzen. Der Transport (mit Trophäe!) nach *Nippur* (im 3. Jahrtausend vor unserer Zeitrechnung das religiöse Zentrum der Sumerer) erfolgte zu Land und zu Wasser auf dem *Euphrat.* In *Nippur* bildeten die Tempel den Reichtum und die Macht der Sumerer ab. Eine Widersprüchlichkeit gegenüber der Destruktion der Urnatur, wie sie schon häufig in meinem Erfahrungsbericht Thema war, begegnet uns auch hier: die *Bewunderung*. Es ist von einer Zeder die Rede, deren Wipfel den Himmel streift. Eine

[125] *Das Gilgamesch-Epos* in der ninivitischen Version, Tafel V, in *Das Gilgamesch-Epos*, Reclam Stuttgart, 2009, S. 67/68.

Bewunderung ausdrückende Beschreibung und dennoch ohne Folgen. In der Regel schützt man das, was man bewundert, aber wie so oft folgt der Mensch einem Zerstörungszwang und vernichtet das, was er schätzt, wie am Beispiel von Brand- und maschinellen Rodungen in Regenwaldgebieten bereits erläutert. Fünftausend Jahre später hat sich nichts geändert, im 21. Jahrhundert steigt Polens wirtschaftliche Bedeutung durch den Export wertvoller Hölzer aus dem einheimischen (*eigentlich* durch EU-Richtlinien geschützten) Urwald *Bialowieza* im europäischen Markt.[126] Ähnliche Beispiele aus den Regenwaldgebieten Sumatras und Amazonas brauchen hier nicht erwähnt zu werden, sie sind hinreichend bekannt. In Ägypten wurden aufgrund des hohen Elfenbeinwertes im 8. Jahrhundert vor unserer Zeitrechnung die letzten dort lebenden afrikanischen Elefanten ausgerottet, das *Mammuth* war zu diesem Zeitpunkt schon längst u.a. durch anwachsende Jagdtätigkeit des Menschen ausgestorben. In allen diesen geschilderten Fällen, die sich perlenkettenartig über die letzten Jahrtausende bis ins 21. Jahrhundert in simultanen, also räumlichen Ereignissen – vergleichbar mit einem Jahrtausend altem destruktiven Hologramm –, sind die Leidtragenden in erster Linie unsere nichtmenschlichen Mitbewohner.

Warum hat die allgemeine Überzeugung, der Mensch sei in seinem Dasein der einzig Wahre und Wichtige, eine derart auffällige, jedoch von einem sehr engen Horizont geprägte Grenzenlosigkeit. Es scheint wie ein Paradoxon, dem ich in den folgenden Kapiteln auf die Spur kommen möchte. Zuvor jedoch ein Blick in die Szene der Unterhaltungsmagazine, in denen sich Spuren (-elemente) von Bewusstseinsbildung finden lassen, die auf das soeben erwähnte Paradoxon ungewollt hinweisen, wenn nicht sogar dieses ungeschminkt abbilden.

---

[126] http://www.pro-regenwald.de/news/2017/04/30/ EU_droht_Polen_ wegen_Bialowieza (Stand 02/20)

Unlängst war eine Ausgabe der Zeitschrift *DB mobil* der Ausrottung der Arten gewidmet. Es ist zunächst einmal hoch einzuschätzen, dass sich ein Magazin mit einer außergewöhnlich hohen Reichweite diesem relativ unbequemen Thema annimmt. Also bestand die Aufgabe der Redaktion an die Autoren darin, das Thema kundenzugewandt aufzubereiten. Mit *mahnenden Zeigefingern* oder kritischen Kommentaren zur allgemeinen *Nach uns die Sintflut*-Mentalität würde das Magazin die Sympathie der mit der Bahn reisenden Leserschaft auf‘s Spiel setzen.

Die Kernaussage des umfangreichen Artikels lag in einer generellen Beklagung der Verschwindens der Arten durch den Menschen. Dabei wurde *der Mensch* sprachlich und stilistisch, journalistisch geschickt, in einen von ihm selbst seltsam anmutenden abgetrennten, bzw. abgespaltenen Kontext gestellt, fast schon mit der Aura eines ihm fremden Wesens umgeben, sodass man nicht in die Gefahr kam, darüber nachzudenken, ob man als Leser an dem aktuellen Artensterben eventuell selbst als Mensch beteiligt sein könnte, während die landschaftliche Idylle an uns vorbeifliegt. Folgendes Beispiel belegt meine Beobachtung:

> Seit Menschengedenken durchstreifte das Quagga (eine Seitenlinie des Zebras, Anm. des Autors) die südafrikanische Savanne. Dann kamen die europäischen Siedler. Farmer befürchteten, die Quaggaherden würden ihren Rindern das Gras wegfressen. Trophäensammler fanden Gefallen am gestreiften Fell. Wilderer hatten es auf das Fleisch abgesehen. Seit 1883 gibt es keine lebenden Quaggas mehr.[127]

Nicht nur, dass diese Ereignisse im vorletzten Jahrhundert stattfanden, sondern auch die genannten Protagonisten ermöglichen

[127] Christina Henning, *Ich war einmal* in *DB mobil* 11/2018, S. 44

es der Leserschaft, sich nicht angesprochen zu fühlen. Parallelen zu aktuellen Wildereraktivitäten werden zwar nicht genannt, sind aber auch zu weit entfernt, als dass sie den *Lesegenuss,* der durch poetische und illustrative Fotos ausgestopfter ausgerotteter Tiere unterstützt wird, eintrüben. Sätze wie …

> Wenn Arten verschwinden, ist das zunächst nichts Unnatürliches.
> Zugleich entstehen neue Arten, die oft besser an gewandelte Verhältnisse angepasst sind.
> Viel spricht dafür, dass längst ein sechstes Massensterben begonnen hat, diesmal vom Menschen verursacht.[128]

… erzielen lediglich gewissensberuhigende Wirkung. Selbst der letztzitierte Satz löst mit an Sicherheit grenzender Wahrscheinlichkeit keine besondere Reaktion, bis auf ein vorübergehendes Unwohlsein, aus, da man, in der Bahn sitzend, direkt nichts mit diesem *Massensterben* zu tun hat.

Der Mensch holzt Wälder ab, er vergiftet Böden und Gewässer und löscht damit Biotope aus. Wenn sich nichts ändert, erwarten Wissenschaftler den sogenannten Tipping Point. Er bezeichnet den Moment, in dem das bestehende System kippt. Der Mensch könnte diese Entwicklung nicht mehr aufhalten – und käme seiner eigenen Ausrottung näher.[129]

Es ist in diesem Artikel von der anonymen Masse *Mensch* die Rede, selbst *Wissenschaftler* werden nicht näher definiert. An dieser Anonymisierung kann abgelesen werden, wie bedrohlich die Vorstellung sein muss, dass der drohende Untergang des

[128] ebda. S. 44
[129] ebda. S. 46

menschlichen und nicht menschlichen Lebens irgendetwas mit dem Selbst zu tun hat. Das würde bedeuten, dass, wenn man nicht selbst sofort Maßnahmen ergreift, eine Schuld auf sich lädt, an diesem Untergang beteiligt zu sein, was nicht aushaltbar wäre. Also wählt man lieber die reichhaltig vorhandenen Abwehrmechanismen und begibt sich auf eine von dem *Menschsein* weit entfernte Beobachterposition. Aber man ist *Mensch*, wenn man das liest, also an den geschilderten Ausrottungen und Zerstörungen beteiligt.

In einem weiteren Artikel in der erwähnten Ausgabe findet sich folgender Abschnitt:

> Die Tierrechtsaktivistinnen Julia Weibel und Simone Sommerfeld stehen neben einem grünen Transporter. „Tiertransporte sind Höllenfahrten", sagt Weibel. Das müsse Konsumenten klar sein, wenn sie tierische Produkte konsumieren.[130]

Während ich das lese, erfolgt seitens des DB-Kundenbetreuers im ICE von Hamburg nach Berlin die herzliche Einladung in den Speisewagen, in dem ein *leckeres Zürcher Geschnetzeltes vom Schwein* zum Verzehr bereitsteht. Es ist anzunehmen, dass die dafür geschlachteten Tiere Transportwege hinter sich bringen mussten, bevor sie getötet wurden. Noch absurder geht es nicht. Zunächst einmal frage ich mich beim Lesen des Artikels, wer denn die *Konsumenten* sind, von denen hier die Rede ist, und zweitens steht mir der Widerspruch zwischen dem eben gelesenen Hinweis und der Einladung in den Speisewagen glasklar in seiner Unmöglichkeit der Auflösung vor Augen. Der Artikel widmet sich im weiteren Verlauf dem Selbstversuch: Die Aktivistinnen haben Bürger aufgefordert, sich in einen ausge-

[130] Greta Taubert, *Armes Schwein*, in *DB mobil* 11/2018, S. 52

dienten Tiertransporter zu begeben, um ein Gefühl für die Situation der dort transportierten Tiere zu bekommen. Der Teilnehmende an dem Selbstversuch kann diesen jederzeit abbrechen – die Tiere nicht – und der Leser kann, wenn er genug hat, das Magazin weglegen und sich an der vorbeiziehenden Landschaft oder am Speisewagenangebot erfreuen.

Mein Fazit aus dieser Erfahrung: Hätte ich eine Umfrage gemacht, wer sich aufgrund des Artikels dazu entscheidet, in Zukunft auf Fleisch zu verzichten, bzw. der Einladung in den Speisewagen aufgrund eines Bewusstseins-Flashs keine Folge leistet, hätte sich das Ergebnis mit meiner Erwartung gedeckt: *Null.* Hätte ich eine Umfrage gestartet, wer von dem Artikel innerlich berührt oder betroffen gestimmt wird, wäre das Ergebnis weitaus positiver ausgefallen. Wahrscheinlich hätte sich die Mehrheit betroffen gezeigt. Mit der Betroffenheit ist es für den überwiegenden Teil der Leserschaft, bzw. der *Konsumenten* bereits getan. Eine Veranlassung zu spüren, aufgrund der eigenen Betroffenheit aktiv zu werden, verlangt wahrscheinlich ein Empathiemaß, das nicht geleistet werden kann.

Die Redaktion der *DB mobil* hat ihr Ziel erreicht: Das Entertainment-Konzept mit einem *betroffen machenden* Thema ist aufgegangen. Die Anonymisierung der *Masse Mensch* verhindert die Infragestellung des eigenen Lebenswandels und damit auch eventuelle Gewissensfragen. Gleichzeitig rückt das Magazin in greifbare Nähe des Tier- und Umweltaktivismus und erschließt eine weitere gesellschaftliche Gruppierung, die dem Magazin bisher eher gleichgültig gegenüberstand.

Wir kennen diese Form der medialen Aufmerksamkeit, die eher quoten-, als Inhaltsgesteuert ist, aus der Tagespresse, noch schlimmer, aus propagandistischen Kontexten, innerhalb derer es um selbstgerechte Scheinbekenntnisse geht, aber nicht um selbstkritische Betrachtung des eigenen Daseins in ethischem Sinne.

Wie wir im weiteren Verlauf dieses Kapitels sehen werden, haben wir es in religiösen Zusammenhängen mit dem gleichen Phänomen zu tun.

Abb. 6

3.2 Das Tier in der Theologie

> Seid fruchtbar und vermehrt euch, bevölkert die Erde, unterwerft sie euch und herrscht über die Fische des Meeres, über die Vögel des Himmels und über alle Tiere, die sich auf dem Land regen.[131]

> Und es ward ausgeworfen der große Drache, die alte Schlange, die da heißt der Teufel und Satanas, der die ganze Welt verführt, und ward geworfen auf die Erde, und seine Engel wurden auch dahin geworfen.[132]

Diese Zitate aus dem *Alten Testament,* die uns Menschen offenkundig auffordern, nichtmenschliche Wesen zu domestizieren, zu zähmen, zu unterwerfen, sind nicht unbekannt; wir haben einen *Herrschaftsauftrag* erhalten.

Dieser Herrschaftsauftrag hat jedoch gemäß der korrekten Übersetzung aus dem Griechischen eine andere Bedeutung. Der Begriff des *Herrschens* ist in der hebräischen Urfassung, nicht als absolutistische Anweisung zu verstehen, die als Legitimation der Ausbeutung dient. Vielmehr begegnet uns der Begriff des *Herrschens* als eine Metapher, aus der hervorgeht, dass wir als Menschen eine Verantwortung gegenüber dem Schwachen und Schützenswerten haben.[133] *Herrschen* ist also gleichbedeutend mit einem *Auftrag, zu schützen.* Durch die uns zugeteilte *Autorität* alles Lebendige zu schützen, wird die Vermehrung allen Lebens ermöglicht.[134]

---

[131] Altes Testament *Genesis 1,28*

[132] Offenbarung 12.9, Lutherbibel 1912

[133] *Radah* , hebräisch für *herrschen:der gute hütende, die Herde beschützende Hirte*

[134] Die ***auctoritas*** (Ursprung des Wortes ***Autorität*** im Lateinischen) wirkte überall dort als regulierende Entscheidungsgrundlage, wo es keine juristischen

Aber verhält es sich nicht so, dass der Mensch auch Macht ausübt, indem er schützt, da das geschützte Wesen in dem Falle von uns Menschen abhängig ist? Dieser Verführung scheint der Mensch erlegen zu sein, um seine ausbeuterischen Aktivitäten rechtfertigen zu können: Ich schütze das Schwache, also bin ich ein guter Mensch. Die Schafe sind schwach und müssen vor dem Bösen (beispielsweise dem *Wolf*) geschützt werden. Schon bietet die christliche Lehre eine Legitimation, den Wolf zu vernichten, ohne dass die Ausübenden in einen Konflikt mit dem Auftrag des Herrn kommen.

Mit dieser Klassifizierung des Tieres zum *schwachen Wesen* wird der menschliche Einfluss auf evolutive Prozesse gerechtfertigt. Der Mensch legt sich die Aufgabe des Schützens der seiner Interpretation nach Schwachen zu. Dazu finden wir in der Parabel *Der gute Hirte* im *neuen Testament* bei *Johannes* eine weitere Metapher:

> Ein Dieb kommt nur, um zu stehlen, zu schlachten und umzubringen. Ich bin gekommen, damit sie das Leben haben und volle Genüge.
> Ich bin der gute Hirte. Der gute Hirte lässt sein Leben für die Schafe.
> Der Mietling, der nicht Hirte ist, dem die Schafe nicht gehören, sieht den Wolf kommen und verlässt die Schafe und flieht – und der Wolf stürzt sich auf die Schafe und zerstreut sie.[135]

Hier handelt es sich um eine symbolische Deutung, in der es um den guten Hirten *Jesus Christus* geht, der sein Leben für die

---

Maßstäbe gab. Das griechische Wort ***auxano*** (Ursprung des Wortes ***Autorität*** im Griechischen) bedeutet *Wachsen, Vermehren.*

[135] Neues Testament *Johannes 10,* Lutherbibel 1912

Menschheit ließ. Kaum anzunehmen, dass der *gute Hirte* sich, um seine Schafe zu retten, dem Wolf zum Fraß anbietet. Im echten Leben wird der Wolf ausgelöscht und dies mit wirtschaftlichen Einbußen begründet. Nehmen wir jedoch die Parabel bei ihrer ursprünglichen Bedeutung, so wird gegen den Wolf nicht konkret vorgegangen, sondern ein Tatbestand beschrieben; als Folge einer von Angst genährten Unachtsamkeit. Somit haben wir es hier eher mit einer Aufforderung zur schützenden (mutigen) Achtsamkeit als mit der Vernichtung des *Feindes Wolf* zu tun. Allerdings hat sowohl der Mut, den *Jesus Christus* bewies, als auch der starke Glaube an das Gute letzthin zu seiner Ermordung geführt. Uns erinnert dieses Ereignis an Gottes Verzweiflung an der Destruktion des Menschen, die ihn dazu veranlasste, eine Sintflut über die Erde zu schicken, um alles Lebendige auszulöschen; leider auch die nichtmenschliche Welt. Oder befand sich die zu diesem Zeitpunkt noch im Paradies, das verschont geblieben ist? Wohl nicht, sonst hätte die Arche Noah nicht einige Tiere aufnehmen können; aber dazu später.

Laut des Schöpfungsbegriffs muss der Wolf geschützt werden, da es sich bei ihm um ein *Mitgeschöpf* handelt. Aber insbesondere die *Christlich-Demokratische Union* macht sich sehr dafür stark, dass wieder Abschussraten für den Wolf eingeführt werden. Das ist darauf zurückzuführen, dass es unter den Parteimitgliedern eine hohe Anzahl von Jägern gibt, die mit Leidenschaft Tiere erlegen und es wahrscheinlich als besondere Herausforderung betrachten, Wölfe, also *Feinde,* ins Visier zu nehmen. Hier wird die biblische Haltung gegenüber unseren Mitgeschöpfen, ganz im Gegensatz zu anderen Themen, nicht allzu ernst genommen. Stattdessen werden Nahrungsketten und evolutive Prozesse ge- und zerstört.

Der *Herrschaftsauftrag* ist in seiner ursprünglichen Form als etwas *Lebensbejahendes* zu verstehen: Das Vermehren *schwa-*

cher Wesen kann nur stattfinden, wenn sie *geschützt* werden. Das gilt für Pflanzen und für Tiere. *Ausbeutung, Gefangennahme* und *Haltung* sind somit ausgeschlossen, im *Lassen* und im Akzeptieren des *So Seins* liegt der originäre Kern des Auftrags, es gilt die Formel *lassen=schützen*. Durch die inkorrekten und sehr unterschiedlichen Übersetzungen allerdings türmen sich inzwischen Widersprüche auf, die dazu führen, dass das Vernichten von Lebewesen in unaufhaltsamem Maße durch Missinterpretation (oder *gewollte* Interpretation?) des *Herrschaftsauftrages* legitimiert ist. Es hat fast den Anschein, dass der Mensch den Auftrag als Aufforderung zur *Lebensverneinung* auffasst, ihn also in sein komplettes Gegenteil kehrt. Wir finden in der Bibel diese Widersprüche teilweise bestätigt, ist sie doch in nicht wenigen Passagen an Mehrdeutigkeit nicht zu übertreffen, wie wir an dem Bild der *Schlange*, das überwiegend im *Alten Testament* gezeigt wird, erkennen können.

Die *Schlange* bedarf offenbar keines besonderen Schutzes, sie stellt die Verkörperung des *Teufels*, also des *Bösen*, schlechthin dar, was uns mehrmals wiederbegegnen wird.

Diese zielgerichtete *Etikettierung* eines Tieres ist im Rahmen der biblischen Schilderungen der Ereignisse im *Paradies* zu entdecken: Die *Schlange* überredet bekanntermaßen *Adam* und *Eva,* vom *Baum der Erkenntnis von Gut und Böse,* genauer gesagt, die *verbotene Frucht*, zu essen[136], was als Missachtung von *Gottes Geboten* bewertet wird. Der als *Schlange* getarnte *Satan* verleitete die ersten Menschen zur Auflehnung gegen Gott und dessen Gebote, war also ein Unruhestifter. Gott kündigte daraufhin den Kampf zwischen Gott und Satan und dem jeweiligen Nachkommen an, eine Art Wettbewerb um Leben und Tod. Im *Neuen Testament* hingegen finden wir eine Art Rehabilitation

[136] Genesis 2.17, Lutherbibel 1912

der *Schlange*, die jedoch keine weiteren (positiven) Folgen nach sich zieht:

> „Denkt daran, ich schicke euch wie Schafe mitten unter die Wölfe. Seid klug wie Schlangen, doch frei von Hinterlist wie die Tauben. Nehmt Euch in Acht vor den Menschen! Denn sie werden Euch vor die Gerichte zerren und in ihren Synagogen auspeitschen."[137]

Interessant an diesem Zitat ist die Warnung vor dem Menschen. Wird im *Alten Testament* noch vor dem *Teufel* in Form der *Schlange* gewarnt, so soll man sich im *Neuen Testament* vor seinesgleichen in Acht nehmen. Genauer betrachtet gelten alle die, die sich nicht zu *Schafen* Gottes zählen, als *Wölfe*. Die *Wölfe* werden hier in die Nähe des *Satans* gerückt, die *Schlange* wegen ihrer Klugheit gepriesen. Die Taube als der *Heilige Geist* identifiziert, sie wird aus der *Arche Noah* geschickt wird, um Erkundigungen einzuholen, und kehrt mit einem Ölzweig zurück, der das beginnende Leben außerhalb der Arche symbolisiert. *Jesus* warnt seine *Jünger* vor menschlichen Feinden und erklärt ausgewählte Tiere zu Leitbildern.

Die *Weisheit* der Schlange (*Neues Testament*) kommt jedoch gegen die Prägung der *Schlange* als Ur-*Satan* (*Altes Testament*) nicht an, was an dem Gebrauch des Schimpfwortes *Schlange* abzulesen ist. Das allgemeine Image der *Schlange* ist also nicht besonders positiv.

Ein Grund dafür, dass sich die alttestamentarische Bewertung der Tiere und des Verhältnisses des Menschen zu den Tieren gehalten hat, liegt in der Tatsache, dass es in den vorchristlichen Schriften überwiegend um Macht und Besitz ging; zwei mit dem Wesen des Menschen engstens verbundene Verhaltensweisen.

[137] Matthäus 10.16

Zwar begegnen uns im *Neuen Testament* altruistische und selbstlose Verhaltens- und Denkweisen, die teilweise die selbst- und machtbezogenen Inhalte des Alten Testaments relativieren, sie sind aber nie auf das nichtmenschliche Reich bezogen.

Bei der erwähnten verbotenen Frucht handelt es sich um einen *Apfel*, der in seiner lateinischen Übersetzung *malum* mit der lateinischen Übersetzung von *schlecht* = *malus* korrespondiert, was dem ganzen Ereignis etwas sehr Bedrohliches verleiht. Auf die von der *Schlange* (=Verführung) inszenierte Sünde folgt die Vertreibung der beiden Menschen aus dem *Paradies*, die Tiere und Pflanzen hingegen *durften* bleiben. In diesem zum biodiversen Schutzgebiet erklärten Paradies konnten sich die Angehörigen des nichtmenschlichen Reichs ungestört ihrem *Sein* und ihrem Streben nach harmonischem Miteinander widmen, während der Mensch für seine *irdischen* Bedürfnisse (und Sünden) bestraft worden ist und fortan dem Auftrag Folge leisten muss, in Selbstbestimmung zu leben und Gott zu dienen. Mit der Sintflut war jedoch auch Schluss mit dem Paradies für das nichtmenschliche Reich, die nichtmenschlichen Wesen mussten schon zu alttestamentarischer Zeit für die Sünden von uns Menschen mitbüßen. Dieses *In Mitleidenschaft ziehen* scheint ein Urprinzip des Verhältnisses des Menschen zum nichtmenschlichen Wesen zu sein.

Die Auflehnung gegen *Gott* ist gescheitert, es gibt kein Zurück mehr, der Mensch muss fortan mit sich selbst klarkommen. Darin eine tiefe Schmach und gleichzeitig eine hohe Anforderung zu erkennen, liegt nahe. Für sich selbst Verantwortung zu übernehmen gelingt nicht, die nichtmenschliche Welt muss für die menschliche Unzulänglichkeit büßen, indem sie unterworfen und massiv ver-, ge- und zerstört wird. Dieses *Büßen Müssen* hat nie ein Ende, also hat die Destruktion ebenfalls nie ein Ende, weil sie fortwährend *gefüttert* werden muss. Hier herrscht ein untrennbarer Zusammenhang von *Buße, Verzweiflung* und *Destruktion.* Die *Liebe,* bzw. *das Gute* hingegen genügt sich selbst, ist vor dem geschilderten Hintergrund nur schwer zu ertragen, geschweige denn umzusetzen.

Hinzu kommt, dass der vertriebene Mensch mit dieser Schmach der Tier- und Pflanzenwelt die *Urschuld* an seinem eigenen Dilemma gegeben hat, weil ihn der Auftrag seiner *Selbstbestimmung* und *Gottesbezogenheit* hoffnungslos überfordert und deshalb von ihm nicht zu bewältigen ist. Der Neid auf die Natur, die sich in ihrem nach Harmonie und Ausgeglichenheit strebenden Zustand selbst genügt, muss unermesslich sein. Der Mensch sieht also keine andere Lösung als die Unterwerfung und Kontrolle alles *Nichtmenschlichen*, um nicht selbst unterzugehen. Das Paradies ist verloren, die dort noch Verweilenden müssen fortwährend bestraft werden. Gleichzeitig ist aber auch eine tiefe menschliche Sehnsucht nach *Liebe* und *Harmonie* zu verzeichnen, die sich als unerreichbarer *Griff nach den Sternen* entpuppt. Hier treten die ersten die Tiere vermenschlichenden Wunschvorstellungen auf, wie der Priester und Leiter des *Theologischen Instituts für Zoologie* in Münster feststellt:

> Schon Jesaja sah die Erfüllung dieser Sehnsucht in Ochs und Esel verkörpert.[138]

Ganz im Sinne *Jesajas* ...

> Da wird der Wolf beim Lamm wohnen und der Panther beim Böcklein lagern. Kalb und Löwe werden miteinander grasen, und ein kleiner Knabe wird sie lei-

[138] Rainer Hagencord, *Diesseits von Eden-Verhaltensbiologische und theologische Argumente für eine neue Sicht der Tiere,* Regensburg 2009, S. 27

ten.[139]

... besitzt das *Theologische Institut für Zoologie Münster* beispielsweise Esel, die die *Mitgeschöpflichkeit* erfahrbar machen sollen:

> Im Haus Mariengrund haben das Institut für Theologische Zoologie und ihre Esel Freddy und Fridolin ihren Wirk- und Lebensort gefunden. Hier werden Formate angeboten, die die Theologische Zoologie vermitteln und erfahrbar machen.[140]

Bei *Jesaja* übernimmt die *Leitung* ein *Knabe*, in dem genannten Institut Mitarbeiter. Es stellt sich die Frage, warum freie Lebewesen überhaupt *geleitet* werden müssen.

In diesen *Formaten* verschafft sich der Mensch eine Aufgabe, die ihm erstens nicht zusteht und die zweitens nicht benötigt wird. Es steht außer Frage, dass die auf dem eingezäunten Weidegebiet des Instituts lebenden Esel angemessen behandelt und versorgt werden, aber sie sind nichtsdestotrotz *Gefangene*. Meines Erachtens kann die *Mitgeschöpflichkeit,* die laut des Leiters des Instituts *Rainer Hagencord* vermittelt und erfahren werden soll, in der letzten Konsequenz nur durch *Sein Lassen* und *Beobachtungen* in freien Lebensräumen, also im *nicht menschlichen Kontext*, vermittelt werden. Lebewesen in Gefangenschaft sind keine *Mitgeschöpfe*, sondern Mitglieder von Zwangsgemeinschaften. Schon die auf der Institutswebsite fehlenden Informationen, wo die Tiere herkommen und unter welchen Umständen sie transportiert wurden, vermittelt den Eindruck, dass es letzt-

---

[139] Jesaja 11,6, Lutherbibel (NT)

[140] https://www.theologische-zoologie.de (Stand 12/18)

hin nicht um die Tiere, sondern um *Anschauungsobjekte* geht; sie sind eben da.

In *Jesajas* Vision finden wir ein komplett unnatürliches Zusammenleben der unterschiedlichsten Wesen, womit Nahrungsketten und -netze völlig negiert werden. Würden die *Institutsesel* von Wölfen, die angesiedelt werden, um Nahrungsketten zu harmonisieren, gefressen werden, würde die menschliche Definition der *Mitgeschöpflichkeit* höchstwahrscheinlich ins Wanken geraten, obwohl gerade in diesem Szenario die Biodiversität und das menschliche Verstehen nichtmenschlicher Kreisläufe gestärkt werden würden, was wiederum ein offensichtliches Anliegen des Instituts ist. Aber auch hier muss eingeräumt werden, dass es die *gebietsfremden* Esel ohne die menschliche Initiative dort nicht gäbe. Der *Wolf* hingegen würde wieder angesiedelt, weil er in diesen Gegenden einmal heimisch war. Mein erfundenes Szenario würde letztendlich auf das Konto des *den Tieren zugewandten* Theologischen Instituts für Zoologie gehen. Die Widersprüchlichkeit zwischen der Lehre und der Realität in der *Haltung* von Tieren wird hier besonders deutlich.

Aus dem Jesaja-Zitat können wir erkennen, dass es der Mensch nicht lassen kann, in die Tierwelt einzugreifen: Das *Raubtier* wird *gezähmt* und zudem *gehütet,* die Gefahr ist gebannt und der Mensch behält die Kontrolle, obwohl, und das ist das Paradoxe und zugleich Doppelbödige an der Szenerie, diese Kontrolle aufgrund des geschilderten Friedens gar nicht erforderlich ist. Oder besteht etwa die Gefahr, dass sich doch Instinkte regen, die zu Kampf und Streit führen? Und wird dann der *Knabe* taugen, diese zu schlichten? Oder haben wir es mit einer versteckten Verharmlosung von tierlichen Instinkten zu tun, sodass lediglich ein *Knabe* vonnöten ist, der Situation *Herr* zu werden? Die aufkommenden Fragen können nicht eindeutig beantwortet werden, mit Sicherheit kann nur gesagt werden, dass der geschilderten

Szene bei *Jesaja* und der Eselhaltung am *Institut für Theologie* eine menschliche *Herrschaftshandlung* nicht abzusprechen ist.

Meine theologische Spurensuche möchte ich nicht beenden, ohne auf die *Arche Noah* und ihren Kontext zu sprechen zu kommen. Es ist bekannt, dass der überwiegende Teil der Menschheit und Tierwelt in einer *Sintflut* ertrunken ist, weil *Gott alles Fleisch* als *verderbt* bezeichnet hat und nur eine Handvoll menschlicher und nichtmenschlicher Lebewesen verschont ließ, er hatte sozusagen *genug* von dem menschlichen Zwang, zerstören zu müssen. Eigenartig mutet an, dass er das *gesamte* Leben, auch das nichtmenschliche, das auf der Erde lebt, vernichten will. Dabei ist es der Mensch, der Gott erzürnt. An diesem tiefen Widerspruch kann man erkennen, dass sich diese Erzählungen Menschen ausgedacht haben, deren Verhältnis zum Tier offenbar bereits vor ca. 4000 Jahren von Macht und Kontrollsucht geprägt war. Auf der Arche werden die Tiere auch als Nahrungsmittel gedient haben.

> ... und er sprach: Ich will die Menschen, die ich gemacht habe, vertilgen von der Erde, vom Menschen an bis auf das Vieh und bis auf das Gewürm und bis auf die Vögel unter dem Himmel; denn es reut mich, daß ich sie gemacht habe
> Da sah Gott auf die Erde, und siehe, sie war verderbt; denn alles Fleisch hatte seinen Weg verderbt auf Erden.[141]

> Da ging alles Fleisch unter, das auf Erden kriecht, an Vögeln, an Vieh, an Tieren und an allem, was sich regt auf Erden, und alle Menschen.[142]

[141] Genesis 6.7, Lutherbibel 1912
[142] Genesis 7.21, Lutherbibel 1912

Hier wird also die nichtmenschliche Welt in Mitleidenschaft gezogen, sie darf es nicht besser haben als der Mensch und muss mit untergehen. Das Paradies hat ihr dann letzthin doch keinen Schutzstatus garantiert.

Man könnte in der *Arche* ein Modell des friedlichen Zusammenlebens von menschlichen und nichtmenschlichen Wesen vermuten, wären da nicht erstens die Kategorisierung in *reine* und *unreine* Tiere, die *Brandopfer*, die Noah nach der Sintflut in Form von *reinen Tieren* und *Vögeln* Gott darbot[143], sowie folgende Aufforderung, als die Erde wieder getrocknet war:

> Furcht und Schrecken vor euch sei über allen Tieren auf Erden und über allen Vögeln unter dem Himmel, über allem, was auf dem Erdboden wimmelt, und über allen Fischen im Meer; in eure Hände seien sie gegeben. Alles, was sich regt und lebt, das sei eure Speise; wie das grüne Kraut habe ich's euch alles gegeben.[144]

Eine Art zweiter *Herrschaftsauftrag*, der wiederholt und noch klarer formuliert, dass der Mensch nun die Macht hat, sich die nichtmenschlichen Mitwesen gefügig zu machen. *Gott* hat es sich nach 150 Tagen Anschwellen der *Universalstrafe Sintflut* anders überlegt und den Menschen eine weitere Chance gegeben; den Tieren nicht. Es dauerte noch ca. 200 Tage, bis *Noah* den Fuß an Land setzen konnte.

Dieser zweite *Herrschaftsauftrag* dient der Katholischen Kirche als Legitimation, Tiere zu (be)nutzen, wie aus dem *Katechismus* der Katholischen Kirche hervorgeht:

> Gott hat die Tiere unter die Herrschaft des Menschen

[143] Genesis 8.20, Lutherbibel 1912
[144] Genesis 9.20, Lutherbibel 1912

> gestellt, den er nach seinem Bild geschaffen hat [Vgl. Gen 2, 19-20; 9,1-14]. Somit darf man sich der Tiere zur Ernährung und zur Herstellung von Kleidern bedienen. Man darf sie zähmen, um sie dem Menschen bei der Arbeit und in der Freizeit dienstbar zu machen. Medizinische und wissenschaftliche Tierversuche sind in vernünftigen Grenzen sittlich zulässig, weil sie dazu beitragen, menschliches Leben zu heilen und zu retten. Es widerspricht der Würde des Menschen, Tiere nutzlos leiden zu lassen und zu töten. Auch ist es unwürdig, für sie Geld auszugeben, das in erster Linie menschliche Not lindern sollte. Man darf Tiere gernhaben, soll ihnen aber nicht die Liebe zuwenden, die einzig Menschen gebührt.[145]

Betrachten wir diese Aufforderungen als in der christlichen Lehre verankerte universelle Urlegitimation, so wundert es nicht, dass das *gefügig machen*, also das *Gefangennehmen* von Tieren, sei es auf großflächigen, von Zäunen umgrenzten Weiden oder im Heimaquarium, nicht hinterfragt wird. Mit der *Herrschaft* über nichtmenschliche Wesen gibt sich der Mensch *gottgleich* und argumentiert diese Attitüde mit dem Auftrag, den er von Gott erhalten hat. Damit gibt er die Verantwortung ab, schafft also eine höhere Instanz, die sein Handeln legitimiert. Die Theologin und Philosophin *Julia Eva Wannenmacher* sieht eine logische Verbindung zwischen dem Auftrag und den desaströsen Folgen für die Tiere:

> Indem der Mensch sich einen Gott erfindet, der alles ihm zuliebe geschaffen und gestaltet hat, wertet er sich selbst auf, weiß sich geliebt und gewollt. (...)

[145] Katechismus der Katholischen Kirche 2017+2018

> So wird Religion verwendet, um das Herrschaftsverhältnis des Menschen über die Tiere zu begründen und zu legitimieren, und gleichzeitig verdeutlichen, dass die scheinbar mindere Existenz der Tiere und ihr Unterworfensein unter die Herrschaft des Menschen diesem seine eigene Sonderstellung vor Gott. Durch die Existenz der Tiere wird der Mensch gottähnlicher.[146]

Was die Macht- und Herrschaftsfrage anbelangt, so zeigt das menschliche Wesen sowohl im zwischenmenschlichen Kontakt, als auch in seiner Beziehung zu nichtmenschlichen Wesen stark ausgeprägte Tendenzen von Willkür und Eigeninteressen, was laut *Julia Eva Wannenmacher* auf seine evolutionsgeschichtlich geprägte Position zurückzuführen ist.

> Wer sagt uns, dass unser Entschluss, uns selbst, unsere eigene Spezies höher einzuschätzen und den Wert jedes ihrer Individuen höher als den Wert jedes anderen Individuums anzusetzen, nicht nur einfach eine willkürliche Annahme von uns selbst ist, auf nichts gestützt und durch nichts belegt, aber wohl begründet durch einen gesunden Egoismus, der evolutionsgeschichtlich die Funktion hat, das Überleben der eigenen Art zu sichern?[147]

Wie bereits erwähnt, fehlt dem Menschen sein natürlicher Feind, abgesehen davon, dass er sich selbst Feind ist. Wäre ein übergeordneter Feind vorhanden und hätte der Mensch seine Blütezeit

---

[146] Julia Eva Wannenmacher *Tier und Religion(en)-Theologische Tierethik im Kontext* in *TIERethik*, ALTEX Edition Küsnacht, 9. Jahrgang 2017/2 Heft 15, S. 99/100

[147] Ebda.

im Zeitalter der Dinosaurier gehabt, wäre er nicht weit gekommen mit seinem universellen Herrschaftsanspruch.[148]

3.2.1 Das Tier und der Islam

> Es gibt kein Tier auf der Erde und keinen Vogel, der mit seinen Flügeln fliegt, die nicht Gemeinschaften wären gleich euch. Wir haben im Buch nichts vernachlässigt. Hierauf werden sie zu ihrem Herrn versammelt.[149]

In dieser Sure wird das Sozialsystem der Tiere verglichen, wenn nicht sogar gleichgesetzt, mit dem der Menschen: *die nicht Gemeinschaften wären gleich euch.* Man könnte von einer *Gleichstellung* sprechen, wenn es nicht eine Vielzahl von Relativierungen gäbe, die diese Vision einer nahezu perfekten *Mitgeschöpflichkeit* außer Kraft setzen. Einer der signifikantesten Relativierungen finden wir in der folgenden Sure:

> Und (auch) das Vieh hat Er erschaffen. An ihm habt ihr Wärme und (allerlei anderen) Nutzen; und davon eßt ihr.
> Und ihr habt an ihnen Schönes, wenn ihr (sie abends) eintreibt und wenn ihr (sie) morgens austreibt.
> Und sie tragen eure Lasten in ein Land, das ihr (sonst) nur mit größter Mühe hättet erreichen können. Euer Herr ist wahrlich Gnädig und Barmherzig.[150]

[148] Siehe Kap. 2.2.4 *Der Eindringling* S. 73
[149] Koran, Sure 6:38
[150] Koran, Sure 16:5-7

Handelt es sich in der Bibel um einen den Menschen verliehenen Herrschaftsauftrag, so liegt im Koran die Macht einzig und allein bei *Allah*, der zur Unterwerfung des Tieres direkt auffordert, was wiederum nicht bedeutet, dass das Verhältnis zum Tier im Islam frei von Widersprüchen ist:

> Betrachtet man den Begriff des tadlil genauer als auch die Auslegung dessen, so muss auch erwähnt werden, dass dieser Begriff nicht als absolute Herrschaftsautorität des Menschen über diese (Nutztiere, Anm. des Autors) Tiergruppe verstanden wurde, sondern vielmehr als Gnade Gottes, der es erst möglich mache, dass ein Mensch sich eines Kamels, dessen er hinsichtlich der Kraft physisch unterlegen ist, gefügig machen könne.[151]
> Aufgrund jener Aspekte leite sich nach Tlili[152] auch nicht ab, dass der Mensch legitimiert sei, sich als Herrscher über die restliche Schöpfung zu verstehen, da stets Gott in letzter Instanz eben dieser sei. Zu keiner Zeit verfügt der Mensch demnach als machthabende Instanz über die Umwelt und somit das Tier.[153]

In krassem Gegensatz zu dieser Deutung steht die Realität: Dass die Tiere, wie in Sure 6 beschrieben, in Gemeinschaften, also intakten Sozialsystemen leben (sollen), heißt nicht, wie wir in Sure 16 erfahren, dass sie *gelassen* werden, da der eigentliche

[151] Asmaa el Maaroufi *...und sie sind Gemeinschaften gleich Euch! Eine Einführung zum Tier im Koran* in *Jahrbuch Zoologische Theologie,* Band 2/17 *Das Tier in Religion, Kultur und Ethik,* LIT Verlag Berlin 2017, S. 44
[152] Sara Tlili, *Animals in the Qu'ran*, New York 2012
[153] Asmaa el Maaroufi *...und sie sind Gemeinschaften gleich Euch! Eine Einführung zum Tier im Koran* in *Jahrbuch Zoologische Theologie,* Band 2/17 *Das Tier in Religion, Kultur und Ethik,* LIT Verlag Berlin 2017, S. 45

Auftrag das *Nutzen* lautet, ähnlich dem in der Bibel. Und zu diesem *Nutzen* gehört die *Haltung* und das *Schlachten.*

Das Fehlen eines *Herrschaftsauftrages* im Koran entbindet die Menschen zwar von der Verantwortung in ihrer Haltung nichtmenschlichen Wesen gegenüber, bewahrt sie aber nicht vor der Aufgabe, aus Demut und Dank *Allah* gegenüber, Tiere gut und angemessen zu behandeln, der sie de facto allerdings nicht nachkommen. An der überwiegend katastrophalen *Tierhaltung* in islamischen und islamisch geprägten Ländern zeigt sich eine tiefe Entfremdung gegenüber den nichtmenschlichen Wesen. Insbesondere in afrikanischen Staaten mit überwiegend muslimischen Bevölkerungsanteilen dienen Tiere ausschließlich als Mittel des eigenen Überlebens, was seine Ursachen nicht nur in der Armut hat, sondern auch in der menschlichen Haltung und Sichtweise: Ermöglicht Wilderei, unangemessene Tierhaltung und Fischerei in ausbeuterischem Ausmaß die persönliche Bereicherung, so hat *Tierleid* keine Bedeutung. Der praktizierte Glaube meditiert nicht über die Kostbarkeit der Pflanzen und Tiere, sondern ist Selbstausdruck des Glaubens an sich, um Gottes Bestrafung zu entgehen, also von einer selbstbezogenen Absicht geprägt. In dieser Praktizierung bleibt folgende Fragestellung unberücksichtigt:

> Sollte nicht einzig die Tatsache, dass man sich einen gemeinsamen Ursprung, Gott, teilt, hier ausreichend sein, um sich für das Tier einzusetzen?[154]

Stattdessen wird das nichtmenschliche Lebewesen abgespalten und diese Abspaltung als Legitimation für die Erniedrigung herangezogen; ein künstliches, einzig zum Vorteil des Menschen gemachtes Konstrukt.

---

[154] ebda. S. 46

Angesichts des Leids unzähliger Tiere, der nahezu vollständigen Ignoranz, die wir in den hier zitierten Suren vorfinden, der massiven Gewaltanwendungen gegen Menschen und Tiere und des eklatanten Mangels an Tierrechtsorganisationen in muslimischen Ländern stellt sich die Frage, ob in diesen Kulturen in der bloßen Existenz des Tierreichs bereits eine Bedrohung gesehen wird, als es im christlichen Abendland der Fall ist. Wenn dem so ist, dann muss der Mensch folgerichtig alles tun, um sich abzugrenzen, nicht nur, weil er andernfalls droht, unterzugehen, sondern auch und das vielleicht viel zentraler, um sich als Mensch von den Tieren deutlich abzuheben. Demnach wäre die im Koran geforderte *Gleichstellung* – beispielsweise eine sozialisierte Gruppe von Hühnern einer sozialisierten Gruppe von Menschen gleichzustellen – eine Situation, die mit allen Mitteln zu vermeiden ist. Diese Möglichkeit des Vermeidens gestattet der Koran mit seinen Vorgaben, wie ein Tier geschlachtet und welches Tier überhaupt verzehrt werden darf. In diesen sich gegenüberliegenden Sichtweisen liegt die Ambivalenz, die uns bereits mehrmals begegnet ist. Der Koran legitimiert in ähnlicher Weise wie die Bibel auch den Leid erzeugenden Umgang mit nichtmenschlichen Wesen.

Im Rahmen meiner zahlreichen Reisen in den Iran, also in einen Staat, in dem die schiitische Variante des Islam praktiziert wird, bin ich mit meinen tierzugewandten Kommentaren nicht nur auf völliges Unverständnis, sondern auch auf krasse Ablehnung gestoßen. Gelingt es mir im christlichen Abendland noch zuweilen, an das Mitgefühl für ein unangemessen behandeltes Tier zu appellieren, so wird das nichtmenschliche Reich bei den Schiiten als eine Art Dekoration des menschlichen Daseins definiert. Glaube und Auslegung findet nur dort statt, wo es den Eigeninteressen nützt, wie ich im weiteren Verlauf des Kapitels noch darlegen werde. Wir haben es im Iran mit Bewertungen,

Etikettierungen und Verhaltensvorgaben gegenüber unseren Mitwesen zu tun, die denen im *Alten Testament* und teilweise auch im *Neuen Testament* trotz der unterschiedlichen Machtbefugnisse in islamischen und christlichen Ländern in nichts nachstehen. Sie sind für die jeweilige Bevölkerungsgruppe nach innen und nach außen identitätsstiftend und vermitteln soziale Macht in allen Bereichen. Nicht selten werden in Bezug auf Schlacht- und Ernährungsriten religiöse und machtpolitische Bestrebungen und Überzeugungen vermischt, um innere und äußere Abgrenzungen von Gesellschaftssystemen zu markieren[155].

Laut Koran darf der *Hund* nur als *Nutztier gehalten* werden und gilt als *unreines Wesen*, das, wenn es keinen Nutzen hat, vernichtet werden muss. Insbesondere in der schiitischen Glaubensrichtung gilt der *Hund* als teufelsgleich, von bösen Geistern besessen und ist zu meiden. Ein Engel würde kein Haus aufsuchen, in dem ein Hund lebt, die täglichen Gebete würden durch einen Hund im Haus massiv gestört werden, da er das Haus verunreinigt.

Es gibt aber auch Beispiele der (widersprüchlichen) Zuwendung: *Allah* belohnt Mitgefühl, auch wenn es sich um einen Hund handelt.

> Wer einen Hund hält, dessen Lohn wird sich an jedem Tag um einen Teil verringern. Ausgenommen davon ist die Hundehaltung zum Zweck der Landwirtschaft oder der Viehzucht.[156]

---

[155] siehe auch Kapitel 3.1.3 *Die heilige Kuh*

[156] Sahih al-Buchari, Kapitel 53/Hadithnr. 3324 **Sahīh al-Buchārī** (arabisch صحيح البخاري, DMG *Ṣaḥīḥ al-Buḫārī*) ist der geläufige Name einer Sammlung von Hadithen, die auf den transoxanischen Gelehrten Muḥammad ibn Ismāʿīl al-Buchārī (gest. 870) zurückgehen.

> Da sah er einen Hund mit hängender Zunge, der vor lauter Durst Schlamm aufleckte. Der Mann sagte zu sich, dass der Hund den gleichen Durst verspüren müsse, den er selbst wenig zuvor gehabt hatte. So stieg er nochmals in den Brunnen hinab, füllte seinen Lederstrumpf mit Wasser, stieg wieder hinauf - wobei er den Strumpf mit seinen Zähnen festhielt - und gab dem Hund zu trinken. Allah schätzte die Tat dieses Mannes und vergab ihm seine Sünden.[157]

Auch im Rahmen der Version des *Sintflut*-Berichtes im *Koran* zeigt Allah Güte dem Hund gegenüber: Er wird von der Rettung durch die *Arche Noah* nicht ausgeschlossen. Der Islam unterscheidet in der Arche-Episode, die in der *Sure 71,* bzw. *Sure 11* zu finden ist, nicht zwischen *unreinen* und *reinen* Tieren[158], was angesichts der Erklärung des Hundes und des Schweins zu *unreinen Wesen* verwundert. Es zeugt aber auch von einer gewissen Großzügigkeit gegenüber allen Wesen, die uns immer wieder sowohl im Koran, als auch in der christlichen Lehre begegnet, aber in der Praxis letzthin folgenlos bleibt.

Ebenfalls im *Islam*, aber auch im *jüdischen* Glauben gilt das *Schwein* als unrein und darf weder gehalten, noch geschlachtet werden. Das Schweinefleisch-Verbot geht auf die *Sure 5, Vers 3* im Koran[159] zurück. Warum genau das Schwein als *unrein* bewertet wird, ist unklar. Sicherlich spielen die Lebensform des Schweins eine Rolle, die verbreitete Vermutung, es würde auf-

---

[157] Riyadhu s-Salihin: Hadith-Nr. 126, Buch 1, Kapitel 13 **Riyadhu s-Salihin (arabisch رياض الصالحين, DMG Riyāḍu ṣ-Ṣāliḥīn ‚Gärten der Tugendhaften') von Imam an-Nawawī (1233–1278) ist eine Sammlung von Hadithen (Aussagen und Lebensweisen des Propheten Muhammad, Allahs Segen und Heil auf ihm) und enthält insgesamt 1896 Hadithe, die in 372 Kapitel aufgeteilt sind.**

[158] Koran, Sure 11,40, 71

[159] Koran, Sure 5:3 *al-Maida (Der Tisch)*

grund seines Lebensstils empfänglich für Krankheiten sein und diese auf den Menschen übertragen, aber auch die Tatsache, dass es sich um einen Paarhufer (Der Huf des Teufels ist gespalten) handelt, der nicht wiederkäut. Das *Schwein* hat im Islam ein derartig negatives Profil, dass es nicht mal als Schimpfwort gebraucht werden darf, wobei berücksichtigt werden muss, dass im Islam sowieso Tierbegriffe nicht als Verunglimpfung dienen. Ob das generell mit einer Achtung vor dem Tierreich oder mit erwähnter Unreinheit wie im Falle des *Schweins* zu tun hat, ist nicht klar. Die, eher willkürlich zu betrachtende, Unreinheit finden wir auch im Alten und Neuen Testament:

> das Schwein, denn es hat wohl durchgespaltene Klauen, ist aber kein Wiederkäuer; darum soll es euch unrein sein.[160]

> Und die unreinen Geister baten ihn und sprachen: Lass uns in die Säue fahren!
> Und er erlaubte es ihnen. Da fuhren die unreinen Geister aus und fuhren in die Säue, und die Herde stürmte den Abhang hinunter in den See, etwa zweitausend, und sie ersoffen im See.[161]

Paarhufer, die wiederkäuen, dürfen hingegen *verwertet* werden. Die Willkürlichkeit kann daran erkannt werden, dass zu den *Paarhufern* auch ohne Zweifel Büffel gehören, insbesondere Wasserbüffel, deren Angewohnheit, sich in schlammigen Gebieten aufzuhalten eine hohe Ähnlichkeit mit der des Schweins hat, das sich bekanntermaßen ebenfalls in Schlamm und Erde wälzt. Trotzdem wird der Büffel als das *höhere* Tier angesehen, weil er

---

[160] Altes Testament, Lev. 11.1
[161] Neues Testament, Mk 5.11

wiederkäut. Es hat den Anschein, dass die hier genannten Kategorisierungen eher willkürlich als argumentativ nachvollziehbar, eher subjektiver als objektiver Natur sind. Die Tiere wurden als identitätsstiftende Subjekte festgelegt und von da an nicht mehr in Frage gestellt. So werden beispielsweise in der ägyptischen Mythologie Gottheiten durch Tiersymbolik dem Volk nahegebracht, natürlich vom Volk verehrt und geachtet. Die dieser Symbolik dienenden Tiere werden aber auch gejagt, verzehrt und sind teilweise ausgerottet.

Die vorchristlichen Ägypter beispielsweise sahen in der *Antilope Seth* die *Gottheit der Wüste*, die Wanderer vor Unheil bewahrt und Lebewesen der Wüste schützt. *Seth* galt in gewissem Sinne als die Wüste selbst. Sie war aber auch die Gottheit der dunklen Gewalten, der Gewitterstürme, allgemeiner: der Unwetter. Wer das Unwetter erzeugt, der kann es auch bannen. Also hatte *Seth* gute und schlechte Seiten, je nachdem kam die eine oder andere Seite zum Ausdruck, ob sie gut oder schlecht gestimmt war. Völlig unabhängig von diesem Kult wurde die Wüstenantilope bis zur völligen Ausrottung gejagt und damit vernichtet.

Diese Doppelbehandlung findet sich bei nahezu allen Tieren der ägyptischen Mythologie, aber auch, wie wir erfahren haben, im Islam und lässt die Frage offen, ob es sich hier nicht um eine unsichtbare Trennlinie handelt, die den religiösen Glauben, die religiöse Überzeugung von den tief verankerten von Eigennutz getriebenen menschlichen Jagd- und Ernährungstrieben trennt. Haben wir es mit einer im Menschen fest verwurzelten widersprüchlichen Haltung gegenüber seinen Mitgeschöpfen zu tun oder mit einer Berechnung, dass diejenigen, die zu Gottheiten erklärt, gleichzeitig auch degradiert werden müssen, weil der Mensch letzthin nach *Gottgleichheit* strebt und aufgrund dieses angestrebten Alleinstellungsmerkmals die göttlichen Verbindungen der Tiere nicht zulassen kann? Es darf nicht außer Acht gelassen werden, dass es sich hier um von uns Menschen gemachte, subjektive Darstellungen handelt, denen auch strategisches *Kalkül* zugrunde liegt. Das Tier zu einer Gottheit zu erklären und es in der Realität zu vernichten ist eine nahezu perfekte Machtstrategie, die nicht auf Zufall oder Mythos zurückzuführen ist. Hier wird eine Hierarchie inszeniert und folgerichtig in Stein gemeißelt, um das Streben nach Macht zu etablieren.

Die Tiere sind in ihren Kommunikationsformen und Lebensformen für den Menschen unergründlich. Dies ist für den Menschen, insbesondere den Glaubenden schwer bis gar nicht zu akzeptieren, weswegen eine Kategorisierung her muss, die wir in der Bezeichnung *gottgleich* finden. Einerseits muss dieser dem Tier angedichteten *Gottgleichheit* ein Ende bereitet werden, andererseits aber kann diese Gottesnähe den Menschen auch vor Unbill, Unglück und Leid schützen. Selbstvergessen, aber auch selbstbezogen trachtet er danach, aufgenommen zu werden in das göttliche Reich; welche Wesen liegen als Vermittler näher als die Tiere, sei es die Gottheit *Seth,* sei es der als Taube erscheinende *heilige Geist,* sei es die Glück und Segen spendende persische Gottheit *Homa*, die als Greifvogel dargestellt wird. Tief gefangen zwischen zwei Deutungen und getrieben von Zerstörungswillen überwiegt der Neid, der zu Instrumentalisierung, Vernichtung und schließlich Ausrottung führt.

Einerseits finden wir in der realen, überwiegend Leid verursachenden Haltung von Tieren eine klare Abspaltung von dem Lobpreisen der symbolbehafteten Wesen, andererseits legitimieren die Schriften, wie bereits erwähnt, das Nutzen der Tiere, das im *Schlachten* seine zentrale Bedeutung erhält. Diese beiden Sichtweisen werden in der Bibel durch die *Schlange*, im Koran durch den *Hund* symbolisiert, nur das *Schwein* erhält in keiner der drei zentralen Schriften *Bibel, Koran, Tora* anerkennende

Kommentare, ist aber eventuell Gast auf der *Arche Noah* gewesen, vielleicht sogar als Nahrungsquelle. Das Schlachten bekommt erst im Anschluss an die *Sintflut-Episode*, die wir wie gesagt im Alten Testament, wie im Koran und in der Tora finden, eine Bedeutung, begonnen mit dem bereits erwähnten *Brandopfer.*

> Noah aber baute dem HERRN einen Altar und nahm von allerlei reinem Vieh und von allerlei reinem Geflügel und opferte Brandopfer auf dem Altar[162]

Wir finden keine eindeutigen Angaben darüber, ob Tiere als Nahrungsquellen an Bord genommen wurden oder sie für die post-Sintflut-Ära zu sichern, außer dass Noah aufgefordert wird, *allerlei Speisen zu sich zu nehmen, die man isst, und sie bei sich zu sammeln, daß sie ihm und ihnen zur Nahrung dienen.*[163] Es ist unwahrscheinlich, dass sich Noah und seine Auserwählten *vegan* ernährt haben, das hätte dem Machtanspruch über die nichtmenschlichen Wesen und dem Bestrafungscharakter, der dieser Episode zugrunde liegt, widersprochen.

Allein die im Alten Testament beschriebene Methode des Schlachtens, *Schächten* genannt, gibt Auskunft darüber, dass hier nicht die Schmerz- und Leidvermeidung des Tieres maßgebend war, sondern die Erfüllung alttestamentarischer, muslimischer und jüdischer Vorgaben, dass das Fleisch *rein/halal/koscher*, also von *ritueller Unbedenklichkeit* zu sein hat.

> Allein esst das Fleisch nicht mit seinem Blut, in dem

[162] 1. Buch Mose, Kap. 8.20
[163] ebda Kap. 6.21

sein Leben ist! [164]

> Verboten (haram) ist euch das Verendete sowie Blut und Schweinefleisch und das, worüber ein anderer als Allahs Name angerufen wurde; das Erdrosselte, das zu Tode Geschlagene, das zu Tode Gestürzte oder Gestoßene und das, was Raubtiere angefressen haben, außer dem, was ihr geschlachtet habt, ferner das, was auf einem heidnischen Opferstein geschlachtet worden ist.[165]

Die Schnittmenge des jüdischen und islamischen Schlachtens liegt in dem Verbot, Blut zu sich zu nehmen, bzw. mit Blut in Verbindung zu kommen, und das Gebot, dass sich das Wesen nach dem ersten Messerschnitt bewegen muss, womit das *Lebendige* bewiesen wird. Das Tier wird also nicht betäubt, da es dadurch verunreinigt wird, sondern es blutet aus. Die Form des *Schächtens* (Im Judentum *koscher*, im Islam *halal)* wird von Befürwortern als *besonders wesenszugewandt* bezeichnet, da das Tier nach deren Ansicht innerhalb von 20 bis 30 Sekunden stirbt. Von *Gegnern* wird ins Feld geführt, dass der Todeskampf bei vollem Bewusstsein für das Tier unermessliches Leid bedeutet, da nicht ausgeschlossen werden kann, dass die entsprechenden Arterien nicht in kürzester Zeit korrekt durchtrennt werden. Wie in allen Konfliktszenarien zwischen Tierschützern und Tierschutzgegnern finden Polarisierungen statt, die bei den letztgenannten den ethischen Grundsatz außer Acht lassen, dass Wesen kein Leid zuzufügen sei. Hat das *Schächten* im Christentum keinen Stellenwert erhalten – die *christlichen* Schlachtmethoden sind dennoch nicht minder leidverursachend – so wurde

---

[164] Genesis 9.4 Luther Bibel

[165] Koran, Sure 5, *Al-Ma'ida* Vers 3

im Islam kein *Brandopfer* getätigt, da das Töten jeglicher Lebewesen mit Feuer untersagt ist. Ob dieses Gebot generell eingehalten wurde, ist anzuzweifeln, da auch in den Ländern des Islam im landwirtschaftliche Bereich Brandrodungen, denen unzählige Wesen zum Opfer gefallen sind, die Regel waren und sind, was auf einen weiteren Widerspruch hinweist.

In diesem und nahezu all den anderen hier angeführten Beispielen begegnet uns eine Doppeldeutigkeit in der Behandlung unserer nichtmenschlichen Mitwesen. Einerseits werden sie, teils offen, teils versteckt, als Nahrungsmittel betrachtet, bestimmte Tiere auch als *böse Wesen* etikettiert, andererseits wird ihnen mit *Liebe* und *Respekt* begegnet. Das *Lamm* ist das beste Beispiel. Einerseits die Ikone kindlicher und generell zärtlicher Tierzugewandtheit, andererseits Opfer zur Selbstverständlichkeit gewordener Schlachtszenarien, die allerdings weit entfernt von der menschlichen Wahrnehmung stattfinden, aber durch Veranstaltungen wie beispielsweise den nordfriesischen *Lammtagen* unvermeidbar öffentlich werden; von den Qualen abgesehen, denen die Tiere im Rahmen von Verschiffungen beispielsweise zwischen Australien und der islamischen Welt ausgesetzt sind, um an ihrem Zielort im Rahmen des *Eid ul-Adha* (islamisches Opferfest) zu Tausenden geschlachtet zu werden.

In dem Opfer des *Lamm Gottes* liegt die Legitimation dieser Doppeldeutigkeit.

Die *Scheinbarkeit* dieser Ambivalenz äußert sich darin, dass die eine Seite sich zum Schlachten, Gefangennehmen und Beherrschen des Tieres bekennt, die andere Seite sich aber niemals eindeutig für das Tier um des Tieres willen ausspricht und entsprechend verhält, wie wir an der Haltung gegenüber dem *Hund* im Islam oder am katholischen Katechismus bezüglich der Sichtweise auf *Nutztiere* ablesen können. Es gibt keine Eindeutigkeit.

Würden Tiere eindeutig als Objekte definiert werden, zu deren kompromissloser Ausbeutung und Vernichtung man sich allgemein und ausschließlich bekennen würde[166], so bestünde die Gefahr des göttlichen Zornes und der Verdammung. Im Falle eines eindeutigen Anerkennens des Tieres als schützenswertes Wesen um seiner selbst willen, ausgestattet mit Interessen und Lebensrechten, müssten alle Gefangennahmen mit sofortiger Wirkung gestoppt werden und der Mensch wäre aufgefordert, einen erheblichen Teil seines Lebensraumes abzugeben und sein fortwährendes Trachten nach Optimierung seiner Lebensverhältnisse mit sofortiger Wirkung zu beenden. Dieses – letzthin eigengemachte – Dilemma findet auf Kosten der Tiere statt.

3.2.3 Der Papst und das Tier

Wird die Quelle und die damit verbundene Legitimation der Haltung dem Tier gegenüber mehrheitlich in den Glaubensfundamenten der Gesellschaft gesehen, kann die Position des Papstes nicht unerwähnt bleiben, zumal der Namenspatron von *Papst Franziskus*, *Franz von Assisi* als Wohltäter der Armen und *minderen Brüder*, wie *Franz* sie selbst nannte, bekannt wurde. Was ihn besonders auszeichnete, war sein Verhältnis zu den Tieren und der Schöpfung und seine Kenntnis von der *Sprache der Tiere*, mit denen er zu leben und zu kommunizieren verstand; er nannte alle Geschöpfe seine Schwestern und Brüder. Dies ist auch der Grund, weshalb er nicht nur zum Schutzpatron der Armen, Lahmen und Blinden, sondern auch von *Papst Johannes Paul II* 1980 zum Schutzpatron der Umwelt und Ökologie ernannt wurde. *Assisi* hat sich im 12./13. Jahrhundert immer wie-

[166] In realiter ist diese Haltung der *status quo*, nur wird er durch den Glauben und das Bekennen zu einer Art Moralkodex relativiert

der in die appeninischen Landschaften Umbriens zurückgezogen, um dort *im Einklang mit der Natur* seine Nähe zu Gott zu leben.

Er gründete mit Erlaubnis des damaligen Papstes den *Franziskaner-Orden*, der als Erneuerungsbewegung in der Kirche galt. Nicht unbedeutend bei dieser Bewertung ist das für damalige Verhältnisse ungewöhnliche Begreifen der nichtmenschlichen tierischen und pflanzlichen Mitgeschöpfe als dem Menschen gleichgestellte Wesen in der *Schaffung der Welt*.

> Die flechtenüberzogenen Zweige der Esskastanien am Fuße des Berges von La Verna rauschen für FRANZISKUS, der sich kurz vor seinem Tod wieder mit wenigen Brüdern in seine Einsamkeit zurückgezogen hat, nur ein einziges Lied, das der creatio: Jede Kreatur ist eine Falte in seinem Mantel, die gerafft einen Blick auf die darunter hervorstrahlende Helle preisgibt.[167]

Ich habe diese Betrachtung gewählt, weil sie die eher unscheinbaren *flechtenüberzogenen Zweige der Esskastanien* zum Gegenstand hat. *Franz von Assisi* hat das Verborgene und dessen Schönheit – als festen und kostbaren Bestandteil Gottes Schöpfung – gepriesen und damit grundsätzlich jegliche Art von Speziesismus ausgeschlossen. Unabhängig von der *creatio*, von der *Franz* spricht, stellt er die *flechtenüberzogenen Zweige* als Einzigartigkeit dar, die auch so, zusammen mit allen ihnen innewohnenden Kleinstlebewesen, wahrgenommen werden wollen. Zu dieser Wahrnehmung eines natürlichen Zustandes um

---

[167] Andreas Weber *Der Aufgang Gottes in der Schöpfung: Franz von Assissi und die umbrische Landschaft* in *Jahrbuch Zoologische Theologie,* Band 1/2014 *Das Tier in Religion, Kultur und Ethik,* LIT Verlag Berlin 2017, S. 54

seiner selbst willen möchte ich noch einmal die Theologin und Philosophin *Julia Eva Wannenmacher* zitieren:

> Wäre es denkbar – und was wären die Konsequenzen – dass Gott die Tiere nicht um unseretwillen erschaffen hat, sondern um ihrer selbst willen? Die biblischen Erzählungen sind darin eindeutig: Sie sind vor uns erschaffen worden, und – etwas, worin die islamische Theologie mit der christlichen übereinstimmt: Sie preisen den Schöpfer, haben ein eigenes Gottesverhältnis und eine eigene, von uns unabhängige Existenzberechtigung.[168]

Diese *eigene Existenzberechtigung* im Rahmen ihres *eigenen Gottesverhältnisses* hat *Franz von Assisi* veranlasst, immer wieder auf die Schönheit und Besonderheit der nichtmenschlichen Welt hinzuweisen, um dem Menschen die Gelegenheit zu geben, eben diese *Kreaturen* und dadurch sich selbst zu schützen. Er hat der Natur und insbesondere den Tieren mit aller Leidenschaftlichkeit eine Stimme gegeben, die immer auch in Zusammenhang mit Verzicht auf *Luxus* jeglicher Art zu sehen ist. Die Gleichstellung des Menschen mit der nichtmenschlichen Welt kann nach *Franz von Assisis* Lebensauffassung nur gelebt werden, wenn der materiellen *Optimierung*, aber damit auch dem – oft missinterpretierten – *Herrschaftsauftrag*, eine klare Absage erteilt wird. Die Nähe zu Pflanzen und Tieren zu erfahren, zu erkennen und zu begreifen ist nur möglich, wenn man sich dieser Welt über *Verzicht* und *Empathie* nähert, um auf diese Weise von ihr für das eigene SEIN zu lernen.

---

[168] Julia Eva Wannenmacher *Tier und Religion(en). Theologische Tierethik im Kontext* in *TIERethik – Zeitschrift zur Mensch-Tier-Beziehung,* 9. Jahrgang, 2017/2 Heft 15, ALTEX Edition Küsnacht

Die jüngste – offizielle – Ambivalenz im christlich geprägten Verhältnis zwischen Mensch und Tier finden wir in der *Enzyklika Laudatio Si* von *Papst Franziskus* aus dem Jahre 2015:

> Ich glaube, dass Franziskus (Franz von Assisi, Anm. des Autors) das Beispiel schlechthin für die Achtsamkeit gegenüber dem Schwachen und für eine froh und authentisch gelebte ganzheitliche Ökologie ist. An ihm wird man gewahr, bis zu welchem Punkt die Sorge um die Natur, die Gerechtigkeit gegenüber den Armen, das Engagement für die Gesellschaft und der innere Friede untrennbar miteinander verbunden sind.
> Die dringende Herausforderung, unser gemeinsames Haus zu schützen, schließt die Sorge ein, die gesamte Menschheitsfamilie in der Suche nach einer nachhaltigen und ganzheitlichen Entwicklung zu vereinen, denn wir wissen, dass sich die Dinge ändern können.[169]

Franziskus erwähnt sein Leitbild *Franz von Assisi*, vergisst oder vermeidet jedoch, auf *Assisis* Gabe direkt hinzuweisen, im Einklang mit dem nichtmenschlichen Reich zu leben.

Papst Franziskus schließt vermutlich in seinen Mahnungen in der *Enzyklika* an die *Menschheit*, den Planeten Erde zu bewahren, alle nichtmenschlichen Geschöpfe mit ein, da die Schöpfung *alles* Leben des Planeten hervorgebracht hat. Sie jedoch als eigenwertige Lebewesen zu bezeichnen, denen ihre Lebenszyklen und Lebensräume *gelassen* werden sollen, so wie *Franz von Assisi* Tiere und Pflanzen bewundernd und preisend darstellt, ist nicht Teil seiner Hinwendung zu *Franz von Assisi*. Die dem *Nicht Lassen Können* innewohnende Destruktion, die *Franz* mit seinen absichtslosen Betrachtungen ausschließt, thematisiert

---

[169] Papst Franziskus *Enzyklika Laudatio Si,* S. 5+6

Franziskus nur indirekt. Viel mehr besteht die Schnittmenge zwischen *Franziskus* und seinem Namenspatron in der Definition eines *geschwisterartigen Verhältnisses* zwischen der menschlichen und der nichtmenschlichen Lebenswelt, die ich hier kritisch betrachten möchte. Im Kapitel III der *Enzyklika*[170] finden wir eine umfangreiche Mahnung unter dem Titel *Der Verlust der biologischen Vielfalt*, die die Gefährdung alles nichtmenschlichen Lebens durch den Menschen zum Gegenstand hat. Folgerichtig müsste der im vergangenen Kapitel zitierte *Katholische Katechismus* umgehend für nichtig erklärt werden.

Dies geschieht aber nicht, da der *Herrschaftsauftrag* und die damit verbundene *Ambivalenz* unantastbar sind.

Franziskus spricht, wie sein Namenspatron, von der *Geschwisterlichkeit alles Lebendigen*[171]. Im vorangegangenen Kapitel war von *Mitgeschöpflichkeit* die Rede. Zwei Begriffe, die versuchen, eine Nähe und Zugewandtheit zu vermitteln, die im realen Leben mit Tieren nicht stattfinden. Vielleicht gerade deshalb haben wir es mit einer Terminologie zu tun, die das *Miteinander*, das *Konstruktive*, das *Empathische,* das *Gute schlechthin* assoziieren lassen. Oder sind die Begrifflichkeiten als *Mahnungen* zu verstehen, die aber wiederum in dem Augenblick gegenstandslos werden, in dem *Franziskus* Tierprodukte konsumiert? 2019 wurde der Papst von einer Tierrechteorganisation aufgefordert, sich während der 40-tägigen Fastenzeit ausschließlich *vegan* zu ernähren, um ein klares Statement gegen die Nutztierhaltung zu setzen:

Gerichtet ist der Antwortbrief vom Papst an Genesis Butler, die 12-jährige Protagonistin der Kampagne „Million Dollar Ve-

[170] Papst Franziskus *Enzyklika Laudatio Si,* Kapitel III, *Der Verlust der biologischen Vielfalt,* S. 14
[171] Papst Franziskus *Enzyklika Laudatio Si,* S. 1

gan". Sie hatte den Papst aufgerufen, die Fastenzeit vegan zu begehen, um den Kampf gegen den Klimawandel zu unterstützen. Dafür biete man eine Million US-Dollar für eine Wohltätigkeitsorganisation der Wahl des katholischen Kirchenoberhauptes, hatten die Initiatoren Anfang Februar in Berlin mitgeteilt.

Ob Franziskus die Fastenzeit nun vegan begeht oder nicht, wird in dem vatikanischen Antwortschreiben nicht gesagt. Die Initiatoren der Kampagne reagierten auf das Schreiben mit der Frage, ob es während der Fastenzeit ein gemeinsames veganes Mittagessen der Zwölfjährigen mit dem Papst geben könne.

> **Kampagne mit prominenter Unterstützung**
> Die Kampagne „Million Dollar Vegan", die gleichzeitig auf fünf Kontinenten startete, will die Aufmerksamkeit auf die Auswirkungen der industriellen Tierhaltung lenken. Zu den Unterstützern gehören den Angaben zufolge Umweltschützer, Wissenschaftler und Prominente wie Ex-Beatle Paul McCartney, US-Schauspieler Woody Harrelson und Sängerin Nena.
> Papst Franziskus habe sich in seiner Enzyklika „Laudato si" von 2015 auch zum Thema Tierhaltung geäußert, so die Initiatoren. Die Nutztierhaltung habe größere Auswirkungen auf die Erderwärmung als die Kraftstoff-Emissionen des gesamten weltweiten Transportsektors zusammen. Sie sei eine Hauptursache von Abholzung und Artensterben und verursache das Leiden von Milliarden von Tieren.[172]

---

[172] https://www.domradio.de/themen/papst-franziskus/2019-03-06/franziskus-haelt-sich-bedeckt-vatikan-reagiert-auf-aufruf- papst-zu-veganer-fastenzeit Hinter „Million Dollar Vegan" stehen die britischen Eheleute Matthew Glover und Jane Land, die 2014 schon die Kampagne „Veganuary" gründeten, deren

Steht diese Begriffsbestimmung der *Geschwisterlichkeit* eines einseitigen Verhältnisses vom Mensch zum Tier dem Menschen überhaupt zu? Wie im Kapitel 2.2.2 *Das Haustier* bereits angedeutet, bin ich der Überzeugung, dass es zwar zwischenmenschliche Interessen gibt, aber kein grundsätzliches Interesse des nichtmenschlichen Wesens am Menschen, was angesichts der Bedrohungs- und Haltungslage, denen das Tier ausgesetzt ist, nicht wundert. Beinhaltet die *Geschwisterlichkeit* Interesse? Und wenn ja, woran? Gehen wir davon aus, dass unter *Geschwisterlichkeit* ein sich gegenseitig liebendes Verhältnis gemeint ist, das von zärtlicher Gabe und Gegengabe geprägt ist, so ist die Bezeichnung eines *geschwisterlichen* Verhältnisses zwischen Mensch und Tier absurd. Das Tier an sich kann den Menschen nicht lieben. Wird es *gefangen* und *gehalten*, so verschafft sich der Mensch eine Art Bestätigung des selbstbezogenen und selbstgemachten Glaubens, das Tier wäre an ihm interessiert, stärker noch, es würde ihn *lieben*. In realiter wird es jedoch *gezähmt*, wenn nicht sogar *domestiziert* und seines freien Willens beraubt, abhängig gemacht. Die *Geschwisterlichkeit* wird demzufolge *verordnet*. Definieren wir die Begriffe als *Mahnungen*, dann müsste der Einfluss des menschlichen Wesens auf die Lebensräume nichtmenschlicher Wesen sofort beendet werden.

> Möglicherweise beunruhigt es uns, vom Aussterben eines Säugetiers oder eines Vogels zu erfahren, weil sie uns mehr vor Augen sind. Doch für das gute Funktionieren des Ökosystems sind auch die Pilze, die Algen, die Würmer, die Insekten, die Reptilien und die

---

selbsterklärtes Ziel es ist, Menschen zu motivieren, den Monat Januar lang vegan zu leben (Stand 04/19)

> unzählige Vielfalt von Mikroorganismen notwendig. Einige zahlenmäßig geringe Arten, die gewöhnlich unbemerkt bleiben, spielen eine grundlegend entscheidende Rolle, um das Gleichgewicht eines Ortes zu stabilisieren.[173]

Diese Erkenntnisse und Mitteilungen relativiert *Franziskus* selbst, indem er ihnen die Aufforderung voranstellt, in unserer nichtmenschlichen Mitwelt Ressourcen für das eigene Überleben zu sehen.

> Der Verlust von Wildnissen und Wäldern bringt zugleich den Verlust von Arten mit sich, die in Zukunft äußerst wichtige Ressourcen darstellen könnten, nicht nur für die Ernährung, sondern auch für die Heilung von Krankheiten und für vielfältige Dienste. Die verschiedenen Arten enthalten Gene, die Ressourcen mit einer Schlüsselfunktion sein können, um in der Zukunft irgendeinem menschlichen Bedürfnis abzuhelfen oder um irgendein Umweltproblem zu lösen.[174]

Schlüsselfunktionen nehmen beispielsweise eigens für Organtransplantationen gezüchtete Schweine ein. Das Ziel ist, dass Empfänger von Organspenden keine riskanten Wartezeiten mehr zu überbrücken haben, sondern im Notfall auf Spendenorgane von Tieren zugegriffen werden kann. Ethisch gesehen ein sehr fragwürdiges Unternehmen, dass für die Rettung eines Menschen ein Tier sterben und unzählige weitere aufgrund von zuchtbedingten Lebensbeeinträchtigungen leiden müssen. Hat sich diese Form der Ausbeutung nichtmenschlicher Wesen ein-

---

[173] Papst Franziskus *Enzyklika Laudatio Si,* Kap. III – 34, S.14
[174] ebda.

mal – mit dem Segen des Papstes – etabliert, wird sie weder in Frage gestellt noch zurückgenommen werden.

Ich vermute, dass die *Geschwisterlichkeit* als eine Art *Kompensation* für das den nichtmenschlichen Wesen permanent angetane Unrecht verstanden werden soll, schließlich wäre es unangebracht, als kirchliches Oberhaupt die Empfehlung auszusprechen, dass Tiere ausgebeutet und ihre Lebensräume zerstört werden sollen. Die päpstliche Aufforderung, die Tiere *gut* zu behandeln, damit wir von ihnen profitieren, hat allerdings wenig mit *Geschwisterlichkeit*, sondern eher mit strategischen Maßnahmen zu tun, die Menschheit zu retten. Es ist nicht gemeint, sich auf ein freies Feld zu setzen und die Insekten und Wildtiere selbstlos zu beobachten und darüber zu meditieren, was der Mensch von dem freien Miteinander der Wesen lernen kann. Dann hätte *Franziskus* dazu auffordern müssen, die Gehege, Käfige, Ställe und Koppeln zu öffnen und das *Halten* der Wesen zu beenden. Seine Aufforderung zur *Pflege* der *Tiere* hat einen eindeutigen Selbstnutzen, der letzthin die Rechtfertigung des oben erwähnten *Katholischen Katechismus* zur Folge hat. Der Priester und Leiter des *Theologischen Instituts für Zoologie* in Münster sieht in den mahnenden Worten *Franziskus* hingegen eine klare Aufforderung zu einem Wechsel der Sicht auf die Tiere:

> Vom Eigenwert eines jeden Geschöpfes ist bereits in Absatz 16 die Rede und immer wieder erteilt Franziskus einem vermeintlich biblisch zu begründenden Anthropozentrismus eine deutliche Abfuhr: „Der letzte Zweck der anderen Geschöpfe sind nicht wir. Doch alle gehen mit uns und durch uns voran auf das gemeinsame Ziel zu, das Gott ist, in einer transzendenten Fülle, wo der auferstandene Christus alles ergreift und er-

leuchtet." (LS 83)[175]

Den *Anthropozentrismus*, den das Institut selbst mit der Haltung von Lebewesen praktiziert, finden wir hier in seiner widersprüchlichsten Form. *Franziskus* erteilt dem Menschen als *Krone der Schöpfung* eine Absage, vereinnahmt jedoch im selben Satz die nichtmenschlichen Wesen für eine göttliche Zielbestimmung, obwohl die Wesen im *Paradies* zurückgeblieben sind, also jenseits der menschlichen Belange weiterleben *durften*. Das Tier als Vertreter der Harmonie des *So Seins* benötigt keine göttliche Sphäre, diese braucht der Mensch, um sich seines destruktiven Wandels bewusst zu werden und sich auf und mit sich selbst zu besinnen.

Solange die Ambivalenz zwischen der unerfüllten Sehnsucht nach *Geschwisterlichkeit mit den Tieren*, also dem *Nicht Lassen Können* auf der einen Seite und Anerkennung auf der anderen Seite, dass der Mensch seinen und den Lebensraum der Tiere nach und nach zerstört, herrscht, so lange wird es keinen Sichtwechsel geben, da der Mensch die Macht weder teilen und schon gar nicht abgeben möchte.

Diese zwischen 4000 und 5000 Jahre alten Ansichten zementierten eine Haltung gegenüber unseren nichtmenschlichen und pflanzlichen Mitbewohnern, die bis heute höchste Aktualität besitzt, da ihre inzwischen überwiegend destruktiven Auswirkungen die nichtmenschlichen Kreisläufe, Vielfalten, Lebensformen bis ins kleinste Detail gefährden.

---

175 Rainer Hagencord in *Jahrbuch Zoologische Theologie,* Band 2/17 *Das Tier in Religion, Kultur und Ethik,* LIT Verlag Berlin 2017, S. 9/10

3.2.3 Die heilige Kuh

Im Rahmen einer ausgedehnten Indien-Reise sind mir, wie jedem Indienreisenden, die *Heiligen Kühe* aufgefallen, die, scheinbar unbelastet, integriert und geachtet, ihr Dasein im urbanen und ländlichen Raum fristen. Was nur den wenigsten auffällt, sind Meldungen und Berichte über die massive Vergiftung von Erdreich und Gewässern durch Chemikalien, die in den zahlreichen *Abdecker-* und *Gerbereibetrieben* Indiens eingesetzt werden. Ebenfalls nicht kritisch betrachtet wird die Tatsache, dass ohne <u>Ghee</u>, die geklärte Butter als Bestandteil von einer Vielzahl von Hindu-Nationalspeisen, und ohne *Milch* und *Joghurt* als Opfergaben beispielsweise keine <u>Puja</u> (formeller hinduistischer Gottesdienst) stattfinden kann. Es steht die Frage im Raum, wie die Bezeichnung *heilige Kuh* vor diesem Hintergrund der leder- und milchverarbeitenden Industrie, die zur *Ausbeutung* und *Vernichtung* von Kühen erheblich beiträgt, Bestand haben kann.

In diesem Kapitel geht es um die *hinduistische* Sichtweise auf Rinder und die mit ihr verbundene *irrationale Ideologie* des in realiter nicht vorhandenen Schutzes *heiliger Kühe.*

> Mother Cow is in many ways better than the mother who gave us birth. Our mother gives us milk for a couple of years and then expects us to serve her when we grow up. Mother cow expects from us nothing but grass and grain. Our mother often falls ill and expects service from us. Mother cow rarely falls ill. Our mother when she dies means expenses of burial or crema-

> tion. Mother cow is as useful dead as when alive.[176]

Die im Zitat von *Mahatma Gandhi* erwähnte *Heilige Kuh* und deren universelle Transzendenz ist eine *Vision*, die mit der Realität im indischen Alltag über keine Schnittmengen verfügt. Leder, Milchprodukte und letzthin auch ihr Fleisch sind nicht nur auf dem indischen Subkontinent gefragte Produkte, sondern auch nicht unverzichtbare Einnahmequellen der Exportwirtschaft. In der indischen Gesetzgebung hingegen existiert ein Gesetz, das das Schlachten von Kühen untersagt.

> Cow slaughter has been banned for years in about 20 of India's 29 states out of respect for the sentiments of Hindus who venerate the cow. But in reality, officials were rarely bothered about what was happening on the ground in remote villages where Hindu farmers regularly sold their unproductive cows to the local Muslim butchers. This trade, albeit technically illegal, flourished.[177]

---

[176] Mahatma Gandhi in Dwijendra Narayan Jha *The Myth of the Holy Cow,* Ed. Verso, London 2002, S.17
„Mutter Kuh ist in vielerlei Hinsicht besser als die Mutter, die uns geboren hat. Unsere Mutter gibt uns Milch für ein paar Jahre und erwartet dann, dass wir ihr dienen, wenn wir groß sind. Mutter Kuh erwartet von uns nur Gras und Getreide. Unsere Mutter wird oft krank und erwartet von uns Service. Mutter Kuh wird selten krank. Unsere Mutter, wenn sie stirbt, bedeutet Begräbnis- oder Feuerbestattungskosten. Mutter Kuh ist lebendig genauso nützlich wie tot."

[177] Amrit Dillon *'I ward them off with a cricket bat': Indian farmers despair over marauding cows* in *The Guardian,* London, 28.8.2018
„In 20 der 29 indischen Bundesstaaten ist die Schlachtung von Kühen aus Respekt für die Gefühle der Hindus, die die Kuh verehren, seit Jahren verboten. In Wirklichkeit kümmerten sich die Beamten jedoch selten darum, was in abgelegenen Dörfern vor Ort geschah, wo hinduistische Bauern ihre unproduktiven Kühe regelmäßig an die örtlichen muslimischen Metzger verkauften. Dieser Handel, obwohl technisch illegal, florierte."

Der Grund für diese Gesetzgebung liegt in der identitätsstiftenden Wirkung der *Heiligen Kuh* für Angehörige des hinduistischen Glaubens. Vor Ausbeutung ist sie dennoch nicht geschützt, die indische Milchwirtschaft nutzt die Kühe in intensivster Form für die Herstellung von Milchprodukten, der Schritt zur Schlachtung ist nicht weit, halten doch die Tiere diese Anforderungen höchstens drei Jahre durch und sind anschließend *unbrauchbar*.

Der Historiker *Dwijendra Narayan Jha* belegt in seiner Schrift *The Myth of the Holy Cow*[178], dass, entgegen der hinduistischen Gebote, schon seit jeher Kühe geschlachtet und gegessen wurden und werden. Für seine Schrift handelte er sich harsche Kritik bis hin zu Morddrohungen ein. Diese Reaktionen sind ein Hinweis darauf, dass die *heilige Kuh* zu machtpolitischen Auseinandersetzungen führen kann, indem sie als Mittel der deutlichen Abgrenzung von indischen Angehörigen islamischer Glaubensgemeinschaften dient, was jedoch kein Hindu zugeben würde. Andererseits ist es gängige Praxis, dass Landwirte hinduistischen Glaubens Kühe an muslimische Schlachthöfe verkaufen. Im Islam wird, wie wir wissen, Rindfleisch gegessen, weswegen die indischen Schlachthöfe überwiegend in muslimischer Hand sind.

Dwijendra Narayan Jha, der selbst der Hindu-Mehrheit angehört, hat offenbar ein Tabu gebrochen, indem er auf eine unter Hindus verbreitete Inkonsequenz gegenüber der *Heiligkeit* der Kühe hingewiesen und diese auch belegt hat. Konflikte zwischen hinduistischen und muslimischen Glaubensgemeinschaften entzünden sich nicht selten an den unterschiedlichen Ernährungsgewohnheiten beider Gruppierungen. Die Angewohnheit hinduistischer Bevölkerungsgruppen, Schweine zu schlachten

[178] Dwijendra Narayan Jha *The Myth of the Holy Cow,* Ed. Verso, London 2002

und deren Fleisch zu verzehren, wird von Muslimen als zutiefst unrein interpretiert und verabscheut.

Hier entstehen Konflikte, die, wie bei so vielen Auseinandersetzungen, in denen es um *Tierrechte* geht, Nebenschauplätze zu eigentlichen zwischenmenschlichen Problemen darstellen. Die eigentliche Kluft zwischen Hindus und Muslimen liegt im Glaube und in einem mit ihm verbundenen Streben nach Macht und Ansehen. Mit Tieren haben diese urmenschlichen Ansinnen nichts zu tun, die Tiere sind die stellvertretenden Leidtragenden, die Instrumente für zwischenmenschliche Konflikte.

Kühe in Indien wurden und werden nicht aufgrund ihrer selbst willen zu *unantastbaren Wesen* erklärt, sondern weil in ihnen Gottheiten gesehen werden, die gewisse Schutzfunktionen ausüben.[179] Diese auszubeuten bedeutet *Frevel* und *Ungemach.* Dennoch war der Verzehr von Rindfleisch im Hinduismus des 19. Jahrhundert weit verbreitet. Die Bewegung, Rinder zu *schützen*, entstand erst Ende des letzten Jahrhunderts im indischen Staat *Punjab*. Einerseits aufgrund eines sehr komplexen und umstrittenen hinduistisch-religiösen Vermächtnisses, aber auch um eine deutliche Abgrenzung von muslimischen Glaubensgemeinschaften zu markieren. Das bedeutete, dass sich Bundesstaaten mit hoher muslimischer Bevölkerungsdichte nicht so konsequent an das *Schlachtverbot* gehalten haben wie Bundesstaaten mit hohen hinduistischen Anteilen unter der Bevölkerung.

Der *Jainismus*, im Gegensatz zum *Buddhismus* und *Hinduismus*, der heute von einer religiösen Minderheit praktiziert wird, die vor allem im westlichen Bundesstaat *Gujarat* angesiedelt ist, vertritt auf extreme Weise das Nichttöten von Tieren als zentrale Glaubenspraxis. Selbst tierische *Schädlinge* dürfen nicht vernichtet werden, da sie als Lebewesen um ihrer selbst willen an-

[179] ebda. S 18

erkannt werden. In letzter Konsequenz ist der *Jainismus* eine religiöse Praxis, die ohne Abstufung und Differenzierung dem Leben einen so hohen Wert zumisst, dass sie zur Verneinung des eigenen Lebens führt. Ihre glühendsten Vertreter ziehen ihren eigenen Hungertod der Vernichtung von kleinsten Lebewesen vor. Aber auch hier existieren Aufweichungen: *Milch, Ghee, Joghurt* und weitere Milchprodukte können zu den Opfergaben von Untergruppen Angehöriger janaischen Glaubens gehören. Grundsätzlich kann aber festgestellt werden, dass der Janaismus ein komplett gewaltfreies Verhältnis gegenüber Tieren pflegt.

> The Jaina textual testimony is overwhelmingly against eating animal food of all types, which the early medieval law books had in many cases declared inedible for the upper classes.[180]

Diese Spaltung in der Haltung Tieren, insbesondere Rindern, gegenüber führte Ende der 1960er Jahre zu heftigsten Konflikten zwischen Befürwortern des *Schlachtens von Rindern* und Gegnern, was in gewalttätigen Auseinandersetzungen und Hungerstreiks endete. Das Ergebnis war die Verabschiedung eines Gesetzes durch die mehrheitlich hinduistisch geprägte Regierung, das Kühe für schützenswert und unantastbar erklärt hat. Muslimische Minderheiten, die das *Schwein* aufgrund seiner *Unreinheit* als Nahrungsmittel ablehnten, blieb nur die Wahl, Rinder im Verborgenen zu schlachten oder sich ausschließlich von Geflügel zu ernähren. Zwar ist der Anteil an vegetarischen und veganen Ernährungsformen, gemessen im internationalen Vergleich,

---

[180] Dwijendra Narayan Jha *The Myth of the Holy Cow,* Ed. Verso, London 2002, S.77
„Die textlichen Überlieferungen von Jaina sind überwiegend gegen das Essen von Tierprodukten aller Art, das in den frühmittelalterlichen Gesetzbüchern in vielen Fällen für die Oberschicht für ungenießbar erklärt worden war.“

in Indien überdurchschnittlich hoch, von einer kompletten Ablehnung fleischbezogenen Ernährung ist Indien jedoch genauso weit entfernt wie andere Länder auch. Es geht in den religiösen Schriften und Konflikten nicht um das Lebewesen an sich, sondern um menschengemachte Zuordnungen und Bedeutungen. Es handelt sich bei der *heiligen Kuh* in der Tat um einen *Mythos*.

> The sanctity of the cow has come to be considered a symbol of community identity of the Hindus whose cultural tradition is often imagined as threatened by Muslims, who are thought of as beef eaters. The sanctity of the cow has been wrongly traced back to the Vedas[181], which are supposedly of divine origin and the fountainhead of all knowledge and wisdom. In other words, some sections of Indian society trace the concept sacred cow to the very period when it was sacrificed and its flesh was eaten.[182]

Hier ist das Paradoxon zu erkennen, dass die *heilige Kuh* einerseits als identitätsstiftende Ikone des hinduistischen Glaubens zu dienen hat, obwohl der Begriff der *heiligen Kuh* erst Ende des vorigen Jahrhunderts aufkam und der historische Bezug auf die *Veden* sehr widersprüchlich ist, aber im wirklichen Leben im

---

[181] Die *Vedas, Upanishaden, Puranas* und *Brahmanas Granth* sind die vier heiligen Bücher in der hinduistischen Religion. Der letzte ist ein Kommentar zu den Veden, aber es wird als ein eigenständiges Buch betrachtet. (Anm. des Autors)

[182] ebda. S.18
„Die Heiligkeit der Kuh gilt inzwischen als Symbol der Gemeinschaftskennzeichnung der Hindus, deren kulturelle Tradition häufig von Muslimen, die als Fleischesser gelten, als bedroht angesehen wird. Die Heiligkeit der Kuh wurde zu Unrecht auf die Veden zurückgeführt, die angeblich göttlichen Ursprungs und die Quelle allen Wissens und aller Weisheit sind. Mit anderen Worten, einige Teile der indischen Gesellschaft verfolgen den Begriff der heiligen Kuh bis zu der Zeit, in der sie geopfert und ihr Fleisch gegessen wurde.“

indischen Alltag als Ernährungsmittel (Islam) und als Rohstofflieferant (Hindu) genutzt wird. Diese *menschliche Versuchung*, das nichtmenschliche Wesen auszubeuten, bewirkt tiefste Auseinandersetzungen zwischen Moslems, deren abgespaltenen Gruppierungen, Hindus und deren unterschiedlichsten Kastenangehörigen, die keinesfalls konsequent die Kuh als Ernährungsquelle ablehnen, wie es den Anschein hat. Hier geht es vordergründig nicht um den Schutz eines Wesens, sondern um Hierarchisierungen innerhalb der Bevölkerungsschichten mit hohem Machtsymbolwert. Nicht ohne Bedeutung bei diesen Auseinandersetzungen ist die Frage, *wem das Land gehört* und wer folgerichtig welche Rechte besitzt. Dieser Frage geht *Dwijendra Narayan Jha* nach:

> Although the Shin, Muslims of Dardistan in Pakistan, look on the cow as other Muslems do the pig, avoid direct contact with cows, refuse to drink cow's milk or use cowdung as fuel and reject beef as food, self-styled custodians of non-existent ‚monolithic' Hinduism assert that the eating of beef was first introduced in India by the followers of Islam who came from outside and are foreigners in this country, little realizing that their Vedic ancestors were also foreigners who ate the flesh of the cow and various other animals. Fanaticism getting precedence (...) [183]

---

[183] ebda. S. 20
„So geben sich die Shin, Muslime aus Dardistan in Pakistan, die auf die Kuh, wie andere Muslime auf das Schwein schauen, also direkten Kontakt mit Kühen vermeiden, Kuhmilch, Dung und Rindfleisch ablehnen, als selbsternannte Hüter eines nicht-existenten „monolithischen" Hinduismus aus. Sie verkünden, dass der Verzehr von Rindfleisch in Indien zum ersten Mal von Anhängern des Islam eingeführt wurde, die von außerhalb kamen und Ausländer in diesem Land sind. Dabei ist ihnen kaum bewusst, dass ihre vedischen Vorfahren auch

Jha bringt mit dieser Darstellung die eigentlichen Beweggründe für die disparate Haltung gegenüber der *Kuh* an die Oberfläche: Ob das Tier geschützt wird oder ob es ausgebeutet wird, entspringt derselben anthropozentrischen Haltung, die in diesem Falle von Macht, Willkür und Fanatismus geprägt ist. Selbst der *Schutz* der Kühe aus rein religiösen Gründen, der auch zu bestimmten Vorgaben im Schlachtvorgang führt, hat letzthin nichts mit dem Tier zu tun.

In einigen indischen Glaubensgemeinschaften ist in der Tat der *Vegetarismus*, im *Janaismus* die vegane Lebensweise identitätsstiftend, teilweise auf Grund eines tief in der jeweiligen Tradition verankerten Schutzes von Lebewesen, teilweise aufgrund der Abwehr von *Unglück* und *Ungemach*. Der Schutz der Wesen gehört hier – anders als in den vorangegangenen Beispielen aus dem Islam oder dem Christentum – zu religiösen Grundprinzipien, die einem Streben nach einer vollständigen *Katharsis* und der daraus folgenden Lebensweise zugrunde liegen, die überwiegend in von Armut geprägten Gemeinschaften praktiziert werden. Die vegetarische Ernährungsweise in Indien kommt in diesem Ausmaß für reichere Gruppierungen nicht in Frage. Diese Wertigkeiten begegnen uns auch in anderen, insbesondere europäischen Kulturräumen: Das Fleisch, das *man sich verdient hat*, pflanzliche, tierproduktfreie Ernährung werden immer mit Verzicht, also suggestiv mit *Armut* assoziiert, das *Steak* mit prosperierendem individuellen Reichtum. Im *Janaismus* beispielsweise existieren diese Wertigkeiten nicht, alles Leben wird geschützt und um diese Aufgabe zu erfüllen, wird überwiegend in Askese gelebt. Der Begriff *Verzicht* ist also nicht negativ konnotiert, sondern wird als Ausgangsbasis für eine höhere Da-

---

Ausländer waren, die das Fleisch der Kuh und das verschiedener anderer Tiere gegessen haben. Fanatismus wird immer wichtiger (...)“

seinsstufe verstanden, die das Tor zur vollständigen Reinigung von irdischen und damit auch unreinen Lebenszuständen bildet. Allerdings machen die Angehörigen des *janaischen* Glaubens nur ca. 0,5 % der indischen Bevölkerung aus.

Im Buddhismus und Hinduismus finden wir bei *Jha* ebenfalls Hinweise auf die Schutzwürdigkeit der nicht menschlichen Wesen, doch werden beim Thema *Ernährung* diese Hinweise bedeutungslos, bzw. ignoriert.

Ernährungsriten und Verehrung sind zwei voneinander abgespaltene Bereiche, wie *Jha* feststellt:

> We are also told that Jahangir[184] and Aurangzeb[185] passed laws favourable for the protection of cows, though this could not have resulted from any veneration of the animal.[186]

Die hier erwähnten Gesetze resultieren deswegen nicht aus einer grundsätzlichen Verehrung für Rinder, weil selbst unter den in diesem Zitat genannten Machthabern Kühe geschlachtet und verzehrt wurden.

Unabhängig von der Haltung der genannten Machthaber, aus der zu schließen ist, dass das Verzehren von Fleisch ein *Frevel* sei, wurden *Kühe* oder andere Tiere nicht für *heilig* erklärt, was eigentlich hätte naheliegen können. Beispielsweise hätte man, um sich von den muslimischen Glaubensgemeinschaften strikt abheben zu können, den *Hund* für heilig erklären können, da

---

[184] jainistischer (buddhistischer) Eroberer im 17. Jahrhundert

[185] muslimischer Großmogul im 18. Jahrhundert

[186] Dwijendra Narayan Jha *The Myth of the Holy Cow,* Ed. Verso, London 2002, S.77
„Man sagt uns auch, dass *Jahangir* und *Aurangzeb* günstige Gesetze zum Schutz von Kühen verabschiedet haben, obwohl dies nicht aus einer Verehrung für das Tier resultieren konnte."

dieser im Islam mit dem *Satan* gleichgesetzt wird. Da der *Hund* aber kein *Nutztier* ist, ist er *nutzlos*, er eignet sich demnach nicht als Instrument für die Abgrenzung. Mit ihm ist kein *Profit* zu machen, mit der *Kuh* in unterschiedlichster Weise hingegen schon. Sie für *heilig* zu erklären ist ein strategisches kommerzielles Kalkül, wie am Beispiel der ägyptischen Wüstenantilope *Seth* im vorangegangenen Kapitel bereits dargestellt wurde.

Ein weiterer Grund für die Verehrung bestimmter nichtmenschlicher Lebewesen liegt auch in der selbst auferlegten *Gewaltfreiheit*, die jedoch nur in der hier zitierten Glaubensvariante des Buddhismus gegenüber Tieren ihre (eingeschränkte) Gültigkeit hatte, aber nicht unbedingt als tierempathische Maßnahme zu verstehen ist, sondern als genereller Glaubensgrundsatz.

Eine andere buddhistische Glaubensvariante besagt:

> Early Buddhism, despite its antagonism to animal immolation, has a somewhat negative attitude to animals. According to the Buddhist canonical texts animals are inferior to human beings. Lacking the faculty of insight (prajnã), they cannot understand the Buddhist doctrine and therefore attain liberation (nirvãna). Like man, they are subject to suffering and their existence is extremely unhappy.[187]

---

[187] Dwijendra Narayan Jha *The Myth of the Holy Cow,* Ed. Verso, London 2002, S.61
„Der frühe Buddhismus hat trotz seines Antagonismus gegen die Tierverbrennung eine etwas negative Haltung gegenüber Tieren. Nach buddhistischen kanonischen Texten sind Tiere den Menschen unterlegen. Ohne die Fähigkeit zur Einsicht (prajnã) können sie die buddhistische Lehre nicht verstehen und daher Befreiung (nirvãna) erlangen. Wie der Mensch sind sie Leiden ausgesetzt und ihre Existenz ist äußerst unglücklich."

Signifikant hier ist der unmittelbare und kompromisslose anthropozentrische Ansatz, der vermittelt, dass es dem Tier keinesfalls *besser* gehen darf als dem Menschen. Völlig unberücksichtigt gelassen wird die Tatsache, dass das Tier in seinem *So Sein* weder destruktive, noch speziesistische Verhaltensweisen besitzt, die in irgendeiner Weise mit denen des Menschen vergleichbar wären. Aber genau für diese lebensbejahenden Wesensmerkmale, die das Tier vom Menschen positiv abgrenzt, muss es wahrscheinlich bestraft werden. Dabei hat es der Mensch nach hinduistischer Glaubensauffassung aufgrund der Möglichkeit der Erleuchtung, also der Befreiung vom irdischen Dasein (*Nirwana)* viel besser. Die Tiere, so wird interpretiert, verharren im irdischen Sein.

Es sollte jedoch berücksichtigt werden, dass die Begriffe *Buddhismus* und *Hinduismus* für eine Vielzahl von religiösen Gruppierungen verwendet werden, die manchmal mehr Unterschiede als Gemeinsamkeiten aufweisen, wie an dem Umgang mit dem nichtmenschlichen Wesen an sich abgelesen werden kann. Dafür ein Beispiel aus der Historie des *Fleischkonsums* in Indien und den mit ihm verbundenen, sehr widersprüchlichen Regeln:

> Hsüan Tsang, the Buddhist traveller, who came to India in the early seventh century, tells us, that the flesh of almost all mammals besides fish was forbidden and those who ate such food became pariahs,[188] though, on his own admission, there were Mahayanists[189], who allowed the meat of geese, deer and calves.
> A Mahayana text datable to the third or fourth century, devotes an entire chapter to flesh eating and advances

[188] Pariah (=Ausgestoßene)

[189] Die Mahāyāna Tradition ist die bedeutendste buddhistische Glaubensform des 21. Jahrhunderts

> arguments against it and describes the Buddha as telling the Bodhisattva Mahatmi[190] to refrain from eating meat, though, interestingly, he permitted his followers to eat egg. [191]

Es hat den Anschein, dass die unterschiedlichen Auffassungen innerhalb ein und derselben Glaubensrichtung einer gewissen Willkür und einem Machtstreben entspringen, nicht anders ist die spätere Politisierung und Polarisierung zu erklären. Eine Ausnahme von der anthropozentrischen Argumentationslinie finden wir in der *Heiligen Schrift* der *Mahayana*-Tradition, der *Lankavatara Sutra*, in der die nichtmenschlichen Wesen den menschlichen Wesen gleichgestellt werden.

> These sentient beings have been beasts, domestic animals, birds, and humans in different lifetimes and have often been related to us in some way.
> This being the case, how can the Bodhisattva-Mahasattva who desires to respect all sentient beings as he or she would respect himself or herself and who is committed to devotedly practicing the Dharma eat the flesh of any sentient being whose nature is the

---

[190] Ein Jünger des Buddha der Mahayana Tradition

[191] Dwijendra Narayan Jha *The Myth of the Holy Cow,* Ed. Verso, London 2002, S.77
„Hsüan Tsang, der buddhistische Reisende, der im frühen siebten Jahrhundert nach Indien kam, sagt uns, dass das Fleisch fast aller Säugetiere außer Fischen verboten war und diejenigen, die solches Essen aßen, zu *Parias* wurden, obwohl es *Mahayanisten* gab, denen das Essen von Fleisch von Gänsen, Rehen und Kälbern erlaubt war. Ein Mahayana-Text, der auf das dritte oder vierte Jahrhundert datiert werden kann, widmet dem Fleischessen ein ganzes Kapitel und führt Argumente dagegen an. Er beschreibt eine Szene mit Buddha, wie dieser dem *Bodhisattva Mahatmi* empfahl, kein Fleisch zu essen, obwohl er seinen Anhängern interessanterweise erlaubte, Ei zu essen.“

same as himself or herself?[192]

Hier finden wir eine der seltenen Sichtweisen, die das Tier als *empfindsames Wesen* darstellen, zumindest in den religiösen Schriften. Auch der Hinweis auf den Widerspruch des Fleisch-Essens ist eine seltene Erscheinung, da sie einem offenen kritischen Kommentar gleichkommt. Formulierungen von *empfindsamen Wesen* finden wir, wie bereits erwähnt, bei *Jesaja* im Alten Testament und im Buch *Mose*, in letztgenanntem in der Regel aber verbunden mit dem Unterwerfungsauftrag, der in der *Lankavatara Sutra* ausbleibt. Dafür jedoch fallen, wie *Jha* beschrieben hat, bestimmte Wesen nicht unter das Verbot, was wiederum die Willkürlichkeit und letzthin die *Versuchung des Menschen*, sich trotz oft strenger Bekenntnis zu einer Glaubensform, deren Regeln nicht zu beachten, bestätigt.

Im Alten Testament begegnen uns zwar nicht diese rigorosen Gegensätze der Sichtweisen und Positionierungen gegenüber dem nichtmenschlichen Mitwesen, die *Anthropozentrik* hingegen ist nahezu identisch.

Zusammenfassend kann zu dem Thema *Das Tier in der Theologie* gesagt werden, dass es in der Regel immer um den Menschen geht, auch wenn scheinbar das Tier im Fokus steht. In den

---

[192] Excerpts from the *Lankavatara Sutra*,
https://greatmiddleway.wordpress.com/2011/03/30/the-buddha-on-meat-eating/
(Stand 12/17)
„Diese fühlenden Wesen waren verschiedene Lebewesen wie Tiere, Haustiere, Vögel und Menschen und wurden oft auf irgendeine Weise mit uns (Menschen) in Verbindung gebracht. Wie kann der *Bodhisattva-Mahasattva*, der alle fühlenden Wesen respektieren möchte, so wie er oder sie sich selbst respektieren möchte, und der verpflichtet ist, den Dharma in hingebungsvoller Weise zu praktizieren, das Fleisch eines fühlenden Wesens essen, dessen Natur mit ihm selbst identisch ist?“

Weltreligionen wiederholt sich ein und dasselbe Prinzip: Tiere werden einerseits zu Gottheiten erklärt oder verklärt und andererseits, also im Alltag, ausgerottet. Altruistische, asketische und nicht speziesistische Sichtweisen in Bezug auf Tiere begegnen uns kaum in den Schriften der Weltreligionen, weswegen es mir fernliegt, davon zu sprechen, dass das Verhältnis des Menschen zum Tier *gestört* sei, wie es viele Theologen und Naturphilosophen beklagen. Das würde implizieren, dass es irgendwann einmal harmonisiert war, was in der Historie nicht zu entdecken ist. Vielmehr handelt es sich bei der menschlichen Sichtweise auf das Tier um den vom Menschen vorgegebenen *status quo* des *gemeinsamen* Daseins auf diesem Planeten, der in den Schriften festgehalten wurde. Diese Schriften sind von Autoren initiierte Diskurse über das menschliche Dasein, die von teilweise sehr detaillierten Regularien, wie Tiere zu halten, zu behandeln und wie ihnen zu begegnen sei, geprägt sind. Die Glaubensgrundsätze dienen überwiegend der Katharsis von den Sünden dieser menschlichen Welt, zu denen auch ein machtzentrierter und vom Glauben abgespaltener Umgang mit den Tieren gehört. Es scheint eine Abhängigkeit seitens des Menschen vom Tier zu existieren, die einerseits ganz gegenständlich in den Bereich des menschlichen Ernährungsverhaltens gehört, andererseits aber geprägt ist von einer tiefen Sehnsucht, in das *Paradies* der Tiere aufgenommen zu werden. Aus dieser Dialektik heraus werden Tiere einerseits scheinbar positiv konnotiert, aber auch, wie wir gelernt haben, negativ, was zu komplexen, meist destruktiven Verhaltensmustern, die nur selten in das individuelle Bewusstsein vordringen, führt. Der Versuch, die Tiere durch *Gefangennahme* zu verstehen, bzw. ihnen durch das *Halten* nahe zu sein, was besonders häufig in Schriften der christlichen Theologie zu finden ist, muss angesichts der Tatsache scheitern, dass wir als Menschen die nichtmenschlichen Kommunikations- und Lebensformen nicht erkennen und nicht begreifen können, wenn wir sie an uns binden. Nur und ausschließlich werden wir einen Teil der nichtmenschlichen Lebensweisen erfahren und erkennen können, wenn wir sie *lassen* und *nicht eingreifen*.

Der Journalist und Schriftsteller *Andreas Weber* umschreibt diese Möglichkeit folgendermaßen:

> Nur indem wir an Tieren und Pflanzen die Außenseiten innerlich gefühlter Lebendigkeit sehen, erfahren wir, was es heißt, am Leben zu sein. Unser Körper (*und Geist* Anm. des Autors), der uns in die Lage versetzt, Leben fühlend mit zu vollziehen, verbaut uns zugleich die Möglichkeit, Leben als ein Gegenüber zu durchdringen. Wir brauchen das in einem anderen Wesen verkörperte Gefühl, um unser eigenes zu erfahren.
> ...so bildet der Kontakt mit anderen Wesen unser Herz und macht uns zu uns selbst.[193]

Dieser Kontakt, von dem *Weber* spricht, kann nur in der Zurückhaltung und Enthaltung entstehen. Das Tier ist nicht das Instrument des Menschen, das ihm dient, zu sich selbst zu finden, diese Aufgabe hat er selbstständig zu erfüllen.

---

[193] Dr. Andreas Weber *Der Seele tausend Masken* in *Wenn sich Tiere in der Theologie tummeln*, Regensburg 2010, S. 93

Abb. 7

4. Aussichten?

Diese Frage, die dem letzten Abschnitt dieses Berichts voransteht, kann nicht mit *gut* oder *schlecht* beantwortet werden, ohne die Blickwinkel, die die unterschiedlichen Interessen, Gewohnheiten, Haltungen gegenüber Tieren aufgreifen, zu berücksichtigen. Ich frage mich, inwieweit es überhaupt möglich ist, aus einer menschlichen Perspektive heraus von *guten* Aussichten für das nichtmenschliche Reich zu sprechen, ohne der Menschheit eine drastische Selbstbegrenzung und Rücksichtnahme auf alle nichtmenschlichen Wesen zu *verordnen,* um den in diesem Buch visionär in Aussicht gestellten *Tag X* irgendwann zu erreichen? Nur wenn dies ermöglicht werden würde, könnte aus der nichtmenschlichen Perspektive heraus von *guten* Aussichten gesprochen werden. Für den Menschen würde es wahrscheinlich vom Standpunkt der *Lebensstandardoptimierung schlechte* Aussichten bedeuten. Aber führen *Verordnungen* oder *Gesetze* tatsächlich zu *Bewusstseinsbildungen?* Würden also die durch eine Gesetzgebung aufgestellten und in die Gesellschaft implantierten Regeln ein grundsätzliches Wachstum von Bewusstsein und Achtsamkeit gegenüber unseren nichtmenschlichen Mitbewohnern zur Folge haben und beispielsweise 100 Jahre später die Verordnungen überflüssig machen? Und wie stark würde der Widerstand ausfallen, der auf den Erlass folgen würde?

Unpopuläre, in letzter Instanz aber erfolgreiche Gesetzgebungen sind uns bekannt, die prominenteste ist das *Rauchverbot* in öffentlichen geschlossenen Räumen. Würde dieses Gesetz rückgängig gemacht, stellt sich mit an Sicherheit grenzender Wahrscheinlichkeit der ursprüngliche Zustand wieder ein: Man würde wieder beginnen, in Restaurants, in Foyers, vielleicht sogar in öffentlichen Verkehrsmitteln zu rauchen, Zigaretten würden, insbesondere unter Jugendlichen, wieder angesagt sein. Aber auch mit Rauchverbot werden unzählige Mengen von Kleinstlebewesen und Pflanzen durch das Wegwerfen von Kippen geschädigt, was, zumindest in Deutschland, nicht im Fokus der Öffentlichkeit ist. Von dem Rauchverbot ist offenbar nicht auf eine generelle Rücksicht auf die Umwelt zu schließen, weil es in erster Linie die menschliche und nicht die nichtmenschliche Welt betrifft. Es braucht demnach ein weiteres Gesetz, dass das Wegwerfen von Kippen verbietet, wie es beispielsweise in dem semi-totalitären Staat Singapur praktiziert wird. Dasselbe gilt für die *Anschnallpflicht* oder das *Dieselverbot*: Fielen die Gesetze weg, würde der *Urzustand* mit an Sicherheit grenzender Wahrscheinlichkeit wiederhergestellt. Die nächste drastische Gesetzesänderung wird höchstwahrscheinlich ein Verbot des *privaten Feuerwerks* nach sich ziehen, die auf Kritik ungeahnten Ausmaßes stoßen wird. Auch das *Rauchverbot* hat Hasskampagnen gegen die Gesetzgeber zur Folge gehabt, wird aber inzwischen relativ problemlos umgesetzt. Aber wie bereits vermutet, kann nicht von allgemeiner *Bewusstseinsbildung* diesbezüglich gesprochen werden, sondern von einem (notwendigerweise) *gesetzestreuen Verhalten.* Da die Menschheit unaufhörlich wächst, sind Ausweitungen im Gesetzgebungssektor nicht vermeidbar, da der Mensch ohne Gesetze, also im rechtsfreien Raum, zu konsequent Ego-zentriertem Verhalten neigt. Das Ignorieren dieser Tendenzen hätte eine *Verrohung* zur Folge, die von Destruktion – wie wir an seiner Haltung gegenüber Tieren erkennen können – und dem Streben nach persönlicher Bereicherung gesteuert wäre. Genozide beispielsweise sind nur aufgrund der Legalisierung des Tötungsaktes möglich, die wiederum durch Rechtsfreiheit geschaffen wird. Aus dieser Perspektive sind Tiere einem permanenten und umfassenden *Faunazid* ausgesetzt, dem, wie beim Menschen auch, nur mit der Gesetzgebung begegnet werden kann.

In diesem Kontext gibt es allerdings einen Hoffnungsschimmer: Der Mensch ist ein anpassungsfähiges Wesen. Ist ein Gesetz erst einmal erlassen, wird sich in der Regel daran gehalten. *Gute Aussichten* für die Zukunft der nichtmenschlichen Welt und der Menschheit, wenn sich entsprechende Gesetzesvorgaben in nachbarschaftlichen wie globalen Lebensbereichen einrichten ließen.

Um jedoch in demokratischen Kontexten so weit zu kommen, dass unpopuläre Gesetze erlassen werden, bedarf es intensiver Bewusstseinsvermittlung im Rahmen der eigenen Möglichkeiten. Dieser Tätigkeiten widmen sich zahlreiche NGOs und Tierschutzorganisationen, in einigen vom Tourismus abhängigen afrikanischen und asiatischen Staaten auch regierungsnahe Schutzorganisationen und in westlichen Industrieländern auch Ärzte und Journalisten, wie ich im 2. und 3. Kapitel dieses Abschnitts näher darstellen werde.

Den größten Teil der Ausbeutung von nichtmenschlichen Wesen hat die Nahrungsindustrie zu verantworten, die sich werbestrategisch längst Lichtjahre von den eigentlichen Qual- und Tötungsakten, die ihren Gewinn sichern, entfernt hat, wie an folgendem Beispiel verdeutlicht werden kann:

Im Rahmen einer Reise an die Nordsee sind wir von den Vermietern unserer Ferienwohnung vorab zum Tee in deren Wohnung eingeladen worden. Ein älteres Ehepaar, das mit viel Liebe zum Detail über Jahre hinweg ihr vor einem Jahrzehnt erworbenes Reetdachhaus, das sie nun zum Teil als Ferienwohnung anbieten, saniert haben. Im Gespräch wurde deutlich, wie tief ihre Verbindung zum Material, zur Architektur, zur Tradition und zum Bild des Dorfes, in das sich ihr Haus perfekt einfügt, verankert ist. Werte, auf die man selten trifft und die authentischer nicht sein könnten. Es wurden die wohlgeratenen Kinder und Enkel erwähnt, der Zweitwohnsitz in Niedersachsen, in einem ähnlich solide sanierten Objekt und die Liebe zu den beiden Gärten in Niedersachsen und in Nordfriesland, die ungewöhnlich üppig und vielfältig angelegt sind. Wir haben in dem kurzen Beisammensein große Schnittmengen feststellen können, wären da nicht die mit Eiern und Butter gebackenen Plätzchen gewesen, die uns angeboten wurden. Und genau an der Stelle scheiden sich die Wege und es ergibt sich die Fragestellung, ob man, wenn doch das Zusammensein von Harmonie, gegenseitigem Respekt und Interesse aneinander geprägt ist, dadurch irritiert, dass man die vegane Lebensweise und aufgrund dessen die Ablehnung der Kekse, zum Thema macht.

Es ist in solchen Situationen, in denen ja nur das komplett codierte Ende einer Kette von Qual und Ausbeutung in Form eines Kekses auf den Tisch kommt, immer eine Frage der Abwägung, ob man dieses fast boden- und grenzenlose Thema der Ausbeutung von Tieren aufmacht oder nicht. Ich meine mit *aufmachen* keineswegs Anklagen, Verbreitung von Dogmen oder Missionierung, sondern allenfalls ein Hinweis auf die eigene Ernährungsweise. In der Regel bleibt es aber nicht dabei, sondern wird schnell zum Hauptthema, was nicht in meinem Sinne ist. Vielmehr wäre mir daran gelegen, dass dieser Hinweis ohne besonderen Diskurs, der meistens folgt, hingenommen wird.

Im Gegensatz zum *Rauchen* im Wohnzimmer ist bei dieser Art Zusammenkünften niemand persönlich beeinträchtigt, wenn man davon absieht, dass man als Veganer, bzw. Tier zugewandter Mensch das Plätzchen als Symbol für die Ausbeutung von Tieren definiert. Aber das merkt keiner, wenn man es nicht ausspricht und mit diesem *outing* Gefahr läuft, die gute Stimmung zu beeinträchtigen oder zumindest einseitig werden zu lassen; das *Rauchen merkt* man. Letzthin ist es dieses *Merken*, das Prozesse in Gang setzt.

Für das Herstellen von veganen Plätzchen ist ein nicht unbedeutendes Maß an Empathie nötig, das sich in letzter Konsequenz anfangs unangenehm auf den Rhythmus des eigenen Alltages auswirkt: Man muss zunächst einmal daran glauben, dass vegane Plätzchen genauso gut schmecken wie die aus familiärer Tradition und man muss sich auf eine Art ernährungsmäßige Reise begeben, auf der Wurst und Käse keinen Platz mehr haben. Der ungewohnte Herstellungsprozess erfordert dann noch einmal ein bestimmtes Maß an Abenteuerlust und Risikobereitschaft. Aber: Das Feriendomizil könnte dann als *vegane* Ferienhausvermietung angekündigt werden.

Aber warum sollte man das tun, wenn die bisherige Lebensweise entscheidend zum eigenen Glück beigetragen hat, sich alle Lebensumstände stimmig und prosperierend ineinanderfügen und man zunächst einmal lediglich *merken* würde, dass eine Ernährungsumstellung mit Mühen verbunden ist und zudem keinen unmittelbaren *Mehrwert* zur Folge hat? Die FeWo in eine *Nichtraucherwohnung* umzuwandeln unterstützt die positive und Glück-orientierte Lebensweise und fällt nicht schwer, letzthin auch, weil es einem Trend entspricht und Raumpflege erleichtert. Sich in eine *vegane* Ferienhausvermietung zu verändern, wenn man Jahrzehnte lang seine Gäste zum Willkommenskaffee mit Plätzchen und auf Wunsch mit Frühstück (Wurst und Käse) versorgt hat, besteht kein Anlass. Wenn es jedoch zu einer Gesetzgebung käme, die Tierprodukte in Nahrungsmitteln ausschließt, wird eine Umstellung der Gewohnheiten in Gang gesetzt, die zum *Tag X* mit Sicherheit auf große Akzeptanz stoßen wird. Der oben beschriebene Teenachmittag würde höchstwahrscheinlich in derselben Stimmung stattfinden, dem *Tierreich* wären Lebens- und Daseinsrechte eingeräumt worden und der Mensch wäre keinem Leid oder lebensbeeinträchtigendem Verzicht ausgesetzt. Zudem nimmt der Staat dem Bürger eventuelle

Schuldgefühle, dass er Anteile an der Destruktion seiner nächsten Umgebung und des Planeten Erde hat(te), ab.

Dieses Beispiel steht stellvertretend dafür, dass nur die konkrete persönliche Betroffenheit wie Krankheit, nachlassender Umsatz oder Lebensprobleme eine Änderung der eigenen Lebensumstände in Gang bringen, nicht aber allgemeine Unsicherheiten, die auf die Ausbeutung des Planeten, sowohl in der engsten Nachbarschaft als auch global, zurückzuführen sind und die man erstens nicht *merkt* und vor denen man sich, *wenn* man sie *merkt*, zu schützen weiß. Nichts liegt ferner, als die Gründe für zunehmende Krankheiten, Resistenzen, Epidemien anteilig in der eigenen Weihnachtsbäckerei zu vermuten, auch wenn inzwischen erwiesen ist, dass tierische Fette und Zucker mit zu den gesundheitsschädigendsten Lebensmittelbestandteilen gehören. Auch wenn die nicht tierproduktfreie *Weihnachtsbäckerei* am Ende der desolaten Ernährungskette steht, ist sie mitverantwortlich für die genannten destruktiven Entwicklungen in unserer nichtmenschlichen Mitwelt, an denen nun einmal jeder, der ein Plätzchen, das aus Milch und Butter hergestellt ist, zu sich nimmt, beteiligt ist und damit auch an der Verdüsterung der Aussichten für die Tiere. Alternativen ohne Tierleid sind möglich, ohne großen Aufwand machbar und ebenso schmackhaft wie die Backwaren, mit denen die Ausbeutung von nichtmenschlichen Lebewesen engstens verknüpft sind.

Eine Option der *guten Aussichten* für die Tiere neben der persönlichen Betroffenheit liegt in dem Begriff *Trend.* Der Mensch richtet sich gerne nach einem allgemeinen *Trend*, wägt aber auch hier im Rahmen eines sehr komplexen und subjektiven gedanklichen und emotionalen, oft instinkthaften Vorgehens ab, ob und inwieweit ihm eine Beteiligung an dem *Trend* nutzt. Dabei spielt auch keine unbedeutende Rolle, wie prominent der *Trend* aufgestellt ist und wie und ob das eigene Image von einer

Beteiligung an dem *Trend* profitiert. Wird es irgendwann einmal allgemein weniger üblich, dass man sich von Tierprodukten ernährt, steigen die *guten* Aussichten für die Tiere, ohne dass sich die für die Menschen signifikant verschlechtern, weil der *Trend* als eine Art *Kompensationsmittel* dient und vielleicht Alternativen für die traditionelle *Weihnachtsbäckerei* relativ leicht verfügbar sind. Aber wie entsteht der *Trend?* Dieser Frage gehe ich in diesem letzten Abschnitt dieses Erfahrungsberichtes nach, um am Ende vielleicht *gute* Aussichten für Mensch und Tier prognostizieren zu können.

4.1 Wildnis und die Freiheit

> The only solution to the „Sixth Extinction" is to increase the area of inviolable natural reserves to half the surface of the Earth or greater. It requires a fundamental shift in moral reasoning concerning our relation to the living environment.[194]

Edward O. Wilsons Aufforderung betrifft das *Lassen* der nichtmenschlichen Welt sowohl im globalen als auch im nachbarschaftlichen Umfeld. Diese Gegenüberstellung ist zentrales Thema in diesem Kapitel. Streng formuliert fordert *Wilson* auf, die Hälfte unseres Planeten, die noch von überwiegender Wildnis geprägt ist, weder zu betreten noch zu besiedeln. Auf den regionalen Zusammenhang angewendet, bedeutet dieser Hin-

---

[194] Edward O. Wilson, *Half Earth,* Norton&Company, New York 2016, S 167 „Die einzige Lösung die „Sixth Extinction" zu bremsen, besteht darin, die Fläche der unantastbaren natürlichen Reserven auf die Hälfte der Erdoberfläche oder mehr zu erhöhen. Es erfordert zudem eine grundlegende Änderung der moralischen Haltung gegenüber unserem lebenden Umfeld"

weis, dass Wildnis-Gebiete auch in touristisch erschlossenen Landschaften vom Betreten ausgeschlossen werden. Und im nachbarschaftlichen Umfeld wären dann bestimmte Wiesen oder Wildnisflächen für die Menschen gesperrt.

Mit bewegungseinschränkenden Maßnahmen im urbanen oder auch ländlichen Umfeld kann die *Sechste Auslöschung* nicht gänzlich aufgehalten werden. Aber es besteht die Chance, eine die Wildnis respektierende und damit bewahrende Haltung zu vermitteln, vorausgesetzt, diese Verbote betreffen alle, also auch Jäger, Förster oder Gärtner. Verbote sind allerdings auch nicht sehr populär, allzu schnell fühlt sich der Bürger in seinen *Rechten* beschnitten und verlangt nach Abschaffung des Verbotes, insbesondere, wenn es sich ihm nicht erschließt, warum er ein bestimmtes Gebiet, das er vielleicht oft und gerne bewandert hat, nun nicht mehr begehen darf. Bewahrende Maßnahmen scheinen daher nicht ohne Verzicht auszukommen, der eine oder andere kennt diese Einschränkungen in Form von Regeln, die in Nationalparks gelten. Davon wird im Kapitel *Schutzgebiete und ihre Funktionen* die Rede sein. In diesem Kapitel geht es in erster Linie um die Fragestellungen, inwieweit innerhalb menschlicher Siedlungsgebiete, aber auch in noch unberührten freien Landschaften Betretungsverbote langfristig gesehen unvermeidbar sind. Ob diese *Schutzzonen* ausreichen, dass sich dort evolutive Prozesse entfalten und biodiverse Lebensräume mit größtmöglicher Harmonie des nichtmenschlichen Zusammenlebens entstehen und ob und wie die Grenzen zu menschlichen Ansiedlungen eingehalten werden können.

Würde *Wilsons* Vision umgesetzt werden sollen, würde ein Gelingen mit größtmöglicher Nachhaltigkeit in der Tat von der Akzeptanz seitens der Menschen abhängen, die sich in wilden und freien Gebieten, ob es sich um eine Wiese am Rande eines Parks oder um Nationalparkflächen handelt, aufhalten möchten.

Es spielt hier keine Rolle, ob es sich bei der Rückgabe an die Wildnis um weltweit bestimmte Ski- oder Meeresgebiete, Nationalparkabschnitte, Lufträume oder Naturflächen in nachbarschaftlicher Umgebung der Wildnis handelt, in jedem Falle steht das selbst zugestandene Recht auf freie Entfaltung auf dem Prüfstand und muss auf seine Legitimität hin untersucht und gegebenenfalls drastisch eingeschränkt werden, da es ohne Berücksichtigung der Lebensinteressen unserer Mitgeschöpfe eingerichtet wurde.

Folgendes Beispiel belegt den grundsätzlichen Anspruch auf Naturflächen, den der Mensch meint, geltend machen zu können: Auf einem von Menschen verlassenen Grundstück mit Einfamilienhaus am nördlichen inneren Siedlungsrand Berlins hat sich innerhalb der letzten drei Jahre eine undurchdringliche Wildnis angesiedelt, es ist ein Fuchsbau entstanden, im Frühjahr nisten dort Nachtigallen, da auch die Hecken meterhoch wachsen konnten, und im Schuppen leben Fledermäuse, die in der sommerlichen Abenddämmerung die Schwalben beim Insektenfangen ablösen. Waschbärenfamilien haben dort ideale Lebensbedingungen, auch wenn es zuweilen zu Konflikten mit den Füchsen, insbesondere im Frühjahr mit den Welpen, kommt. Die Pflanzenwelt hat sich ungehindert entfalten können, sodass dort aufgrund des Dickichts regelmäßig Singvögel zum Nisten zu Gast sind. Das ca. 4000 qm große Grundstück hat sich zu einem Lebens- und Rückzugsraum für diverse nichtmenschliche Arten entwickelt, die dort ungestört ihren Lebensrhythmen und -zyklen folgen können; mehr oder weniger unbemerkt von der Nachbarschaft, obwohl sich links und rechts Eigenheime mit Gärten befinden. Wer dieses einzigartige Stück Wildnis wahrgenommen hat, konnte den Lauf der Jahreszeiten nicht nur sehen, sondern auch hören. Ein wildes und freies Kleinod inmitten eines urbanen Siedlungsgebietes, das nicht nur aus dem Blickwinkel des unmittelbaren Zusammenlebens mit wilder Natur ein Gewinn für die Nachbarschaft ist, sondern auch aus der Perspektive des Mikroklimas, wie sogar die Leiterin der *Unteren Naturschutzbehörde* anmerkte:

> Durch die Lage im Biotopverbund Pankow mit Nähe zum Kreuzgraben und der Panke, sowie durch die auf dem Grundstück befindlichen waldartigen Bestände sind optimale Voraussetzungen für eine Bewahrung und angemessene, integrative Gestaltung gegeben.
> Der innerstädtische Grünraum wird hier zum Bildungsort, in dem Naturerfahrung als Ausgangspunkt für die Förderung eines Bewusstseins für Naturschutz dient und Lebensräume von Tieren und Pflanzen unmittelbar erlebt werden können.[195]

Offiziell wurde das Grundstück und seine gewachsene Biodiversität in der Nachbarschaft nur in Bezug auf den Bodenwert, bzw. den Verkaufswert wahrgenommen. Die Tatsache, dass sich dort eine gewachsene Flora und Fauna, die bewahrt werden sollte, befindet, war komplett uninteressant, da wertmindernd. Im Besitz der *BIMA* (*Bundesanstalt für Immobilienaufgaben*) musste es so bald wie möglich zum Höchstpreis verkauft bzw., um den Höchstpreis zu erzielen, in die Auktion gegeben werden. Es wurde eine Maklerfirma beauftragt, das Grundstück für die Veräußerung herzurichten. Es wurde gerodet, rechtzeitig vor dem Beginn der Vegetationsperiode; ein sinnloses Unterfangen mit hohem Zerstörungspotenzial. Zu diesem Zeitpunkt war nicht entschieden, ob das Objekt überhaupt in den Verkauf kommt oder der *BIM* (*Berliner Immobilien Management*), also dem

[195] Frau Dr. Moorfeld, Leiterin des Umwelt-und Naturschutzamtes Berlin Pankow in einer Empfehlung zur Bewahrung des Grundstückes, 26.01.2018

Land Berlin, das immer ein Vorkaufsrecht besitzt, angeboten wird.

Einzelne Personen handelten in vorauseilendem Gehorsam, indem sie einen Rodungsauftrag erteilten, dessen Sinn und Zweck sich allerdings nicht erschloss. Dass mit diesem Handeln Lebensräume der nichtmenschlichen Welt zerstört wurden, ohne dass ernst zu nehmende menschliche Belange existieren, spiegelt die Entfremdung und Willkür wider, die maßgebend sind im menschlich-nichtmenschlichen Verhältnis. Hier von *guten Aussichten* zu sprechen, wäre unangebracht. Bei dem zitierten Fall handelt es sich nicht um ein Gebiet, auf dem 1000 Wohnungen entstehen könnten, sondern letzthin um ein Luxusobjekt, das ausschließlich zur Profitmaximierung und Optimierung des Lebensstandards einzelner Personen dienen würde. Wenn hier der Gesetzgeber verfügen würde, dass das Grundstück in seinem wilden Zustand *gelassen* werden müsste, wäre ein anfänglicher Aufschrei einer bestimmten Gesellschaftsschicht unvermeidbar, aber hinnehmbar, da er angesichts anderer Angebote bald abebben würde. Was würde folgen? Ein Grundstück, das aus Gründen der Bewahrung der dort sich entfaltenden Wildnis nicht betreten werden darf? Eine Art Mikro-Nationalpark mit permanenter Stufe I? Es leuchtet nicht ein, was dagegen spräche, außer, dass wahrscheinlich dafür eine Gesetzeserweiterung des Natur- und Tierschutzgesetzes notwendig wäre. Diese Maßnahme würde zunächst auf überwiegendes Unverständnis stoßen, aber wenn man sie mittels entsprechender Informationstafeln und -veranstaltungen in der Öffentlichkeit bekannt machen würde, mit der Zeit eine Art Präzedenzstellung mit (über)regionaler Bedeutung erhalten. Nur in dem Falle würde der erwähnte *Aufschrei* folgen, wenn das Grundstück einer Baumaßnahme zum Opfer fiele.

Dieser Fall wird jedoch nicht eintreten, da eine Bebauung, wie man an den nicht erfolgten Reaktionen auf die Rodung ablesen konnte, zum allgemeinen und *selbstverständlichen* an Gewinn orientierten Alltag des Immobiliengeschäfts gehört.

Die Selbstverständlichkeit, Wildnis nicht lassen zu können *(=dürfen?)* spiegelt sich im globalen Kontext auch in der Ankündigung eines größeren Hamburger Reiseveranstalters wider, *nun auch Abenteuerreisen in die Arktis* anbieten zu können. *Edward O. Wilsons* Forderung betrifft u.a. genau diese Gebiete, die für jegliche touristische und natürlich wirtschaftliche Ausbeutung gesperrt werden müssten. Ein weiteres globales Beispiel für die Haltung des Menschen, dass es ihm zustehe, jeden (wilden) Quadratzentimeter dieses Planeten betreten zu dürfen, finden wir in dieser Meldung:

> Meeresschutz eingefroren
> 02. November 2018
>
> Die Ausweisung von riesigen Meeresschutzgebieten im antarktischen Südpolarmeer ist gescheitert. Die Jahreskonferenz der zuständigen internationalen Antarktis-Kommission (CCAMLR; Kommission zur Erhaltung lebender Meeresschätze der Antarktis) im australischen Hobart endete, ohne dass besonders wertvolle und sensible Regionen des Südpolarmeers mit seiner Tierwelt dauerhaft unter Naturschutz gestellt wurden.[196]

Der Hintergrund dieser Entscheidung liegt in der für bestimmte Staaten Vorteil bringende Abschmelzung der Polkappen. Dass diese Abschmelzprozesse die ursprüngliche arktische Wildnis

[196] Magazin des *World Wildlife Funds*, 01/2019, S. 40

stark beeinträchtigt, transformiert und schlussendlich zerstört, wird nicht in Betracht gezogen. Das Ergebnis der Transformationen sind vormals durch Eis blockierte, nun beschiffbare Meeresengen, die die Grenzen zwischen den anliegenden Staaten aufweichen und teilweise verwischen. Diese Staaten, die sich geweigert haben, die Ausweisung zu unterzeichnen – China, Russland und Norwegen –, wollen die frei befahrbaren Gebiete militärisch sichern und kommerziell nutzen. Hier hat der Klimawandel einen paradoxen Kollateralnutzen: Die genannten Staaten machen sich die Erwärmung der Erdatmosphäre zunutze, ihre eigenen militärischen und politischen Interessen umzusetzen. Man kann sogar davon sprechen, dass der Klimawandel im Interesse dieser Staaten ist. Den Klimawandel aufzuhalten würde für sie bedeuten, ihrem eigenen Expansionsstreben entgegenzutreten, die Staaten würden sich also selbst schädigen. Diese Darstellung entspricht der Umweltpolitik Chinas: Es werden unwahrscheinliche Anstrengungen unternommen, das Land inzwischen als fortschrittlich in Bezug auf Umwelttechnologie und Bewahrung von Schutzgebieten im eigenen Land darzustellen. Es muss hier nicht weiter erwähnt werden, dass Chinas Regierung weltweit an den größten Zerstörungsszenarien von Wald- und Wildnisgebieten, überwiegend in Südamerika und Afrika, beteiligt und sogar federführend ist. Dass dem Land ein profundes Interesse am Klimawandel unterstellt werden kann, da es an eisfreien und schnellen Handelswegen durch die Arktis, sowie Bodenschätzen und Ausbeutung der Fischgründe interessiert ist, liegt nahe. Dabei ist China kein Anrainerstaat und hat aufgrund dessen keine Ansprüche anzumelden. Da die Volksrepublik jedoch seit Jahrzehnten mittels For*schungsprojekten in der Arktis Interessen geltend macht, hat es sich im Arktischen Rat, der über die Nutzung der Region entscheidet, einen festen* Beobachterplatz gesichert. China versteht sich als Anteilshaber.

Im nachbarschaftlichen Kontext finden wir eine Parallele: Ehemalige Nachbarn mit semi-wildem Garten im urbanen Gebiet, selbst Verfechter von ökologischen Gärten, haben einen in ihrem Garten stehenden Baum so geschädigt (Wäscheleine, die sich in die Borke eingegraben hat), dass er schlussendlich gefällt werden musste. Der Kommentar der Nachbarn war der, dass man nun endlich Licht im Garten hätte und die zwei verbliebenen Robinien am liebsten auch noch beseitigen würde.

Hier wurden Schädigungen in Kauf genommen und eventuell intendiert, um die eigenen Interessen umzusetzen, obwohl man sich nach außen der Natur und Umwelt zugewandt darstellt. Den erwähnten Nachbarn kann ein profundes Interesse an einer „zufälligen" Schädigung der Robinien unterstellt werden, damit eine Fällung gerechtfertigt und der eigene Nutzen durchgesetzt wird.

Der menschliche Kontext, im Rahmen dessen Entscheidungen getroffen werden – in der Regel zuungunsten des nichtmenschlichen Reiches – besteht seit dem Beginn der menschlichen Besiedlungsaktivität und hat sich, wie wir an diesen beiden beispielgebenden Fällen erkennen können, nicht geändert. Gebiete der natürlichen Wildnis zu überlassen hat neben wirtschaftlichen Interessen auch immer mit der Angst zu tun, der Natur zu viel Raum zuzugestehen, der letzthin den menschlichen Raum reduzieren könnte.

Was meine Beispiele eint, ist der Unwille des Menschen, Tieren und Pflanzen ihre Territorien zuzugestehen, wie die beiden Philosophen Sue Donaldson und Will Kymlicka feststellen:

> Wildlebende Tiere sollten als Lebewesen betrachtet werden, die ein Recht auf ihr eigenes Territorium sowie auf Autonomie in diesem Gebiet haben. Die politi-

> sche Theorie fasst die Rechte auf Territorium und Autonomie gewöhnlich in die Begrifflichkeit der Souveränität. Entsprechend lassen sich unsere spezifischen Verpflichtungen gegenüber wildlebenden Tieren anhand politischer Theorien der Souveränität beleuchten.[197]

Die Arktis und die Antarktis beispielsweise sind solche Territorien, die ausschließlich nichtmenschlichen Bewohnern zur Verfügung stehen sollten.

Mit den *spezifischen Verpflichtungen*, von denen *Donaldson* und *Kymlitzka* sprechen, ist das *lassen können* gemeint. Erkennen wir Menschen *Territorien* an, besteht die Verpflichtung, diese Gebiete sich selbst zu überlassen. Selbst im *Nationalpark Nordfriesisches Wattenmeer* kann die maritime Wildnis nicht *gelassen* werden, da die *Zone 1* (höchste Schutzmaßnahmen) nur bei trocken gefallenem Watt besteht, bei Flut ist der Fisch- und Krabbenfang gestattet. Hier wird mit zweierlei Maß gemessen, was die Vermutung zulässt, dass nicht die *Souveränität* und die *Autonomie* der Lebewesen, also der Begriff *Nationalpark* in seiner eigentlichen, die nichtmenschlichen Territorien schützenden Bedeutung das Maß aller Dinge ist, sondern die kommerzielle Ausbeutung, die mit dem Begriff *Nationalpark* aufgeweicht, wenn nicht sogar *getarnt* wird. Zudem liegt in der Bedeutung des Begriffs eine Art kommerzieller *Kollateralnutzen,* da er aus der Perspektive des Tourismusmanagements positiv konnotiert ist. Dazu mehr im nächsten Kapitel.

Ich möchte in diesem Abschnitt näher auf den alltäglichen Umgang mit der *Natur* eingehen. Bewusst bediene ich mich hier

---

[197] Sue Donaldson und Will Kymlicka, *Bill und Lou in der Zoopolis* in *Mittelweg 36,* Zeitschrift des Hamburger Institus für Sozialforschung, Hamburg 11/14, S. 7

des Begriffs *Natur*, da die Terminologie auch entscheidend für die individuelle Legitimation ist, mit der Natur so oder so umzugehen. Erwähne ich im Gespräch beispielsweise, dass ein *ursprünglicher natürlicher Zustand* einer Fläche gelassen werden sollte, anstatt ihn zu stören, wird in der Regel argumentiert, dass dieser besagte Zustand ja schon längst nicht mehr *natürlich* sei, sondern von *Menschenhand* gemacht. Hier stockt das Gespräch meistens, weil die Argumentationslinie meines Gegenübers die ist, dass dessen Sichtweise den Eingriff rechtfertigt und meine die, nun erst recht den Eingriff zu vermeiden, um einen *natürlichen/unberührten* Zustand wiederherzustellen zu können; zwei gegensätzliche Positionen. Mein Gesprächspartner hat insofern recht, als dass es sich bei der Fläche nicht um *Wildnis* im ursprünglichen Sinne handelt. Andererseits ist nicht geklärt, *ab wann* von *Wildnis im ursprünglichen Sinne* gesprochen werden kann. *Ab wann* gilt eine Art als heimisch und nicht mehr *fremd*, bzw. *invasiv?* In erwähntem Gespräch spielt diese Definition letzthin keine Rolle, da mein Gesprächspartner eingreifen *will* und diese Tätigkeit rechtfertigen *muss*. Mein Ansatz ist der des *Lassens,* der keiner Rechtfertigung bedarf, da das *Leben Lassen* eine moralisch-ethische Verpflichtung ist, wie *Donaldson* und *Kymlitzka* betonen. Die *Natur/Wildnis* wird im Alltag gestört, ihr werden Lebewesen entnommen, teilweise wieder zurückgegeben, teilweise – und das mehrheitlich – für die eigene Unterhaltung, Forschung oder Züchtung *verwendet.*

In die *Wildnis* einzugreifen wird, insbesondere unter *Naturschützern*, damit begründet, dass *fremde* Arten für *einheimische* Arten eine Bedrohung seien; ungeachtet der Tatsache, dass die *fremde Art Mensch* die größte Bedrohung darstellt. Es werden Behauptungen aufgestellt, dass besagte *invasive* Wesen die *einheimischen* verdrängen würden und Monokulturen verursachen. Dass die *Wildnis*, wie wir sie im nachbarschaftlichen Umfeld oft erleben, bereits seit Hunderten von Jahren besteht, sollte es sich nicht gerade um eine Renaturierung von stillgelegten Tagebauflächen handeln, wird nicht erwähnt. Was ebenfalls ignoriert wird, ist die Tatsache, dass in vielen Beispielen, die angeführt werden, ein langfristiger Prozess von Harmonisierung stattfindet, im Rahmen dessen die vermuteten Verdrängungsszenarien nicht stattgefunden haben. Die Argumentationen beziehen sich stets auf kurz- und mittelfristige Vermutungen (*wir müssen jetzt handeln, sonst ist es zu spät*) und nicht auf Tatsachen, wie der Evolutionsbiologe *Josef Reichholf* bemerkt:

> In der „Schwarzen Liste" der EU sind Säugetiere und Vögel wie Waschbär, Nasenbär, Muntjak, vier Hörnchenarten sowie der Heilige Ibis, also hochentwickelte, leidensfähige Arten. Die nähere Betrachtung ergibt, dass für die Verdammung dieser Arten keine wissenschaftlich fundierten Befunde vorliegen. Es wird lediglich vermutet, dass sie wirtschaftliche Schäden und ökologische Veränderungen verursachen könnten und die „heimische Flora und Fauna" verändern würden. Offenbar stehen Interessen der Jäger, Angler und der Land- und Forstwirtschaft dahinter.[198]

Diese *Interessen* sind regulatorischer Natur und von reinem Selbstzweck geprägt und haben nichts mit der sich selbst regulierenden *Wildnis* zu tun. Die Begründung, dass jetzt gehandelt werden müsse, da es sonst zu spät sei, ist in dem Moment gegenstandslos, in dem wir uns klar machen, dass alle evolutiven Prozesse nicht nur ein, sondern unzählige menschliche Generationszyklen dauern.

---

[198] Josef H.Reichholf *Fremde Arten* in *TIERethik*, 10. Jahrgang 2018/2, Heft 17, S. 15

Die *Wildnis* kann als ein einzigartiges Kooperationssystem bezeichnet werden, in dem über lange Zeiträume ständig Veränderungen in Zusammensetzungen von vorkommenden Arten auftreten, die immer danach streben, miteinander zu harmonisieren. Entnimmt der Mensch diesen Kooperationssystemen ein *Mitglied* oder siedelt er sich dort an, werden Prozesse, oft Mikroprozesse, stark beeinträchtigt. Diese Irritationen können nicht kompensiert werden, bzw. benötigen ungeahnte Zeiträume, sich wieder zu *naturieren*. Jeder gestalterische Eingriff zerstört Lebenszusammenhänge und -netze.

Das erwähnte *Entnehmen* bedarf einer genaueren Betrachtung. Wenden wir uns dem *Pflücken von Blumen* als Synonym für die Entnahme von Pflanzen zu: Jeder kennt den Impuls, Blumen, Blüten oder Zweige aus der Wildnis zu entfernen und diese aus Dekorationszwecken in die Wohnung zu stellen; es handelt sich um eine *Freiheit*, die sich der Mensch herausnimmt, da die *Wildnis* nicht an Eigentum gebunden ist. In *Landschaftsgärten* ist das Entfernen von Pflanzen in der Regel untersagt, da die mühsam angelegte Optik, die der Hauptgrund der Attraktion ist, gestört werden würde und einen Eingriff in Eigentum darstellt. Auch in Nationalparks ist die Entnahme von Pflanzen in bestimmten Zonen nicht gestattet. In Norwegen darf beispielsweise eine bestimmte Beere grundsätzlich nicht gepflückt werden, weil sie, genauso wie hierzulande das Edelweiß, unter Schutz steht, um das Aussterben zu verhindern. Alle diese Verbote entspringen einer menschlichen Absicht, weil sie mit nationalen Identitäten zu tun haben und nicht mit dem Verstehen natürlicher Zusammenhänge. Dass sich das Edelweiß eines besonderen Schutzes erfreut, ist natürlich positiv und unterstützenswert. Wie würde hingegen eine Argumentation aufgefasst werden, das Gänseblümchen oder den Löwenzahn unter Schutz zu stellen, damit die Pflanzen ungehindert wuchern können, um bestimmten Insekten ausreichend Nahrung zu bieten? Weder Pflücken noch Betreten wäre dann gestattet, um das Entstehen einer Wildnis zu fördern und die Chancen auf ungehinderte evolutive Prozesse in wildem Umfeld zu erhöhen.

Das Entnehmen von Lebewesen ist in jedem Falle der Beginn und Ausdruck einer Unterwerfung und damit Beschränkung der *Freiheit* des Lebewesens. Die Blume, die ihrem Lebenszyklus entrissen wurde, wird dem menschlichen Willen unterworfen, indem sie zu Hause ausgestellt wird. Das *freie* Tier, das der Natur entnommen und *verzüchtet* wird, unterliegt dem menschlichen Gestaltungswillen. Diese Lebewesen bilden eine Art *Kaste*, die jenseits ihres ursprünglich wilden Daseins ausschließlich dazu da sind, dem Menschen zu dienen. Dieser Prozess der Unterwerfung beginnt mit dem Pflücken einer Blume und endet beim Einfangen von Pferden oder Meerestieren zu Unterhaltungs- oder Züchtungszwecken. Der Begriff *wild* besitzt ein zwiespältiges Image. Einerseits sendet er einen Reiz aus, vielleicht sogar eine Sehnsucht nach der Fähigkeit, sich von allen Fesseln zu *befreien*, andererseits verursacht ein *wildes Tier*, zuweilen auch ein *wildes Kind* und, noch schlimmer, ein *wilder Mensch* Unbehagen und Angst. Aber auch die *Freiheit*, wenn sie verfügbar wäre, löst Angst und Furcht aus. Der *Brennnesselgürtel* als Symbol des freien Wachstums muss in seine Schranken gewiesen werden. Dabei spielen urmenschliche (besser: urgesellschaftliche) Selbstdisziplinierungstendenzen eine wichtige Rolle: Der in der *Zivilgesellschaft* verankerte Mensch kann sich nicht erlauben, nach *Wild-* und *Freiheit* zu trachten. Diese Selbstbeschränkung wird damit kompensiert, dass man im Rahmen von *Outdoor*-Aktivitäten in die *Wildnis* geht und meint, sie dadurch kennenzulernen, was ein grundlegender Irrtum ist. Es werden lediglich Gebiete *erlebt*, die sich für die menschlichen Belange und Wünsche nach *Outdoor*-Aktivitäten optimal eignen. Der Mensch sichert sich mittels *High-Tech*-Equipment ab, das die *Gefahren*, die in der *Wildnis* lauern, zum unterhaltenden Abenteuer machen und dem menschlichen Willen unterworfen werden. Diese Aktivitäten folgen in der Regel dem Streben nach Selbstbehauptung und Selbststärkung, im Rahmen dessen die Natur als *Instrument* dient, auf dem das *Selbst* spielt.

Die Verwendung des Begriffs *Wildnis* impliziert im menschlichen Kontext immer den Impuls, *Ordnung* zu schaffen, *Freiheit* beschränken zu müssen, dabei ist die *Wildnis*, wie bereits dargestellt, der Inbegriff der natürlichen Ordnung, wenn sie gelassen wird. Daran jedoch ist der Mensch nicht interessiert. Hier wäre ein zweiter Gedankengang notwendig, der genau diesen instinktiven Impuls auflöst oder relativiert, damit der Blick auf die Kostbarkeiten, die eine *Wildnis* (ver-)birgt, frei wird. Die Nicht-Messbarkeit, die Unberechenbarkeit und schließlich die Maßlosigkeit der *Wildnis* stellen ein Bedrohungsszenario dar, dem der Mensch nicht gewachsen ist und das er nie mit dem Pflücken einer Blume in Verbindung bringen würde.

Diese *Gefahr*, die offenbar von der *Wildnis* ausgeht, scheint in bestimmten Gebieten der Erde dermaßen beängstigend zu sein, dass diejenigen, die sie schützen wollen, in Gefahr leben, umgebracht zu werden. Natürlich spielen bei diesen Angriffen auch wirtschaftliche Interessen und rassistische, sowie speziesistische Gründe keine unbedeutende Rolle, dennoch steuert der Zwang der Unterwerfung alles *Natürlichen* (=alles *lebendigen)* die Aggressionsschübe gegen Natur und Wildnis schützende Minderheiten:

> Two hundred environmental activists, wildlife rangers and indigenous leaders trying to protect their land were killed in 2016, according to the watchdog group Global Witness, more than double the number killed five

> years ago.
> There have also been killings of environmental defenders in Colombia, Honduras, Mexico and elsewhere this year. Most defenders die in remote forests or villages.[199]

Wenn ich mich den Personen, die das erwähnte Grundstück gerodet haben, in den Weg gestellt hätte, wäre ich wegen diverser Gesetzesbrüche angeklagt worden. Im Rechtsstaat bleibt es dann bei einer Geldstrafe oder vorübergehenden Festnahme, in Unrechtsstaaten wird gemordet. Die Quelle dieser Maßnahmen entspringt derselben Haltung, dem Wachstum der *Wildnis* entschieden und entschlossen entgegen zu treten.

Würde der Mensch die *Wildnis* in all ihren autonomen vielfältigen und komplexen Erscheinungsformen als eigentlich perfektes Ordnungssystem anerkennen und schätzen lernen, sie als gleichberechtigt zum menschlichen Dasein empfinden, wären die Impulse, ihr Lebewesen zu entnehmen, aufgelöst. Es könnte sich an ihrem autonomen und daher authentischen *So Sein* erfreut werden.

Wir kommen zu dem Schluss, dass der Mensch nicht daran interessiert ist, die *Wildnis* als eigenständiges Entwicklungsgebiet anzuerkennen, in der er nichts zu suchen hat. Er besteht auf seinem sich selbst zugelegten Recht, *Wildnis* seinen Interessen und Belangen unterzuordnen und damit zu (zer)stören. Die *Aussichten* sind nicht gut für den Rest *Wildnis* auf der Erde, was ganz

---

[199] Jonathan Watts, John Vidal *Environmental defenders killed in record numbers* in *The Guardian Weekly* 28.07.2017, S.12
“2016 wurden zweihundert Umweltaktivisten, Wildhüter und einheimische Führer, die ihr Land schützen wollten, getötet. Laut Global Witness waren es mehr als doppelt so viele wie vor fünf Jahren. In Kolumbien, Honduras, Mexiko und anderen Ländern wurden dieses Jahr auch Umweltaktivisten getötet, die meisten in abgelegenen Wäldern oder Dörfern.“

einfach darauf zurückzuführen ist, dass der Mensch relativ problemlos Maßnahmen ergreifen kann, ohne *Wildnis* leben zu können. Das Verschwinden von *Wildnis* in urbanen Gebieten oder Randgebieten würde er nicht einmal bemerken, also auch nicht verurteilen. Dieses Argument kann den Paradigmenwechsel also nicht einläuten. Meiner Meinung nach kann der Weg zu einer *Wildnis* zugewandten Haltung nur über das Wissen von den Wesen und deren den Menschen nicht unähnlichen Lebensgewohnheiten, geebnet werden, um eine Kultur der Sensibilität und des *Merkens* anzulegen. Wenn in Kindergärten und Schulen Wissen über das harmonische Gefüge in biodiversen Landschaften die außergewöhnlichen Assimilierungskompetenzen beispielsweise von Tauben, Staren, Füchsen, etc. im Rahmen eines eigenständigen Unterrichtsfachs vermittelt werden, der Vorgang des Brütens und Schlüpfens, der elterlichen Pflege von Frischlingen oder Rehkitzen im Unterricht bewusst gemacht wird, dann können die Visionen, beispielsweise von *Wilson*, *Donaldson*, *Kymlitza* und vielen anderen, Gestalt annehmen. Dann wird der Mensch *merkend* begreifen, dass es letzthin nicht darum geht, ob er *ohne* Wildnis (über)leben kann, sondern *mit* der Wildnis besser, bewusster und von Zwängen befreiter leben *wird.* Dieses Bewusstsein verlangt einen gewaltigen Lern- und Lehrprozess, der voraussetzt, dass sich der Mensch zurücknimmt.

> There are true wildernesses around the world that, if simply left alone, will endure as wildernesses.[200]

[200] Edward O. Wilson, *Half Earth,* Norton&Company, New York 2016, S 175 „Es gibt echte Wildnis auf der ganzen Welt, die, wenn sie einfach gelassen wird, als Wildnis bestehen bleibt."

4.2 Schutzgebiete und ihre Funktionen

> Wenn sich die Goldrute hier weiter so ausbreitet wie bisher, können wir das Schutzkonzept in diesem Gebiet vergessen.[201]

Naturschutzgebiete haben die Funktion, bestimmte nichtmenschliche Arten vor Besiedlungs- und/oder anderen menschlichen Aktivitäten zu bewahren. Die Maßnahmen reichen von der Zone 1 eines Nationalparks, die nicht betreten werden darf, bis hin zu Landschaftsschutzgebieten, in denen bis auf intensive touristische Angebote und Müllablagerungen fast alle Aktivitäten erlaubt sind, ermöglicht durch zahlreiche Ausnahmeregelungen.

Ich stelle in diesem Kapitel vier Präzedenzprojekte in regionalem und internationalen Kontext vor, die ich teilweise aus eigener Erfahrung, teilweise aus detaillierten Berichten kenne und kritisch betrachte:

1. Das Landschaftsschutzgebiet *Schönerlinder Teiche* im Norden Berlins
2. Die *Sango Wildlife Conservancy Lodge* in Zimbabwe
3. Der *Nationalpark Wattenmeer* in Schleswig-Holstein, Niedersachsen und Hamburg
4. Das Vogel- und Landschaftsschutzgebiet *Kol-e-Hashmat-Khan* im Süden Kabuls/Afghanistan

Das eingangs erwähnte Zitat bezieht sich auf ein umzäuntes *Naturschutzgebiet* im Norden Berlins, das als *Ausgleichsmaßnahme* für den massiven Autobahnbau in der Gegend entstanden ist und in dem *Koniks* (eine ehemals wilde Pferderasse aus dem

---

[201] Volker Keuchel, Beauftragter für die Landnutzung im *Naturpark Barnim* bei Berlin in einem Telefonat zu einer Anfrage, warum das *Naturschutzgebiet Schönerlinder Teiche* gerodet wurde.

osteuropäischen Raum) und Wasserbüffel leben. Das Konzept besteht darin, dass die Tiere die gesamte Vegetation in ihrem Lebensraum selbst gestalten:

Bis 1977 erfolgte eine intensive Fisch- und Entenhaltung. Anschließend viele Jahre ungestört, frei jeglicher Nutzung, konnte sich ein bemerkenswerter Lebensraum entwickeln. Durch aktiven Naturschutz gibt es heute Wasserflächen, Hecken, Obstbäume, Röhrichte und Feuchtwiesen. Diese laden zum Wandern und zur Schatzsuche auf dem „Löwenzahnpfad" ein. Landschaftsgestalter sind hier Koniks und Wasserbüffel, die die freien Flächen ganzjährig durch Tritt und Verbiss offen halten.[202]

Zudem soll sich die Vegetation durch die Migration der Tiere im gesamten Gebiet selbst generieren und somit artgerechte Nahrungsquellen schaffen. In den vergangenen Jahren hat sich in dem Gebiet die *Goldrute* ausgebreitet, eine dominante Pflanzenart, die vor ca. 250 Jahren eingeschleppt wurde und sich schnell verbreitet hat. Die Goldrute hat in Nordamerika natürliche Fressfeinde, hierzulande fehlen diese Fressfeinde, weswegen sie relativ ungestört wachsen kann. Für *Koniks* und *Wasserbüffel* gehört die Goldrute nicht zum Speiseplan, was dazu führt, dass die *wilden* offenen Flächen des *Naturschutzgebietes* regelmäßig in großen Teilen gerodet werden. Das hat zur Folge, dass natürliche Rückzugsräume, Nist- und Ruheplätze vernichtet werden, ganz zu schweigen von Pflanzen, die zwischen den Goldrutenfeldern wachsen und als Nahrungsmittel dienen. Der *Landschaftsgestalter* ist also der Mensch, der massiv eingreift, und nicht das Tier, wie ursprünglich vorgesehen.

Gehen wir noch weiter zurück, so fragt man sich, warum die *Koniks* und *Wasserbüffel* überhaupt angesiedelt wurden, hat sich

---

[202] http://www.barnimerland.de/de/wandern-und-geotourismus/wandertouren/artikel-schoenerlinder-teiche.html

doch eine einzigartige, undurchdringliche und vom Menschen unberührte Wildnis entwickelt, die man hätte lassen können. Laut Auskunft des Naturpark-Mitarbeiters *Volker Keuchel* war ein Konzept der Wildnis-Autonomie nicht zu finanzieren, weswegen man das Gebiet verpachten und dem Pächter mehr oder weniger Handlungsfreiheit einräumen musste. Dieser hat dann beschlossen, seine Pferde und Wasserbüffel auf dem Gebiet als *Weidetiere* zu *stationieren*, womit der eigentliche Naturschutzgedanke unterlaufen wurde. Die Maßnahme des Pächters wurde ökologisch begründet, wissenschaftlich begleitet und dadurch legitimiert. Die einzigartige Flora wurde durch die Tiere vernichtet, die Landschaft wurde zwar *offengehalten*, die Heterogenität des Pflanzenwuchs jedoch stark reduziert. Der alte Obstbaumbestand wurde durch Verbiss beschädigt, die Vegetation entwickelte sich nicht so wie geplant, die *Goldrute* beispielsweise vermehrte sich relativ unkontrolliert, durch die *Weidetiere* über das gesamte Gebiet verteilt. Dazu kamen die Fortpflanzungsaktivitäten der Tiere, die zeitweise zu Überpopulationen auf dem Gebiet führten, was den Pächter veranlasste, regelmäßig Tiere aus den Sozialverbänden zu entfernen, zu verkaufen und/oder zu schlachten. Mit der Ansiedelung der Tiere ist der Mensch zum Betreiber dieser Fläche geworden, sodass inzwischen auch mehrheitlich von *landwirtschaftlicher Fläche* gesprochen wird, was allerdings mit dem ursprünglichen Naturschutzgedanken und der entsprechenden Außendarstellung nichts mehr zu tun hat. Das Gebiet wird bejagt, gerodet, demnächst werden alte, inzwischen überwucherte und eingewachsene Betonplatten, die inzwischen der Trittfestigkeit der Tiere dienen, entfernt. Kontrollen, die gegen Anglertätigkeiten vorgehen sollten, finden nicht statt, auf den umliegenden Ackerflächen werden Pestizide in hohen Mengen versprüht, die je nach Windrichtung in das *Naturschutzgebiet* gelangen. Wahrscheinlich hat der Landkreis auch Einnahmen durch Jagdlizenzen in dem besagten Gebiet zu verzeichnen.

Dieses Vorgehen ist keine Seltenheit in *Natur-* oder *Landschaftsschutzgebieten*, nur wird es weder genannt noch nach außen kommuniziert. Man fragt sich also, welche Funktion dieses *Schutzgebiet* überhaupt hat. Es entsteht die Vermutung, dass es hier eher um als Naturschutz getarnte Umsetzungen individueller kommerzieller Interessen geht als um das Wohl der Angehörigen des nichtmenschlichen Reiches. Auf Nachfragen, möglich durch das *Informationsfreiheitsgesetz (IFG),* wer mit wem welche Verträge geschlossen hat und inwieweit der Pächter Handlungsfreiheit hat, wurden unklare Antworten in abwehrender Haltung gegeben, dem Gesetz also nicht Rechnung getragen. Das Fazit lautet: Überall dort, wo *Weidelandbetrieb* herrscht – ein Konzept, das stark im Kommen ist, da es für die Umweltbildung den unschätzbaren Vorteil bietet, dass man alte Nutztierrassen in *freier* Umgebung erleben kann, die sich scheinbar selbst überlassen sind – muss man sich im Klaren sein, dass der Mensch lenkt und steuert. Das beginnt mit der Umzäunung und endet mit dem ständigen Abfangen von Jungtieren und Nachsetzen von weiteren Tieren, um die Besatzdichte, die das Regulativ für die finanziellen Zuwendungen des Pächters/Besitzers bildet, konstant zu halten. Dieses permanente Steuern wird nicht nach außen kommuniziert, noch wird dargestellt, dass die *Goldrute* sich letzthin so ausgebreitet hat, weil dem Gebiet keine Zeit gelassen wurde, seine Biodiversität zu entwickeln und sich in seiner Vielfalt zu harmonisieren. Die Betreiber stellen sich nach außen als Natur- und insbesondere Tier-zugewandte Personen dar, bieten Führungen, Workshops, etc. im Bereich der Natur- und Umweltbildung an, sind jedoch in erster Linie Geschäftsleute, die mit Tierhaltung ihren Lebensunterhalt verdienen, teils aus staatlichen Subventionen, teils aus dem Verkauf der Tiere. Hier wäre es angebracht, vor Ort das *Geschäftsmodell Weidetierhaltung im landwirtschaftlichen Kontext* vorzustellen und die Gewinnmaximierung zu erläutern, anstatt die Tiere als Tarnung für dieses Modell zu instrumentalisieren. Gelangten diese Hintergründe an die Öffentlichkeit, würden die Außendarstellung und das Image der Träger *Stadtgüter* und *Naturpark Barnim* schwer beschädigt, was nicht in deren Interesse liegt. Das Landschaftsschutzgebiet *Schönerlinder Teiche* erhöht die Attraktivität der Gemeinde, in der es liegt, weil dort *seltene* Tiere anzusehen sind. Gäbe es diese Tiere nicht, handelte es sich *nur* um eine einzigartige, seit Jahrzehnten unberührte und gewachsene Wildnis, würde die Attraktivität abnehmen und die Gemeinde hätte geringere Besucherzahlen. Die Etiketten *artgerechte Tierhaltung, nachhaltiger Naturschutz* und *Umweltbildung* geben der Gemeinde ein *reizvolles* und *naturfreundliches* Image, das von allen Beteiligten unterstützt wird. Kritische Kommentare oder Nachfragen sind nicht erwünscht. Die Reaktionen auf solche Kommentare verweisen auf die Unmengen von Tieren in Stallhaltungen, denen es im Vergleich *viel schlechter* geht. Das ist nicht abzustreiten, hat jedoch im Kontext der Frage, ob es sich bei der Weidehaltung um ein Modell des artgerechten Daseins von Wildpferden und/oder des Tier- und Naturschutzes handelt, keine Bedeutung. Bei dieser Frage geht es ganz allein um die Klärung der Fakten und die Instrumentalisierung des *Tierschutzes* für Ausbeutung und kommerzielle Interessen.

Was hier im regionalen Kontext in Form einer eher *extensiven moderaten* (Aus-)Nutzung von Tieren stattfindet, wird intensiv in Zimbabwe durchgeführt, wie das folgende Beispiel zeigt, das stellvertretend für das geschäftsmäßige Vorgehen in zahlreichen afrikanischen Nationalparks steht. Wie im *Naturpark Barnim* auch handelt es sich hier um ein engmaschiges Netz aus Staat, Vermittler, Pächter/Veranstalter und Jäger. Je engmaschiger dieses Netz, desto undurchdringlicher und intransparenter ist es, was der Verschleierungstaktik in der Kommunikation nach außen dient.

Ich möchte die Komplexität dieser Vernetzung am Beispiel des Tourismus-Anbieters *Sango Wildlife Conservancy*[203] im Osten Zimbabwes verdeutlichen:

Die *Sango Wildlife Conservancy* hat sich, wie man auf der Website erfährt, zur Aufgabe gemacht, den Tourismus in diesem abgelegenen, infrastrukturarmen Gebiet Zimbabwes zu stärken und der Wilderei mit einem gesunden touristischen Konzept entgegenzutreten. In dessen Zentrum stand das Ansiedeln und der Schutz von afrikanischem Großwild.

Der 15 Jahre anhaltende Bürgerkrieg in Zimbabwe zwischen 1966 und 1980 hat das dort lebende Großwild fast vollständig ausgerottet. Erholt haben sich die Bestände nicht, das Land wurde in der Nachkriegszeit lediglich von Volksstämmen und ihren Rinder- und Ziegenherden besiedelt. Bei der Gründung der *Sango Lodge* 1993 wurden diese Rinder- und Ziegenherden nach eigener Aussage *beseitigt.* Ein Vorgehen, das weder auf der Website, noch auf Anfrage näher erläutert wird, jedoch vermuten lässt, dass es zu Vertreibung und Vernichtung gekommen ist, sowohl von menschlichen als auch von nichtmenschlichen Einwohnern. Der Gründer und Käufer *Wilfried Pabst* hat diverse Wildtierpopulationen eingeführt, deren Vermehrung in die Wege geleitet, die *Wildlife Conservancy* gegründet und ein Beschäftigungsprogramm entwickelt, das die Wilderei im Ansatz verhindert. Für den Staat war diese Investition ein Glücksfall. Erstens musste sich *Pabst* gegen eine nicht unbeträchtliche Summe diese Ansiedlung und das Betreiben der *Lodge* genehmigen lassen, zum anderen rückte ein bisher völlig unbekanntes Stück Zimbabwe in den Fokus des westlichen Afrika-Tour-Establishments:

---

[203] http://www.sango-wildlife.com/ (Stand 08/17)

Arbeitsstellen für *Ureinwohner*, Maßnahmen gegen die Wilderei von privater Seite aus, relativ korruptionsfrei, und eine nach außen kommunizierte ökologische und an den Tieren und der Pflanzenwelt orientierte Ausrichtung des Veranstalters versprachen das durch Bürgerkrieg und Diktatur in Misskredit geratene Zimbabwe zumindest teilweise zu rehabilitieren.

Die Rechnung scheint aufzugehen: Die Lodge beschäftigt Bewohner der umliegenden Siedlungen, diese ernähren mit dem Erlös ihre Verwandtschaft, die wiederum durch den wachsenden, bzw. gleichbleibenden Lebensstandard vom Wildern abgehalten wird. Ein Paradigmenwechsel in der Bevölkerung scheint insofern stattgefunden zu haben, als dass Löwen, Elefanten und Rhinos nun nicht mehr die Bedrohung, Land an den Nationalpark zu verlieren, repräsentieren, sondern die Basis für ihren Lebensunterhalt bieten, die durch die Lodge gesichert ist. Also würden sie, wenn sie Wilderei betreiben würden, ihr eigenes Dasein gefährden. Ein Geschäftsmodell, das überzeugt und dem Schutze der Tiere und Pflanzen zu dienen scheint. Dennoch gab es 2017 einen massiven Einschnitt in dem Programm.

Die *Sango Wildlife conservancy* ist 2017 durch eine so ungewöhnliche wie spektakuläre Transportaktion ins Licht der Öffentlichkeit geraten: *Pabst* hat dem *Zinave-Nationalpark* in Mozambique, sowie dem *Zambezi-Nationalpark* in Zimbabwe eine Donation von insgesamt 6000 Tieren aus *seinem* Bestand vermacht, deren Transport im Laufe dieses und den kommenden Jahren abgewickelt werden soll[204]. Im Falle des *Zinave-Nationalparks* handelt es sich ebenfalls, wie in Zimbabwe auch, um eine Wiederbesiedlung der durch kriegerische Auseinandersetzungen ausgerotteten Großwildpopulationen. Der Begriff

[204] Die den Transport finanzierende und betreuende Organisation *Peace Park Foundation* über das Vorhaben: http://www.peaceparks.org/news.php?pid=1696&mid=1751&lid=1729 (Stand 08/17)

Conservancy bekommt angesichts dieser artensichernden Maßnahmen eine konkrete und reale Bedeutung, das Transportunterfangen und die Hintergründe der Schenkungen jedoch stehen dieser altruistisch anmutenden Haltung eher entgegen.

> The animals are a donation from Zimbabwe's Sango Wildlife Conservancy – a gift, that the owner, Wilfried Pabst, says would not be possible without funds from controversial trophy hunting.[205]

Pabsts Schlüssel zu seinem touristischem, wie artensichernden Konzept liegt in der Zusammenarbeit mit dem Großwildjagdveranstalter *Zambezi Hunters*, keine zufällige Übereinstimmung mit der Namensgebung des gleichnamigen *Nationalparks* in Zimbabwe. Nur versteckt findet man auf der *Sango*-Website einen Hinweis auf die Möglichkeit des *Trophy-Huntings* im *Zambezi-Nationalpark*, der nun mit einigen tausend Tieren ausgestattet wurde. Es ist *Pabst* ein tiefes Anliegen, sein ökologisch orientiertes und tierschützendes Auftreten (=Image) nicht zu beschädigen. Hinter diesem Image steht ein genauestens auskalkuliertes Finanzierungsmodell, in welchem Verhältnis die Einnahmen aus der Großwildjagd zu den Ausgaben für die imagefördernden artensichernden Maßnahmen stehen. Dieses Modell sieht vor, dass die *illegale* Wilderei unter allen Umständen eingedämmt werden muss, was *Pabst* auch erfolgreich gelungen ist, damit *genug Tiere* für die *legale* Jagd zur Verfügung stehen. Dabei muss berücksichtigt werden, dass das durch Wilderei in Verruf geratene Mosambik, genauso wie Zimbabwe, durch die Auswil-

[205] Jeremy Hance, *Rewilding comes with a condition,* The Guardian Weekly, 30.06.17
„Die Tiere sind eine Spende von Simbabwes Sango Wildlife Conservancy – ein Geschenk, von dem der Besitzer, Wilfried Pabst, sagt, es wäre ohne Gelder der umstrittenen Trophäenjagd nicht möglich"

derung der Arten in seinem Image aufgewertet werden wird, so dass *Pabst* mit an Sicherheit grenzender Wahrscheinlichkeit dasselbe Unternehmen in Mosambik aufbauen wird. Nüchtern betrachtet handelt es sich bei der *Sango Lodge* um

> ... nothing more than a profit-driven wildlife ranch stocked with wild animals to sell them to globetrotting hunters.[206]

Genau wie im Falle der heimischen Jäger, die behaupten, *Jagd sei aktiver Naturschutz*, aber zugunsten des Naturschutzes keinesfalls auf die Jagd verzichten würden, wäre keiner von Pabsts *Großwildjägern* bereit, auf den *thrill of the kill* zugunsten des Artenschutzes zu verzichten. So erhält die folgende Aufforderung auf der Website der *Zambezi-Hunters* einen doppelten Boden mit eindeutiger, aber nicht offensichtlicher Bedeutung:

> Help protect your hunting heritage!
> If you want to continue playing an active role in wildlife protection get in touch with us today to see how you can contribute and help protect wildlife for our future generations.
> Support wildlife protection[207]

---

[206] Masha Kalinina (Humane Society International) in einer e-mail an den Autor Juli 2017.
„... nichts weiter als eine gewinnorientierte Wildtierfarm, die mit Wildtieren bestückt ist, um diese an Jagdgäste zu verkaufen."

[207] http://www.zambezihunters.com/
„Helfen Sie dabei, Ihr Jagderbe zu schützen. Wenn Sie weiterhin eine aktive Rolle beim Schutz von Wildtieren spielen möchten, wenden Sie sich noch heute an uns, um zu erfahren, wie Sie dazu beitragen können, die Tierwelt für unsere zukünftigen Generationen zu schützen. Unterstützen Sie den Schutz von Wildtieren."

Von *protection* zu *sprechen* und *Vernichten* zu *meinen* ist blanker Zynismus.

Zu fragen ist, ob die geschilderten Umsiedlungsaktionen nicht ausschließlich der *Reinwaschung* des Images der *Sango Lodge* dienen. Es muss zudem bezweifelt werden, dass alle Tiere den Transport überstehen und sich in den neuen Habitaten entsprechend ihrer Wesen entfalten können. Wie bereits angedeutet, wird der *Zambezi-Nationalpark*, bzw. dessen Umgebung durch *Pabsts* Lieferungen vermutetermaßen mit *Material* für die Großwildjagden der *Zambezi-Hunters* versorgt. Die Funktionen liegen hier eindeutig in der Ausbeutung der Tiere und in der Bereicherung des Veranstalters.

Das Resümee aus diesem Präzedenzbeispiel ist, dass das menschliche Wesen ausschließlich zum eigenen Nutzen im großen Rahmen nichtmenschliche Spezies zum Spielball seiner Interessen macht und damit eine Zerstörungskraft generiert, die nachhaltig tiefe Risse im Sozialleben und den Lebensräumen der Wesen und ihren Populationen hinterlässt. Letzthin kann konstatiert werden, dass es in diesem Teufelskreis der Destruktion keinen Ausweg gibt, da sowohl die destruktive Wilderei als auch das Vernichten der ansässigen Viehherden den Weg der *ökologisch-artensichernden Sango Wildlife-Conservancy* geebnet haben. Das *Töten* und das *Züchten* für das *Getötet werden* hält die *Conservancy* am Leben. Sie konserviert sich selbst, aber nicht die Arten.

Im Folgenden ein überwiegend gelungenes Beispiel eines Schutzgebietes, das, wie bereits in der Einleitung erwähnt, zwar auch Lücken in den Schutzbestimmungen aufweist, aber letzthin die vorhandenen Populationen und vegetativen Prozesse relativ unbeeinflusst sich selbst überlässt. Die Rede ist vom *Nationalpark Wattenmeer, Biosphärenreservat* und *Weltnaturerbe*, aufgeteilt in die Bundesländer Schleswig-Holstein, Niedersachsen und Hamburg. Es unterliegt zudem weiteren Schutzbestimmungen:

- Vogelschutz- und Flora-Fauna-Habitat-Gebiet der EU
- Besonders empfindliches Meeresgebiet der Internationalen Schifffahrtsorganisation (PSSA)
- Feuchtgebiet internationaler Bedeutung nach der Ramsar-Konvention[208]

Meine regelmäßigen Aufenthalte im *nordfriesischen Wattenmeer* über Jahrzehnte haben mir einen umfassenden Eindruck über Sinn und Zweck des Nationalparks vermittelt, aber auch über den realen Umgang mit unseren nichtmenschlichen Mitwesen im Nationalpark. Ich begann meine Reisen in die Halligwelt 1986, zu einem Zeitpunkt, als der Nationalpark frisch eingerichtet war und für menschliche wie nichtmenschliche Ein- und Anwohner tiefgreifende Veränderungen zu erwarten waren. Für die erstgenannten eher beschränkend, für die zweitgenannten eher befreiend. Die vorsichtige Formulierung mit dem Begriff *eher* hat den Hintergrund, dass, wie in allen anderen in diesem Buch angeführten Beispielen, das eigentliche menschliche Interesse dem Menschen und nicht den nichtmenschlichen Lebensformen gilt. Von daher gesehen hat die Einrichtung des Nationalparks nur bedingt positive Wirkungen und Auswirkungen auf die Tier- und Pflanzenwelt.

Eine der grundlegendsten Veränderungen für die Bewohner der Halligen[209] bestand in der Auflösung der Landwirtschaft,

---

[208] Das „Übereinkommen über Feuchtgebiete, insbesondere als Lebensräume für Watt- und Wasservögel von internationaler Bedeutung" (*Ramsar-Konvention*) wurde 1971 in *Ramsar* (Iran) unterzeichnet. Wesentliches Anliegen der *Ramsar-Konvention* ist die Förderung der Erhaltung von Feuchtgebieten.

bzw. Umstellung auf *Pensionsvieh,* also Nutztierhaltung nur noch im Sommer auf den dafür vorgesehenen Wiesen. Der Hauptgrund dafür lag und liegt in der Sicherung der Rastplätze von unzähligen Ringel- und Graugänsen, die während ihres Zuges nach Süden bzw. Norden auf den Halligen und im Watt ausreichend Nahrung finden müssen, was im Falle intensiver Landwirtschaft nicht möglich war. Sie halten sich bis zu drei Wochen, je nach Entwicklung der Thermik im Nationalpark auf. Aber auch sonstige zahlreiche Seevogelpopulationen wurden durch diese Maßnahme geschützt, konnten sie doch ab dem 1.1.1986 mit ungestörten Brut- und Rückzugsplätzen rechnen. In die Details der Ausgleichsmaßnahmen für die Landwirte einzugehen, fehlt hier der Raum, inzwischen kann aber festgestellt werden, dass es den Halligbewohnern aus der Perspektive des Lebensstandards und der Lebensqualität her gesehen so gut geht wie noch nie in den vergangenen Jahrzehnten. Der anfängliche Verzicht auf den beruflichen Schwerpunkt und damit die Haupteinnahmequelle hat anfangs Existenzängste und das Gefühl eines fremdbestimmten von der Landesregierung *verordneten Verzichtes* erzeugt. Die Umstellung vom Landwirt auf Gastwirt im Fremdenverkehr ist vielen Einwohnern schwergefallen und eigentlich als Präzedenzfall in der diesen Bericht durchziehenden Feststellung, dass das individuelle Trachten nach Lebensstandardoptimierung drastisch reduziert werden müsste, zu bezeichnen. Aus dieser Perspektive betrachtet konnten die Maßnahmen zugunsten des Nationalparks nur mit der Aussicht auf

---

[209] Bei den *Halligen* handelt es sich um kleine, nicht oder nur wenig geschützte Marschinseln vor den Küsten, die bei Sturmfluten überschwemmt werden können. Dies unterscheidet sie von anderen Inseln. Sie liegen im nordfriesischen Wattenmeer an der Nordseeküste Schleswig-Holsteins sowie an der Nordseeküste Dänemarks, unterliegen jedoch nicht den Bestimmungen des Nationalparks.

Optimierung des Lebensstandards durchgesetzt werden, selbst bei der Aussicht auf gleichbleibende Einkünfte wäre kein Landwirt bereit gewesen, seinen Betrieb aufzugeben.

Das Prosperieren des Lebensstandards ist auf den sanften Tourismus zurückzuführen, der die Halligen und als Kollateralnutzen auch die nordfriesischen Inseln ins Licht der Öffentlichkeit gerückt hat. *Ringelganstage, Wattführungen, Erlebnistage auf den Halligen, Lammtage* sind nur einige der Marktstrategien, durch die das relativ mühsame Dasein eines nordfriesischen Landwirtes in ein gewinnbringendes Dasein als Gast- oder Pensionswirt transformiert wurde. Konnte man in den ersten Jahren nach der Einrichtung des Nationalparks noch starke Proteste gegen den Park und seine Bestimmungen vernehmen, die sich darin äußerten, das über manche Wiesen, die sich ja größtenteils im Eigentum der Einwohnerschaft befinden, noch Drähte gespannt wurden, um die Gänse am Rasten zu hindern, oder Enten geschossen wurden, so kann heutzutage davon ausgegangen werden, dass der touristische und damit der kommerzielle Wert der gesamten Vogel- und Naturwelt der Halligen ins Bewusstsein der Einwohnerschaft und der Gremien der Nationalparkverwaltung gedrungen ist.

Ein anfänglicher Konflikt hat sich auch gegeben: Private Fischfangaktivitäten versus Krabbenfischerei in großem Stil. Die Nationalparkbestimmungen sehen vor, dass die Zone 1 des Parks (komplette Sperrung für den menschlichen Zugang) im Wattbereich nur bei trocken gefallenem Watt gilt, was bedeutet, dass der kommerzielle Krabbenfang bei Flut ungehindert durchgeführt werden kann. Ein Teil der Halligbewohner hat seit jeher Schollen- und Krabbenfang bei ablaufendem Wasser und trocken gefallenem Watt betrieben, was nun unter das Zugangsverbot der Zone 1 fiel. Sie machten sich mit ihren traditionellen Fangmethoden also strafbar, die, nebenbei bemerkt, extensiver nicht sein können, verglichen mit dem kommerziellen Krabbenfang. Auch wenn die Fischerei der Einwohnerschaft strafrechtlich nicht verfolgt wurde, so hat sich doch ein Image über die Akteure gelegt, das zu angespannten Stimmungen zwischen der Einwohnerschaft und Naturschützern geführt hat.

Inzwischen tendiert der Prozentsatz der Krabben und Schollen fischenden Einwohnerschaft gegen Null, so dass dieser anfängliche Konfliktstoff aus dem Weg geräumt ist. Dass die Kutterfischerei gestattet ist, ist einer der Widersprüche des Nationalparks und letzthin der Arbeitsplatzpolitik und den nach Krabben verlangenden Touristen geschuldet. Hier wird permanent in Kreisläufe eingegriffen, die sich, wie es die eigentliche Bestimmung eines Nationalparks will, selbst überlassen bleiben müssten, um die Biodiversität ausbilden zu können, die die Natur vorgesehen hat. Es besteht offenbar weder Diskussions-, noch Handlungsbedarf bezüglich dieses Widerspruchs. An ihm kann man lediglich ablesen, dass es auch hier in erster Linie um menschliche und nicht um nichtmenschliche Interessen geht. Ein weiterer ebenfalls an kommerziellen Kreisläufen orientierter Kompromiss ist die Duldung des *Pensionsviehs,* bei dem es sich um eine abgeschwächte Form der bis in die 80er Jahre weit verbreiteten Nutzviehwirtschaft handelt. In den Sommermonaten wird eine bestimmte Anzahl von Rindern und Schafen mit der Fähre auf die Halligen transportiert, die dort auf den Salzwiesen grasen. Die Ausscheidungen der Tiere fließen in die Salzwiesen und schädigen nachweislich die vegetativen Kreisläufe, da sich die vegetationsfremden Tiere aufgrund ihrer nur temporären Aufenthalte mit der Fauna und Flora der Halligen nicht harmonisieren können. Der Transport bedeutet für die Tiere den höchsten Stress, dem sie, bis auf den Transport zum Schlachthof, zweimal im Jahr ausgesetzt sind. Auf den metallenen Bodenflächen der Fähren oder sonstigen Transportschiffen rutschen sie aus, liegen/stehen aneinandergepresst und sind den unangemessenen Behandlungen der *Treiber* und *Betreiber* der Transportunternehmen ausgesetzt.

Auf meine Anfrage, ob zugunsten der Tiere und den ungestörten biodiversen Prozessen der Salzwiesen auf die Pensionsviehhaltung verzichtet werden könne, wurde geantwortet, dass erstens die ehemaligen Landwirte wenigstens noch teilweise ihrem Beruf nachgehen können sollen und zweitens mit der Haltung ein nicht unerhebliches Zubrot verdient wird. Zum Teil 1 dieser Antwort ist anzumerken, dass es sich um ausschließlich nicht schwangere, also nicht um Milchkühe handelt, sodass die viehwirtschaftliche Arbeit gegen Null tendiert und Teil 2 ist zwar korrekt, kann aber in Frage gestellt werden, weil, wie bereits erwähnt, die Bewohner der Halligen ihren Lebensstandard mittels Ausgleichsmaßnahmen und Fremdenverkehr optimiert haben. Das *Pensionsvieh* hat, wie der Walfang in Norwegen oder Japan auch, eine überwiegend traditionelle Bedeutung, die mit den Zielen des Nationalparks nicht vereinbar ist.

Eine abgeschwächte Form der ständigen Eingriffe finden wir in dem Angebot einiger Reedereien, Hochseefahrten mit *Meerestierfang* durchzuführen. Diese *Meerestiere* werden gefangen, begutachtet und an anderer Stelle ins Wasser zurück gelassen. Auch hier stellte ich eine Anfrage, wie sich diese Aktivitäten mit den Schutzbestimmungen des Nationalparks vereinbaren ließen. Man reagierte wie üblich mit einer Art offensiver Defensive: Man schade den Tieren ja nicht, sondern betreibe aktive Umweltbildung. Schließlich würden die Teilnehmenden an diesen Fahrten die Tiere dann im *Aquarium* oder in *Schulbüchern* oder gar in *konservierter Form* im Museum wiederentdecken. Zudem erfreuen sich diese Fahrten großer Beliebtheit. Mein Einwand, dass die Tiere unnötigem Stress ausgesetzt sind, aus ihrem Habitat entfernt und jenseits ihres gewohnten Habitats ausgesetzt werden, wurde geflissentlich ignoriert, sogar das Nationalparkamt hat sich auf die Seite der Reedereien begeben, was darauf schließen lässt, dass es sich hier nicht um Tier- und Artenschutz handelt, sondern um Geschäftsfelder, die nicht in Frage gestellt werden dürfen. Uns begegnet hier ein altbekannter Deal: Um die Akzeptanz für eventuelle durch den Nationalpark bedingte Einschränkungen zu ermöglichen, werden die Regularien an anderer Stelle aufgeweicht; auf Kosten der Tiere. So gelten die Bestimmungen des Nationalparks nicht auf den Halligen, es herrscht also Handlungsfreiheit, die sich inzwischen jedoch größtenteils an den Regularien orientiert.

Positiv zu bemerken ist, dass Kolonien von Seevögeln, Seehunden und Robben sowie die vielfältige Pflanzenwelt relativ ungestört leben können. Gäste beobachten, erleben sie und berichten darüber, was eindeutig einen Mehrwert hat. Es wird auf allen Infotafeln zum Respekt, zur Vorsicht und Rücksichtnahme aufgefordert und an den gesunden Menschenverstand appelliert, Rückzugsräume für die Tiere nicht zu betreten. Gäste und Touristen halten sich überwiegend daran, Halligbewohner hingegen waren nicht davon abzubringen, Eier und Nester von Brutpaaren einzusammeln. Aber mit zunehmendem Bewusstsein hat sich auch hier eine Zurückhaltung eingestellt.

Das Konzept und die Funktion dieses Nationalparks liegen in dem Schutz der nichtmenschlichen Welt, insbesondere der in ihm lebenden Arten. In der Realität wird diese Funktion menschlichen Bedürfnissen untergeordnet. Fährverkehr, teilweise auch mit höheren Geschwindigkeiten, Viehtransporte, Seetierfang, Krabben- und allgemeine Fischerei, Bohrinseln sowie Abwasserentsorgung aus Tier- und Landwirtschaft sind Störfaktoren, die, wenn sie einmal zugelassen sind, nicht wieder untersagt werden, sondern eher Gefahr laufen, zuzunehmen. Wissenschaftliche Beobachtungen, Untersuchungen, Forschungen im

Nationalpark bringen Erkenntnisse hervor, dass diese Aktivitäten den Lebensraum Wattenmeer beeinträchtigen, sie führen jedoch nicht dazu, erwähnte Störaktivitäten zu beenden. Vielmehr haben die Untersuchungen das Ziel der Beobachtung und Evaluation, was eher dem wissenschaftlichen Selbstzweck als Tier-zugewandten Schutzmaßnahmen dient. Was folgt aus der Feststellung, die der Biologe und Philosoph *Martin Gorke* unlängst gemacht hat?

> 62% aller in Deutschland lebenden Reptilien- und Amphibienarten sind als gefährdet eingestuft oder vom landesweiten Aussterben bedroht. 30% der einheimischen Farne und Blütenpflanzen sind bestandsgefährdet.[210]

Zunächst einmal folgt weder eine grundsätzlich andere Gesetzgebung noch ein grundsätzlich anderes Verhalten. Nun kann nicht behauptet werden, dass die Schifffahrt im *Nationalpark Wattenmeer* oder die Pensionsviehhaltung in direktem Zusammenhang mit dem Artensterben stehen. Diese Feststellung kann und darf allerdings auch nicht dazu führen, dass die genannten Aktivitäten nicht als Störfaktoren eingestuft werden. Schon die Vermutung, dass die in den vergangenen 50 Jahren wiederholten Seehund-, bzw. Robbensterben auch auf menschliche Einflüsse im *Nationalpark Wattenmeer* zurückzuführen sein könnten, müsste eine sofortige Beendigung dieser Einflüsse zur Folge haben. Stattdessen neigen die verantwortlichen Wattenmeerschützer und Politiker dazu, den *Tod zahlreicher Tiere, als* Teil der Natur *zu* bewerten und damit die – erhebliche und massive –

---

[210] Martin Gorke, *Artenschutz und Tierschutz-Gegner oder Verbündete?* In *TIERethik,* 7.Jahgang 2015/2, Heft 11, Münster, 2015, S. 29

Einwirkung menschlicher Aktivitäten auf das Gebiet zu relativieren.

Diese Haltung den nichtmenschlichen Wesen gegenüber schließt rigorose Beschränkungsmaßnahmen aus, weil wirtschaftliche Einbußen befürchtet werden. Also existieren Abwassereinleitungen von dänischen Nerzfarmen und der großflächigen Landwirtschaft nach wie vor. Die Frage stellt sich, wo, wenn nicht im Nationalpark, der über eine hohe Akzeptanz in der Bevölkerung verfügt, die notwendigen Schritte zum umfassenden Wesensschutz vollzogen werden können? Es kann zurecht vermutet werden, dass die Akzeptanz rigorosere Regeln zulassen würde. Andererseits sind die leitenden Gremien der Nationalparkverwaltung auch mit Wissenschaftlern, Politikern und *Naturschützern* besetzt, die kein Interesse haben, Gebiete in nichtmenschlicher Selbstregulierung zu fördern, sondern stets darauf bedacht, Kontrolle auszuüben und *ihren* Nationalpark zu gestalten. Reedereien, fischverarbeitende Produktionsbetriebe und Tourismusverwaltungen sind in dieser Hinsicht willkommene Partner. Der Nationalpark ist in diesem Sinne eine gastgebende Institution und keine Wildnis, die den Zugang fördert und nicht das Sperrgebiet. Der Widerspruch liegt also genau in dieser Quadratur des Kreises: Es soll ein Zugang in Gebiete zur Erbauung des Menschen geschaffen werden, der sich aufgrund der Verletzlichkeit und Sensibilität des Gebietes, die man zu bewahren hat, nicht schaffen lässt. Noch einmal *Martin Gorke:*

> Hier konkurrieren im Wesentlichen zwei Begründungsansätze miteinander, der anthropozentrische und der holistische. Im Rahmen einer holistischen Ethik ist die Begründung einfach: Da alle Arten einen Eigenwert haben, sind auch alle ihrer selbst willen vor der Ausrottung (i.e. vor Störung, *Anm. des Autors)* zu be-

wahren. Die Argumentation einer anthropozentrischen Ethik gestaltet sich da ungleich komplizierter: Da hier nur Menschen einen Eigenwert haben und Arten nur insofern schützenswert sind, als sie einen Beitrag zu menschlichen Werten leisten, muss für jede Art einzeln gezeigt werden, dass jetzt lebende Menschen oder spätere Generationen ein Interesse an ihr haben. Dabei muss dieses Interesse so groß sein, dass es andere menschliche Interessen, die dem Schutz dieser Art entgegenstehen, überwiegt.[211]

Mir scheint, dass wir es selbst im Kontext des Nationalpark/Schutzgebiet-Konzeptes mit einer eindeutig anthropozentrisch orientierten Haltung zu tun haben, obwohl das Konzept eine holistisch motivierte Haltung impliziert. *Gorke* stellt ganz richtig das menschliche *Interesse* in den Fokus seiner Untersuchung. Und dieses gilt dem Menschen und nicht dem Tier. Dass im *Nationalpark Wattenmeer* dennoch großflächige mehr oder weniger störungsfreie Zonen existieren, ist jedoch keiner *holistischen* Sichtweise zuzuordnen, sondern dem Umstand, dass es im Rahmen des Nationalparks ein Referenzgebiet geben muss, am Beispiel dessen das Maximum der Nationalpark-Bestimmungen umgesetzt wird, um die Glaubwürdigkeit, wenn nicht sogar die Legitimation der Existenz zu behalten. Der Nutzen des Nationalparks ist anthropozentrisch, was nicht nur der Tatsache geschuldet ist, dass in ihm Menschen leben, sondern auch, dass er einer Kosten- Nutzenrechnung unterliegt. *Martin Gorke* bringt es auf den Punkt:

„Nutzlos" bedeutet unter ökonomischem Aspekt, dass ihr Nutzen den Aufwand zu ihrem Schutz nicht aufwiegen kann.

[211] ebda., S. 29

Der *Nutzen* der Halligen beispielsweise liegt im Küstenschutz. Sie dienen als Wellenbrecher für die Küste, was nur dann effektiv funktioniert, wenn sie bewohnt und unterhalten werden. Um das zu garantieren, müssen die auf den Halligen befindlichen *Warften*, also die eingedeichten Wohnhäuser, in Abständen von Jahrzehnten erhöht werden, weil der Meeresspiegel aufgrund menschlicher Aktivitäten steigt. Die Maßnahmen zur Erhöhung der *Warften* bedeuten tiefe, die nichtmenschliche Einwohnerschaft des Nationalparks stark beeinträchtigende Vorgehensweisen, die das ökologische Gleichgewicht des Biosystems Wattenmeer in Teilen über Jahre hinweg empfindlich entharmonisiert. Ausgleichsmaßnahmen sind nicht möglich, Umsiedelungen der Einwohnerschaft ebenso nicht, also sind diese Baumaßnahmen zum notwenigen *status quo* erklärt worden, der die Aura einer Selbstverständlichkeit umgibt, also nicht in Frage gestellt werden kann/darf. Die entsprechenden Schutzbestimmungen und -funktionen des *Nationalparks Wattenmeer* um die Halligen herum, die selbst nicht den Bestimmungen unterliegen, wurden und werden in diesen Zeiten außer Kraft gesetzt, ungeachtet der Tatsache, dass die langfristige Stabilität und Resilienz des Ökosystems Wattenmeer für den Erhalt der dort lebenden Arten unverzichtbar ist.

Nichtsdestotrotz muss betont werden, dass es sich beim *Nationalpark Wattenmeer* um einen, wie anfangs erwähnt, relativ gelungenen Versuch handelt, große Flächen mit nichtmenschlichen Bewohnern zu schützen und zu bewahren. Ein Beispiel für das Maximum an Tier-zugewandten Bestimmungen im Rahmen einer anthropozentrischen Sichtweise.

Ein weiter entferntes, ebenfalls als *konstruktiv* zu betrachtende Modellprojekt eines Schutzgebietes von eher geringem Flächenausmaß, aber großer Bedeutung, finden wir in Afghanistan in der Nähe von Kabul.

> The 190-hectare site, known as Kol-e-Hashmat Khan, is one of the rare recognized wetland areas in central Afghanistan. The wildlife ranger on duty eagerly named two dozens species of ducks, egrets and other waterfowl he had seen there this season. The number of visiting birds had been growing every spring, when the great south-north migrations cross the nearby Himalayan peaks.[212]

Bei *Kol-e-Hashmat Khan* handelt es sich um ein Naturschutzprojekt, das sich insofern von den bisher erwähnten Beispielen unterscheidet, als dass es in letzter Konsequenz nicht dem Menschen zur Erholung und Entspannung dienen soll, sondern der nichtmenschlichen Lebenswelt Rückzugsraum zum Leben und Überleben. Es ist nicht verknüpft mit finanziellen Geschäftsinteressen noch soll in irgendeiner Weise Gewinn erzielt werden. Man kann fast von einem *absichtslosen* Projekt sprechen, wenn es da nicht das eindeutige und ausschließliche Ziel gäbe, Lebensräume von Pflanzen und Tieren in einem höchstmöglichen authentischen Umfeld zu bewahren; also eine von jeder *Funktion* befreite *Absicht.*

Ähnlich wie in Mozambique haben kriegerische Auseinandersetzungen Afghanistan, insbesondere auch die auf's Heftigste

---

[212] Pamela Constable, *Return to nature in Kabul's hinterlands*, in *The Guardian weekly* 21.07.17, S. 33
„Das 190 Hektar große Gebiet, bekannt als Kol-e-Hashmat Khan, ist eines der seltenen anerkannten Feuchtgebiete in Zentralafghanistan. Der aktuell diensthabende Ranger nannte zwei Dutzende Entenarten, Reiher und andere Wasservögel, die er in dieser Saison gesehen hatte. Die Zahl der Gastvögel ist im Rahmen der großen, die nahegelegenen Himalaya-Gipfel überquerenden, Süd-Nord-Wanderungen in jedem Frühling gewachsen."

umkämpfte Hauptstadt Kabul, zerstört, verwüstet und kontaminiert, sowohl in der Zeit der russischen Besatzung (1979-1989) als auch im Rahmen des darauffolgenden Bürgerkrieges (1989-2001). Neben den bekannten unzähligen Verlusten von Menschenleben sind Arten, Populationen und Pflanzen in ungeahntem Ausmaß vernichtet worden. Haben sich in Mozambique unter dem Deckmantel des *Nationalparks* Konzepte umsetzen lassen, die in letzter Instanz die Tierwelt ausbeuten, aber nach außen als *Bewahrung* des Großwildes erscheinen, so soll in *Kol-e-Hashmat Khan* der authentische, ursprüngliche Zustand wiederhergestellt werden. Der war allerdings auch nicht frei von Destruktion: Königliche Jagdpartien, seit dem 17. Jahrhundert und 1953 zum offiziellen Jagdgebiet erklärt, war an Schutz überhaupt nicht zu denken. Erst 1973 erhielt das Gebiet von Staats Seiten offiziellen Schutzstatus, bis es 1978 vom Umweltprogramm der *United Nations* zum Naturschutzgebiet erklärt wurde, letztendlich auch, um die Feuchtgebiete, die in der dort vorhandenen Trockenheit extrem wichtig sind, zu sichern.

Afghanistan wurde ab 1979 für ca. 25 Jahren mit kriegerischen Auseinandersetzungen überzogen, was bewirkte, dass das Umweltprogramm der UN in Afghanistan komplett scheiterte und dieses natürlich gewachsene Bio-Wasserreservat aus dem Fokus der Öffentlichkeit verschwand. Besiedelungen und Müllablagerungen, Verschlammungen und Trockenperioden begannen, dieses natürliche Reservoir für eine Vielzahl von Spezies zu gefährden. Erst 2007 besann sich das afghanische Ministerium für Landwirtschaft der Kostbarkeit dieses relativ übersichtlichen Gebietes und begann Forscher damit zu beauftragen, regelmäßige Beobachtungen bezüglich der Menge und Diversität dort lebender, durchziehender und rastender Vögel durchzuführen. Waren es bis 2010 gerade mal 93 Arten aus 28 unterschiedlichen

Familien[213], so konnten 2017 157 Spezies gezählt werden, also eine bemerkenswerte Zunahme. Simultan begann man, das Gebiet von Unrat zu reinigen, Naturschutzinitiativen haben mit Aufklärungsarbeit in den umliegenden Kleinstbetrieben und Bewohnern begonnen, um weitere Siedlungstätigkeiten und Müllablagerungen zu verhindern. Schließlich wurde das Umweltprogramm der UN aktiviert, sich wieder mit der Fläche zu befassen. Mit Erfolg: 2017 hat die UN das Gebiet zum Natur- schutz- und Vogelschutzgebiet erklärt, die Regierung achtet mit scharfen Kontrollen darauf, dass die Bestimmungen, insbesondere die Nichteinmischung des Menschen, eingehalten werden.

Aber:

> But with the country mired in poverty, illiteracy and unresolved conflict, such projects can seem like luxuries – and, in the more populous areas, human survival comes first.[214]

Die Interessen der seit Jahren um das Gebiet herum gesiedelten Bewohner, die stets am Existenzminimum von der Hand in den Mund leben, entsorgen ihren Müll nur ungerne an den von der Regierung aufgestellten Müllstationen, sondern laden ihre Haushaltsabfälle, Ölkanister und Elektroschrott direkt in das Gebiet, das hinter dem Haus beginnt, obwohl die offizielle Mülltrennung sie nichts kosten würde. Um diese kontinuierliche Kontaminie-

---

[213] Mr. Saeed Naqibullah Mostafawi & Dr. Stéphane Ostrowski, *Birdlife monitoring in Kol-e Hashmat Khan, Kabul, Afghanistan (March 2007–April 2010)* Wildlife Conservation Society / Afghanistan August 2010

[214] Pamela Constable, *Return to nature in Kabul's hinterlands*, in *The Guardian weekly* 21.07.17, S. 32
„Aber da das Land von Armut, Analphabetismus und ungelösten Konflikten geprägt ist, können solche Projekte wie Luxus wirken – und in den bevölkerungsreicheren Gebieten steht das Überleben der Menschen an erster Stelle."

rung zu verringern, wird nun ein Natur- und Vogelschutzzentrum gebaut, das zur allgemeinen Umweltbildung dienen soll.

Das oben erwähnte Zitat endet mit der Feststellung *...steht das Überleben der Menschen an erster Stelle.* Jeder der Anwohner von *Kol-e-Hashmat Khan* hat vermutetermaßen sein (Über-) Leben im Sinn, wenn er auf einem Territorium, das in den letzten Jahren als *Niemandsland* galt, eine Wellblechhütte oder ein einfaches Lehmhaus errichtet hat, ungeachtet der Tatsache, dass er mit seiner Besiedlung rastende Vogelschwärme stört, die sich für die enormen Anstrengungen ihres Fluges über den bis zu 7000 Meter hohen Hindukusch Fett anfressen müssen. Er wird für die Information, dass er mit seinem Plastikmüll das Wasser kontaminiert und damit auch die Fischpopulationen, die die Hauptnahrungsquelle der Zugvögel darstellen, vorerst wenig Verständnis haben. In letzter Konsequenz lebt er an einem Ort, an dem er nichts zu suchen hat, was bei ihm auf völliges Unverständnis stoßen würde, teilte man ihm diese Tatsache mit. Auf diese Tatsache würde überall auf dem Planeten Erde mit demselben Unverständnis begegnet werden, da das menschliche Besiedlungsmonopol universell ist und das nichtmenschliche Wesen grundsätzlich zu weichen hat.

Aber die Bewusstseinsbildung der Naturschützer zeigt erste Wirkungen, die Quoten der Müll trennenden Anwohner befinden sich im Aufstieg; nicht wegen empathischer Reaktionen der dort lebenden Wesen gegenüber, sondern weil das individuelle Budget nicht belastet wird.

Als Ende der 1990er Jahre im *Nationalpark Wattenmeer* eine *Express-Verbindung* zwischen den Inseln Pellworm und Sylt via Hallig Hooge und Amrum eingerichtet wurde, hagelte es verständliche Kritik seitens der Naturschutzverbände wegen der hohen Geschwindigkeit des Schiffes, die einen zu starken Schwell auslöst und Lärmemissionen bewirkt, deren Folgen unabsehbar sind. Diese kritischen Kommentare wurden aufgrund von Wirtschaftsinteressen mehr oder weniger ignoriert, heute durchpflügt der *Express* mindestens viermal pro Tag sensible Lebensräume und wird auch von der *naturliebenden Bevölkerung* dafür gepriesen, dass man ja nun schneller von A nach B käme.

Die in der Umgebung dieser Verkehrsbereiche rastenden Gänse, die ähnliche Entfernungen zurücklegen, haben sich, wie die in *Kol-e-Hashmat Khan* rastenden Vögel und deshalb absolut ungestört sein sollten, zu assimilieren. Die vermuteten negativen Auswirkungen auf die maritime Biodiversität wurde bislang nicht erforscht. Das legitimiert den Einsatz eines Katamarans derselben Reederei, dessen Geschwindigkeitsleistung ein zentrales Vermarktungsinstrument darstellt.

Die Belange der nordfriesischen Reederei und des afghanischen Bewohners am Rande von *Kol-e-Hashmat Khan* mögen sich von den inhaltlichen Präferenzen her gesehen unterscheiden, sie entspringen jedoch derselben anthropozentrischen Haltung, die von dem Trachten nach dem Weg des geringsten Widerstands geprägt ist, um das eigene Dasein zu *optimieren.*

Im Falle von *Kol-e-Hashmat Khan* existiert auf der Schützerseite dennoch eine grundsätzlich dem Wesen zugewandte Haltung insofern, als dass zu keinem Zeitpunkt in der jungen Geschichte des Natur- und Vogelschutzgebietes der Mensch gestalterischen Einfluss nahm. Zudem wurde und wird viel Engagement und Vermittlungsarbeit investiert, die Vermüllung zu reduzieren, wenn nicht zu stoppen. Die UN macht sich nicht zum Komplizen von Personen mit Eigeninteressen, indem sie Kompromisse eingeht, um die Personen scheinbar auf die Naturschützerseite zu ziehen, sondern erlässt ein Regularium, an das sich gehalten werden muss.

Die Nationalparkverwaltung Nordfriesland macht sich zum Komplizen der Krabbenfang- und Tourismusreedereien, indem es deren Belange entgegen der Ruhezoneneinteilung unterstützt.

Es scheint sich um eine unausgesprochene Grundregel zu handeln, dass, je *zivilisierter* der Mensch sich fühlt, desto stärker sein Impuls ist, die Natur formen, gestalten und kontrollieren zu wollen. In *Kol-e-Hashmat Khan* hat grundsätzlich niemand der Anwohner etwas gegen die Schutzbestimmungen des Gebietes und es scheint so zu sein, dass sich viele an der Entwicklung der Vogelwelt erfreuen. Die eigenen Belange stehen dennoch an erster Stelle und wenn es die sind, mal eben die Mülltüten ins Wasser zu schmeißen. Aber der kontrollierende, nach Eigentum und Macht strebende Gestaltungswille ist nicht vorhanden, was dem Gebiet die Chance gibt, sich selbstständig zu harmonisieren, wenn neben jede Siedlung eine Tonne zur Müllentsorgung aufgestellt und diese auch regelmäßig geleert wird; ein einfaches Modell, das erfolgsversprechend ist.

Es geht, wie in all diesen Beispielen, um das Wissen über die Aufgaben der Tiere, die sie in ihren Tages-, Wochen-, Monatszyklen erfüllen und erfüllen müssen, um überleben zu können, und dass die Tiere in ihrer Autonomie gelassen werden müssen, da sie sonst diese Aufgaben nicht erfüllen können. Das ist eigentlich ein ganz einfacher Gedanke, aber für den Menschen, der nach dem Motto *humans first* lebt, eine kaum zu bewältigende Herausforderung.

> The wetland isn't just vital for migratory birds – it's also a fantastic resource for the people of Afghanistan to better appreciate their natural heritage and learn how to protect it, Since Kol-e-Hashmat Khan is right next to Kabul, it should be possible to get local people – especially students – involved so that restoration and ed-

ucation go hand in hand.[215]

Eine sehr moderne und nachhaltige Sichtweise, die hoffentlich genug Zeit hat, sich zu entfalten, bevor Wirtschaftskreisläufe, Finanzinteressen oder erneute Kriegshandlungen den zweiten Anlauf, dieses für die Vogel- und die Fischwelt existenziell bedeutsame Gebiet zu bewahren, wieder gefährden.

Die Bezeichnungen *Nationalpark* oder *Schutzgebiete* sind, wie an den vier Beispielen dargestellt wurde, kein Garant für Sicherungen von Lebensräumen für das nichtmenschliche Reich. Man kann sogar davon sprechen, dass sie für Regierungen oft politisch-strategische Bedeutung besitzen, um einerseits ein gewinnbringendes Image zu verbreiten, aber andererseits auch, um den Tourismus voranzubringen, insbesondere in strukturschwachen Gebieten.

Der *Nationalpark* steht an erster Stelle auf der Liste der Verletzungen von Schutzgebieten durch industrielle Interessen. In den Jahren vor der *social-media*-Welle konnten, von der Restwelt vorerst unbemerkt, in aller Welt ungeahnte Gebiete gerodet und zerstört werden. Das diese Entwicklung in den Parametern *Umwelt, Tourismus, Ansehen, etc.,* desaströse Folgen haben wird, hat die *Nationalpark*-Idee gefördert, ihr aber zu einem nicht unerheblichen Anteil auch als Tarnung gedient, dass so

[215] https://www.unenvironment.org/news-and-stories/story/kabul-wetland-declared-new-protected-area-migrating-birds
Andrew Scanlon, UN Environment Country Programme Manager. (Stand 02/19)
„Das Feuchtgebiet ist nicht nur für Zugvögel von entscheidender Bedeutung - es ist auch eine fantastische Ressource für die Menschen in Afghanistan, um ihr Naturerbe besser zu schätzen und zu lernen, wie man es schützt. Da Kol-e-Hashmat Khan direkt neben Kabul liegt, sollten auch Einheimische - vor allem Studenten – involviert werden, sodass Restaurierung und Ausbildung Hand in Hand gehen."

weitergemacht werden konnte wie bisher, wie am Beispiel Borneos zu erkennen ist. Erst mit der weltweiten medialen Kommunikation können Missstände und destruktive Kreisläufe publik gemacht und eventuell sogar reduziert werden, wie an folgenden beiden Beispielen abzulesen ist:

Brandenburg Unteres Odertal: Ein Problem des Naturschutzes ist die Flächenkonkurrenz zwischen ihm und der Landwirtschaft. Beide zielen auf die gleiche Fläche. Aus diesem Grunde war der Flächenerwerb zu Naturschutzzwecken der wichtigste Aspekt des Naturschutzgroßprojektes von gesamtstaatlich repräsentativer Bedeutung. Auf den vereinseigenen Flächen, die nach Auslaufen bestehender Pachtverträge in der Regel wieder an die bisherigen Pächter verpachtet werden, darf nur unter naturschutzfachlichen Auflagen gewirtschaftet werden. Diese betreffen beispielsweise die frühesten Nutzungstermine und die Besatzdichte mit Vieh. Die vom Land Brandenburg als Wildnisgebiete ausgewiesenen oder geplanten Flächen sollen nach und nach ganz aus der Nutzung genommen werden. Seit dem Jahr 2000 bemüht sich das Land Brandenburg, mit Hilfe eines Unternehmensflurbereinigungsverfahrens, die damit verbundenen Nutzungseinschränkungen gleichmäßig auf die landwirtschaftlichen Betriebe zu verteilen.

Die zum Teil medienwirksam inszenierten Auseinandersetzungen zwischen Landwirtschaft und Naturschutz, die mitunter auch von außen in die Region getragen wurden, gehören seit dem Auslaufen der Fördermittel im Jahre 2000 und den damit verbundenen schwindenden Einwirkungsmöglichkeiten des Landes Brandenburgs auf das Verpachtungsgeschehen weitgehend der Vergangenheit an. Das Verhältnis zwischen dem Verein als dem größten Grundstückseigentümer und seinen landwirtschaftlichen Pächtern hat sich entkrampft und normalisiert.

Es hat sich gezeigt, dass es durchaus möglich ist, die naturschutzfachlichen Vorgaben des Zuwendungsbescheides nach und nach umzusetzen, ohne die örtliche Landwirtschaft über Gebühr zu belasten. Aus Naturschutzgründen jedenfalls hat noch kein landwirtschaftlicher Betrieb in der Region schließen müssen. Das soll auch in Zukunft so bleiben.[216]

Tanzania/Serengeti: Die tansanische Regierung plante, eine Straße zu bauen, die auf insgesamt 260 km Länge die *Ngorongoro Conservation Area* und auf 52 km Länge den *Serengeti Nationalpark* durchquert, wodurch die dort lebenden Wildtiere gefährdet werden. Ein zentrales Argument für die *Unschädlichkeit* dieses Vorhabens war der *Kompromiss*, die 52 km durch die *Serengeti* nicht zu teeren.

Mazingira Network (*Manet*)[217], ein Netzwerk aus 56 Umweltorganisationen, verabschiedete eine neue Petition gegen den Plan der Regierung, diese Straße, die auf einer Länge von 52 km durch den *Serengeti Nationalpark* führt, zu bauen, denn auch wenn man den durch den Nationalpark führenden Abschnitt nicht teert, werde die Wanderroute des Wildes zerstört.

Manet bat die Regierung, Zubringerstraßen zu bauen, die zu den Distrikt-Hauptstädten rings um den Nationalpark führen. Es nimmt damit den Vorschlag Deutschlands auf, den Plan, eine Straße durch die *Serengeti* zu bauen, aufzugeben. Deutschland werde helfen, Zubringerstraßen zu den acht Distrikthauptstädten zu bauen.

Man sei auch überzeugt, dass die Menschen Straßen benötigen, um ihre Waren zu den Marktzentren zu bringen.

---

[216] https://www.nordkurier.de/brandenburg/bauern-im-nationalpark-unteres-odertal-atmen-auf-048132507.html (Stand 02/19)

[217] http://mazingiranet.org/

Der *WWF* organisierte in Dar-es-Salaam einen Dialog für die betroffene Bevölkerung, Politiker, Beteiligte und Umweltfachleute.

Die Vertreter des Tourismussektors sind gegen den Plan, die Menschen des *Maasai*- und des *Kurya*-Volkes dafür, dass die Straße gebaut wird, damit ihnen Handelswege eröffnet werden.

Die Regierung stellte schließlich ihren Straßenbauplan zurück, der Minister für Naturschätze und Tourismus kündigte an, die Regierung werde mit dem Bau einer Straße südlich des Ngorongoro-Schutzgebietes und außerhalb des Serengeti-Nationalparks fortfahren.[218]

Andere Länder, in denen Umweltschutz-NGOs für die Bewahrung von einzigartigen Naturlandschaften kämpfen, werden nicht in der Weise wahrgenommen wie *Manet*, was auch daran liegt, dass diese Länder weder touristisch noch wirtschaftlich im Fokus der Weltöffentlichkeit liegen, was die berechtigte Frage zulässt, wodurch ein Land in genau diesen Fokus gelangt? Dieser *Fokus* stellt Bedingungen: gute Erreichbarkeit, eigene Image-Aufwertung, spektakuläre Erlebnisse, Preis-Leistungsverhältnis u.a. Die nichtmenschlichen Wesen sind demzufolge in der Regel Mittel zum Zweck einer prosperierenden Tourismusindustrie. Reduziert sich ihr Bestand, sind Einbußen in der Tourismuswirtschaft zu erwarten. Folglich liegt es auf der Hand, dass der erwähnte Highway unter keinen Umständen gebaut werden durfte, so verlockend diese für den inländischen wirtschaftlichen Aufschwung versprechende Straße auch sein mag.

Nachrichten über Bedrohungen des nationalen Naturerbes in Ländern wie *Guinea* oder *Borneo,* von denen die Weltöffent-

[218] https://t1p.de/ar4j

lichkeit überwiegend nicht mal Kenntnis hat, gelangen nur selten an die Oberfläche des medialen Zirkus.

Guinea: Hier soll zur Gewinnung von Elektrizität im Herzen des *Moyen-Bafing-Nationalparks* ein Staudamm gebaut werden. Für die Umwelt wäre das Projekt eine Katastrophe. Der Koukoutamba-Damm befände sich im Herzen des Moyen-Bafing-Nationalparks. Das Habitat für 1.500 Schimpansen ginge für immer verloren.

Keine Frage, Guinea ist eines der ärmsten Länder der Erde und muss seine Stromversorgung verbessern. In ländlichen Gegenden haben 97 Prozent der Haushalte keinen elektrischen Strom. Doch der Damm würde ihnen voraussichtlich nicht helfen: Drei Viertel des produzierten Stroms sind für den Export in Nachbarländer vorgesehen, ein weiterer großer Anteil für Bergbauunternehmen.[219]

Borneo: Heute leben nur noch ca. 54.000 Orang-Utans auf Borneo. Im *Sebangau-Nationalpark* konnten der *WWF* und andere Organisationen mit verschiedenen Maßnahmen die Population bei etwa 6.000 Menschenaffen stabilisieren. Doch die Gefahr ist noch lange nicht gebannt. Wenn von 2015 bis 2020 weiter so gehandelt wird wie zwischen 2005 und 2015, drohen weitere 6 Millionen Hektar Wald verloren zu gehen. Aus den großen Ölpalmen-Plantagen, in denen die Orang-Utans Nahrung suchen, werden sie vertrieben oder getötet. Zurück bleiben Hunderte von Orang-Utan-Waisen, die dann, wenn sie Glück haben, in einer Auffangstation der Borneo *Orangutan Survival Founda-*

---

[219] https://www.regenwald.org/petitionen/1167/solar-kann-schimpansen-retten (Stand 02/19)

*ti*on (BOS) landen und dort über mehrere Jahre auf das Leben in freier Wildbahn vorbereitet werden.[220]

Diese Listen ließen sich unendlich fortsetzen, am Ende jedoch wäre die Anzahl der massiv bedrohten Schutzgebiete um ein weites höher als die der Nationalparks, die Unheil abwenden konnten.

Vielleicht liegt die tiefe Angst des Menschen darin, ausgeschlossen zu werden. Die Vorstellung, *Nationalparks* weder betreten noch befahren zu dürfen, sie weder besiedeln oder auf sonstige Weise *nutzen* zu dürfen, erzeugt das Bild vom Ausschluss des Menschen aus dem Paradies, auf das näher im Kapitel 3.1 *Das Tier in der Theologie* eingegangen wurde. Die Tiere durften, wie erläutert, bleiben, der Mensch musste es verlassen, um sich mit seinen Sünden zu beschäftigen. Nun vor dem *Paradies* zu stehen und nicht hinein zu dürfen, bedeutet die Wiederholung dieses Traumas.

Vielleicht erschafft sich der Mensch aber auch mit den *Nationalparks* und *Schutzgebieten* eine Art Scheinwelt, ähnlich dem Paradies, das er verlassen musste. Vielleicht ist es wirklich sein tiefstes Anliegen, den Tieren und Pflanzen das Leben zurückzugeben, das er ihnen genommen hat und permanent nimmt. Vielleicht sind seine Vorsätze *altruistisch* und wesenszugewandt gemeint. Aber in letzter Konsequenz schafft er es nicht, weil das Trachten nach dem eigenen *Optimieren* und *Weiterkommen* wie eine Verführung nach ihm greift, der er sich nicht entziehen kann. Die Abhängigkeit von sich selbst als Herrscher über alle Sachen wirft tiefe Schatten auf seine Ur-Vorsätze und bietet ihm zugleich auch eine Legitimation, nämlich das Gefangensein in sich selbst, das ihm keine andere Wahl als die der Destruktion lässt. Letzthin kann er diese Anstrengung nur lindern, indem er

[220] https://t1p.de/chhw (Stand 02/19)

nach außen das Gute proklamiert und es immer wieder versucht, dieses Gute auch zu leben und bestehen zu lassen. Die *Aussichten* für unsere nichtmenschlichen Mitwesen werden dadurch, dass der Mensch sich überwiegend mit sich selbst beschäftigt – sogar im Rahmen von Einrichtungen von Nationalparks und Schutzgebieten – nicht unbedingt besser, wie *Edward O. Wilson* feststellt.

Am Beispiel der *Schutzgebiete* und *Nationalparks* erhält die Forderung des *Lassens* und *Bewahrens* noch eine zusätzliche Bedeutung, da es sich oft um Gebietsausmaße handelt, die konkrete Auswirkungen auf unsere klimatischen Veränderungen haben. Das *Lassen* und *Bewahren* der biodiversen Zusammenhänge wird hier zur existenziellen Frage.

> Even in the best scenarios of conventional conservation practice the losses should be considered unacceptable by civilized peoples. The declining world of biodiversity cannot be saved by the piecemeal operations in current use alone. It will certainly be mostly lost if conservation continues to be treated as a luxury item in national budgets.[221]

[221] Edward O. Wilson, *Half Earth,* Norton&Company, New York 2016, S 187 „Selbst in den besten Szenarien der konventionellen Bewahrungsspraxis sollten die trotzdem voranschreitenden Verluste nicht als gegeben hingenommen werden. Die abnehmende Welt der Biodiversität kann nicht allein durch einzelne Operationen gerettet werden. Die Biodiversität wird sicherlich zum größten Teil verloren gehen, wenn Konservierung in den Staatshaushalten weiterhin als Luxusartikel behandelt wird."

4.3 Tierschutzorganisationen und ihre Wirkungen

> In The Animal Activists' Handbook Matt Ball and Bruce Friedrich make a startling claim that vividly illustrates the vastly greater suffering of animals raised for food compared to other ways in which we cause animals to suffer: „Every year, hundreds of millions of animals – many times more than the total number killed for fur, housed in shelters, and locked in laboratories combined – don't even make it to slaughter. They actually suffer to death."
> Think about, what Ball and Friedrich are saying. They are not describing the number of animals killed for food. They are talking about animals, who don't even get the "benefit" of supposedly humane slaughter laws because they are so badly treated that they die before the ever get to slaughter.[222]

Ich habe dieses Zitat ausgewählt, weil es auf drastische und bewusstseinserweiternde Art und Weise einen eher unbekannten

[222] Matt Ball and Bruce Friedrich, *The Animal Activists Handbook* (New York: Lantern Books, 2009), S. 15-16, in Peter Singer, *The Most Good You Can Do,* Yale University 2015, S. 138
„Im *Handbuch für Tieraktivisten* stellen Matt Ball und Bruce Friedrich eine verblüffende Behauptung auf, die das weitaus größere Leiden von Tieren, die für die Aufzucht von Tieren gezüchtet werden, im Vergleich zu anderen Arten, auf die wir Tiere leiden lassen, anschaulich verdeutlicht: „Hunderte Millionen Tiere – viele Mal mehr als die Gesamtzahl, die für Pelz getötet, in Notunterkünften untergebracht und in Laboratorien eingesperrt wurde – schaffen es nicht einmal ins Schlachthaus. Sie leiden schlichtweg zu Tode."
„Denken Sie darüber nach, was Ball und Friedrich sagen. Sie beschreiben nicht die Anzahl der Tiere, die aus Ernährungsgründen getötet wurden. Sie sprechen von Tieren, die nicht einmal den „Vorteil" von angeblich humanen Schlachtgesetzen erhalten, weil sie so schlecht behandelt werden, dass sie sterben, bevor sie überhaupt geschlachtet werden."

Missstand aufzeigt, den öffentlich zu machen und zu beenden sich Tierrechtsaktivisten auf die Agenda geschrieben haben. An diesem Beispiel kann abgelesen werden, dass simultan zu unserem Alltag global gesehen Tierausbeutung und -quälerei in unterschiedlichsten Erscheinungsformen stattfinden und deren Einzelfälle nur deswegen ans Licht der Öffentlichkeit gelangen, weil sich eine überschaubare Gruppe von Aktivisten zum Ziel gesetzt hat, über dieses abgeschottete Gebiet unserer Gesellschaft zu berichten. Wohlgemerkt: Zu *berichten*. Ist man ein einigermaßen moralisch-ethisch denkender Mensch, wäre für einen selbst die logische Schlussfolgerung aus dieser Beobachtung, dass diese Missstände mit der Offenlegung *beendet* werden würden. Das ist aber nicht der Fall, da diejenigen, die die Ausbeutung und Quälerei vorantreiben, nicht nur über eine starke Lobby verfügen, sondern auch noch vom Gesetzgeber und einem bestimmten Teil der Gesellschaft geschützt sind. Schnell werden dann die Tierrechtsaktivisten in der öffentlichen Wahrnehmung zu Terroristen, obwohl es augenscheinlich die Verursacher der Destruktion sind, die den Terror ausüben.

Mit diesem letzten Kapitel meines Erfahrungsberichtes nähere ich mich demjenigen an der Bewahrung von Natur und Umwelt interessierten Personenkreis an, von dem man weiß, dass er in der Regel mit voller Überzeugung mal mehr, mal weniger altruistisch und wesenszugewandt denkt und handelt: Gründer und Aktivisten von Tierrechtsbewegungen, von Tierschutzinitiativen, Tierethiker und -retter, sowie Gruppen und Vereine, die sich der Tierprodukt-freien Lebensweise angeschlossen haben und diese Lebensweise über das Netz und auf unterschiedlichste Weise in der Öffentlichkeit vertreten. Die Bandbreite der Wirkungsgrade reicht vom Verteilen von Flyern bis hin zu investigativen Aktionen in Massentierhaltungen oder der Schlachtindustrie. Alle diese Tätigkeiten entspringen zunächst demselben

Impuls: Mit Hartnäckigkeit und/oder spektakulären Mitteln auf Missstände in der Haltung gegenüber Tieren hinzuweisen und Leid reduzieren zu wollen. Also auf ein Thema, das nur einen Bruchteil der globalen Bevölkerung interessiert. Aktivisten und Initiatoren stehen von daher vor zwei massiven Aufgaben: Einerseits unpopuläre Missstände aufzudecken und andererseits Menschen dafür zu gewinnen, diese Entdeckung als ein bedeutendes Thema nicht nur zu akzeptieren, sondern auch zu verstehen und vielleicht sogar zum eigenen Thema zu machen. Hier ist eine Überzeugungsarbeit nötig, die aufgrund der Tatsache, dass nur wenige Menschen Kapazitäten für Darstellung von Tierleid haben, obwohl sie aufgrund ihrer Lebensweise Tierleid verursachen, zähe und anstrengend sein kann.

Es handelt sich überwiegend um ein dem Altruismus entspringendes Vorgehen im doppelten Sinn: Sich nicht nur am Rand der Gesellschaft bewegen, sondern sich auch für ethisch-moralische Werte, also unpopuläre Ziele engagieren, wobei es in der Natur der Sache liegt, dass Vorgehensweisen von altruistisch motivierten Menschen immer zu den Randerscheinungen der Gesellschaft gehören. Dessen muss man sich bewusst sein, wenn man sich auf den steinigen Weg macht, Rechte für Tiere einzufordern. Zudem befindet man sich mit seiner gesamten Persönlichkeit ständig und überall in einer den nichtmenschlichen Lebewesen zugewandten Position, was von dem überwiegenden Teil der Gesellschaft weder wahrgenommen noch begrüßt wird. Die Lebensbereiche lassen sich nicht trennen, da alles, was man trägt, isst und wahrnimmt auf die gesellschaftliche Haltung gegenüber unseren Mitgeschöpfen bezogen werden kann und wird. Tierrechtsverteidiger stehen vor der schwierigen Aufgabe, sich Schutzräume verschaffen zu müssen, um nicht selbst in von Missbrauch und Übergriff geprägte Situationen zu geraten.

Aber auch Tierschützer sind *Menschen* mit all ihren weißen Flecken, Widersprüchen, Eigenarten und Gewohnheiten. Die Themen dieses Buches, die in den vorangegangenen Kapiteln nicht an einer bestimmten Personengruppe festgemacht, sondern allgemein gehalten wurden, betreffen im selben Maße diejenigen, die sich für Tiere einsetzen, wie alle Menschen. Hier schließt sich der Kreis meiner Betrachtungen, indem ich mich nun denjenigen widme, die sich gegen das uns ständig umgebende Tierleid aussprechen. Aber dennoch stoße ich selbst in diesen Gruppen immer wieder auf rein menschliche Verhaltensweisen, die in abgeschwächter, nicht unbedingt unmittelbares Tierleid verursachender Form auftreten, aber nicht signifikant dazu beitragen, die uns bekannte menschliche, gesellschaftliche Grundhaltung zu ändern; es handelt sich eben um Menschen.

Im Jahre 2018 machte eine junge schwedische Umweltaktivistin namens *Greta Thunberg* mit ungewöhnlichen Aktionen auf sich aufmerksam, indem sie mit Sitzstreiks vor dem schwedischen Parlament das Bewusstsein für die Gefahren, die der Klimawandel für zukünftige Generationen mit sich bringt, schärfen will. Ihre Aktionen hat sie über Monate mit Konsequenz durchgeführt, sodass sie irgendwann aufgefallen sind und zahllose Schüler in anderen europäischen Ländern motiviert haben, für Sofortmaßnahmen zu streiken, die eine drastische Reduzierung der Erderwärmung zur Folge haben könnten. *Greta Thunberg* ist auf diverse Klimagipfel eingeladen worden, hat Gespräche mit dem europäischen Ratspräsidenten *Jean-Claude Juncker,* mit der Chefin des Internationalen Währungsfonds *Christine Lagarde* geführt und scharfe Kritik an der global verbreiteten Ignoranz geübt, mit der selbst gesetzte Klimaziele kommuniziert werden. *Thunberg:*

> Some say we should not engage in activism. Instead

> we should leave everything to our politicians and just vote for change instead. But what do we do when there is no political will? What do we do when the politics needed are nowhere in sight?
> Adults keep saying: „We owe it to the young people to give them hope." But I don't want your hope. I don't want you to be hopeful. I want you to panic. I want you to feel the fear I feel every day. And then I want you to act. I want you to act as you would in a crisis. I want you to act as if our house is on fire. Because it is.[223]

Greta Thunberg hat angekündigt, dass sie ihre freitäglichen Sitzstreiks solange fortsetzen will, bis die auf dem Weltklimagipfel in Paris 2018 vereinbarten Schritte zum Erreichen der Klimaziele konkret umgesetzt werden. Mit diesen Extremmaßnahmen ist *Thunberg* ein Paradebeispiel für einen unserer Umwelt zugewandten Altruismus. Sie verzichtet auf die Einhaltung von den unter 16-Jährigen üblichen Codices, auf die Ikonen der Klamotten-, Reise- und Mediaindustrie, sie verzichtet sogar auf ihren freitäglichen Schulunterricht und wahrscheinlich noch weitere Schultage, an denen sie unterwegs in Davos, Paris, Brüssel und

---

[223] Greta Thunberg in einer Rede im Rahmen des Weltwirtschaftsforums in Davos 2019 in *The Guardian Weekly*, 15.Februar 2019, S 13.
„Einige sagen, wir sollten keinen Aktivismus betreiben. Stattdessen sollten wir unseren Politikern alles überlassen und stattdessen wählen gehen. Aber was machen wir, wenn es keinen politischen Willen gibt? Was tun wir, wenn die notwendige Politik nicht in Sicht ist? Erwachsene sagen immer: „Wir sind es den jungen Leuten schuldig, ihnen Hoffnung zu geben." Aber ich möchte Ihre Hoffnung nicht, ich möchte nicht, dass Sie hoffnungsvoll sind. Ich möchte, dass Sie in Panik geraten. Ich möchte, dass Sie die Angst spüren, die ich jeden Tag spüre. Und dann möchte ich, dass Sie handeln. Ich möchte, dass Sie wie in einer Krise handeln. Ich möchte, dass Sie so tun, als ob unser Haus brennt. Denn es brennt."

Kattowice war. Mehrere tausend europäische Schülerinnen und Schüler haben sich der Bewegung angeschlossen und sind an einem bestimmten Tag der Woche über mehrere Monate in den Streik für eine weltweite effektivere Klimapolitik getreten.

Auch wenn der Auslöser für *Greta Thunbergs* Protestaktionen der Mensch ist, der sich selbst in Gefahr bringt, so kann und muss man anerkennen, dass ihre Ziele einhergehen mit den Forderungen nach einem Ende der Massentierhaltung, nach einem Ende des außer Kontrolle geratenen Fleischkonsums und nach einem Ende der erdgebundenen Energieträger, das, wenn es umgesetzt werden würde, eine Schonung von Lebensräumen ungeahnten Ausmaßes für Tiere mit sich bringen würde. In diesem Buch ging es in nahezu allen Kapiteln um menschliche Eigeninteressen, die die eigentlichen Impulsgeber für die unterschiedlichsten Haltungen von Tieren und gegenüber Tieren darstellen. Diese Eigeninteressen, bzw. anthropozentrischen Sichtweisen stehen zwischen dem Menschen und der nichtmenschlichen Welt und haben sich bereits dermaßen verselbstständigt, dass im Zuge der Berichterstattung über *Greta Thunbergs* Aktionen die Meldungen kursierten, es handele sich um von russischer Hand geleiteten Spionageaktionen gegen die westliche Welt.

Thunberg spricht letzthin das aus, was ist, und handelt damit nicht nur in ihrem Interesse als Bewohnerin (Gast!) dieses Planeten, sondern im Interesse ihrer Mitbürger und nichtmenschlichen Mitgeschöpfe:

> At places like Davos, people like to tell success stories. But their financial success has come with an unthinkable price tag. And on climate change we have to acknowledge we have failed. All political movements in their present form have done so, and the media has

failed to create broad public awareness.[224]

Diese thematischen Ansätze prägen Konferenzen wie sie in Davos oder Paris stattgefunden haben, *Thunberg* sagt also nichts Neues. Aber sie spricht diese Themen an, ohne politisch oder wirtschaftlich fremdbestimmt, organisiert oder korrumpierbar zu sein. Sie spricht als Mensch. Ob sie von den Medien und den politischen Verantwortlichen, die darüber entscheiden, wer in den Konferenzen spricht und wer nicht spricht, instrumentalisiert oder fremdbestimmt wird, spielt zunächst keine Rolle. Sie hat ein Alleinstellungsmerkmal, das eine Bewegung in Gang gesetzt hat, die vorerst keine tiefen, aber doch wahrnehmbare Spuren hinterlassen wird.

Kurz nach *Thunbergs* Auftritten beweisen die Medien global, dass sie mit ihren kritischen Kommentaren recht hat: *The media has failed to create public awareness.* Die Medien haben aber auch kein sonderlich großes Interesse, Aufmerksamkeit zu erregen, wenn das Aushängeschild *Thunberg* nicht mehr gewinnbringend präsent ist. Zeitgleich zu *Thunbergs* Auftritten ist in Mexiko zum wiederholten Male ein indigener Umweltaktivist ermordet worden; bis zum Erscheinen dieses Buches sind 15 weitere Personen umgebracht worden, die sich für den Erhalt von biodiversen Schutzgebieten in Mexiko eingesetzt haben.[225]

---

[224] Ebda.
„An Orten wie Davos erzählen Menschen gerne Erfolgsgeschichten. Ihr finanzieller Erfolg ist jedoch mit einem undenkbaren Preis verbunden. Und beim Klimawandel müssen wir zugeben, dass wir versagt haben. Alle politischen Bewegungen in ihrer jetzigen Form haben dies getan, und die Medien schaffen es nicht, ein breites öffentliches Bewusstsein zu schaffen.“

[225] https://t1p.de/bav4 (Stand 03/19)
„In Mexikos Bundesstaat Morelos haben Unbekannte den bekannten Umweltaktivisten Samir Flores Soberanes ermordet. Wie die Nachrichtenagentur „Quadratín“ zuerst berichtete, sei der 30 Jahre alte Flores am Mittwochmorgen, dem 20. Februar 2019, vor seinem Haus im Stadtteil Amilcingo der Stadt Temoac mit zwei Schüssen in den Kopf getötet worden. Das Opfer erlag im

Die Medien haben den Fall *Samir Flores Soberanes* unter *Vermischtes* abgehakt und sich damit entlarvt, dass ihr Interesse an *Greta Thunberg* und ihren Themen nur auf Quoten aufbaut. Keine Neuigkeit, aber im Zusammenhang mit *Thunbergs* Kommentaren erwähnenswert. Hier ist eine Chance vertan worden, umfassend über Vision und Realität in Sachen *globaler Klimaschutz* anhand von konkreten, gegenwärtigen Ereignissen zu berichten.

Greta Thunberg ist von Stockholm nach Davos mit dem Zug gereist und hat auch auf ihren Reisen nach Brüssel und Kattowice auf das Flugzeug verzichtet. Eine konsequente Umsetzung der von ihr selbst propagierten Haltung dem Klimaschutz gegenüber. Betrachten wir ihre Forderungen genauer, so landen wir sehr schnell wieder bei den individuellen Bedürfnissen des Menschen innerhalb seines gesellschaftlichen Kontextes. Auch die weltweit freitags streikenden zigtausend Schüler haben vor, ihre Streiktätigkeiten so lange fortzusetzen, bis die in Paris 2018 gesteckten Klimaschutzziele in greifbare, also konkrete Nähe gerückt sind. Die Frage ist nur, wer dieses Ziel analysiert, konkretisiert und dementsprechend aktiv wird. Die Erfahrung lehrt, dass, wenn sich der Mensch zur eigenen *Lebensoptimierung* etwas geschaffen hat, Verzicht und Rückkehr unmöglich zu sein scheinen.

Krankenhaus der Gemeinde Jonacatelec kurz darauf seinen Verletzungen. Die Täter seien Augenzeugenberichten zufolge in zwei Autos geflohen."
„Das war ein politisches Verbrechen gegen einen Verteidiger der Menschenrechte", machte die „Front zur Verteidigung von Land und Wasser in Morelos, Puebla, Tlaxcala" (FPDTA) die „jetzige und vorherigen" Regierungen für den Mord verantwortlich. Auch die Zapatisten-Organisation EZLN und der Nationale Indigenenkongress (CNI) verurteilten die Ermordung. Flores, der zur indigenen Minderheit der Náhuatl gehört, und die von ihm mitbegründete FPDTA stellen sich gegen das Gaskraftwerk in Huexca. Das Kraftwerk ist Teil der Energievorhabens „Proyecto Integral Morelos" (PIM) und soll billigen Strom für die Region produzieren.

Städte wie Las Vegas, Hongkong, Berlin, die eine Licht- und Umweltverschmutzung ungeahnten Ausmaßes betreiben, durch die Illumination ihrer städtischen Bereiche eine ungeheure Energie aufbringen, werden wohl kaum auch nur ansatzweise aus Tierschutz- und/oder Klimaschutzgründen ihre Lichtquellen abschalten oder reduzieren. Dasselbe gilt für den Flugverkehr und das Reisen mit Flugzeugen. Nehmen wir *Greta Thunbergs* Darstellungen ernst, so müssten Flughäfen geschlossen und der Flugverkehr drastisch reduziert werden. Das Gegenteil ist der Fall, Flughäfen werden ausgebaut, neue Flughäfen angelegt und der Flugverkehr bis an die Belastungsgrenzen von Landschaften und Lufträumen gesteigert.

Auf den Kreuzfahrten-Boom und Reisen in die Arktis, die dank der Abschmelzung der Polkappen nunmehr möglich sind, fehlt hier der Raum, näher einzugehen. Ist eine Landschaftsversiegelung erst einmal beschlossen, haben Regierungen Walfangquoten erst einmal zugelassen, gibt es kein Zurück. Nur mit Hilfe von Umweltschutzaktivisten kann ein Umdenken, das jedoch in den seltensten Fällen zu einer Unterbrechung destruktiver Kreisläufe führt, eingeleitet werden. Die Spuren, die *Greta Thunbergs* Initiative hinterlassen wird, sind noch nicht absehbar, aber es kann vermutet werden, dass sie mit ihren Reden Bewusstseinsräume geöffnet hat, die den einzelnen eventuell dazu bewegen, sein Konsumverhalten zu überprüfen und eventuell zugunsten der nichtmenschlichen Mitwesen zu ändern. Und nur durch individuelle Bewusstseinsbildung und den darauffolgenden Entscheidungsprozessen können sich gesellschaftliche Bereiche transformieren. Deswegen sind für einen Sichtwechsel hinsichtlich des menschlichen Umgangs mit seiner nichtmenschlichen Mitwelt Tier-, Natur- und Umweltschutzinitiativen von entscheidender Bedeutung für einen gesellschaftlichen Wandel.

Ich möchte hier vier repräsentative Initiativen von global bis regional vorstellen, die sich in unterschiedlichen Vorgehensweisen beispielgebend für menschliches Bewusstsein gegenüber unseren Mitgeschöpfen einsetzen, Modelle des aktiven und konkreten Tierschutzes entworfen haben, diese konsequent umsetzen und damit das *Lassen* des nichtmenschlichen Reiches in den Mittelpunkt ihrer Forderungen stellen.

- *PETA (People for the Ethical Treatment of Animals)*
- *NHRP (Non Human Rights Project)*
- *Animal Equality*
- *Lebenshof Butenland*

4.3.1 *PETA*

In seinem Buch „Animal Liberation – Die Befreiung der Tiere" schreibt Peter Singer, dass das Prinzip der Gleichheit nicht die gleiche „Behandlung", sondern die gleiche „Berücksichtigung" erfordert. Dies ist ein wichtiger Unterschied, was die Rechte der Tiere anbelangt. Oft fragen die Menschen, ob Tiere Rechte haben sollten, und die Antwort ist schlichtweg: „Ja!" Sicherlich verdienen es Tiere, ein Leben frei von Leid und Ausbeutung zu leben. Jeremy Bentham, Gründer der reformierenden utilitaristischen Schule der moralischen Philosophie, sagte, dass bezüglich der Rechte eines Lebewesens die Frage nicht sein darf, „Können sie denken?" oder „Können sie sprechen?", sondern „Können sie leiden?". In diesem Zusammenhang weist Bentham auf die Fähigkeit zu leiden als ausschlaggebende Charakteristik hin, die einem Lebewesen das

> Recht auf gleiche Berücksichtigung gibt. Die Fähigkeit zu leiden ist nicht nur eine weitere Charakteristik, wie die Fähigkeit, sich in Sprache auszudrücken oder die Fähigkeit, höhere Mathematik zu behandeln. Alle Tiere können auf die gleiche Weise und im gleichen Ausmaß wie Menschen leiden. Sie empfinden Schmerz, Freude, Frustration, Einsamkeit und Mutterliebe. Jedes Mal, wenn wir etwas tun, das in ihre Bedürfnisse eingreift, sind wir moralisch dazu verpflichtet, die Tiere zu berücksichtigen.[226]

PETA ist in der jungen Bewegung für die Tierrechte eine der ältesten und global handelnden Initiativen, *PETA Deutschland* wurde 1993 als Partnerorganisation von *PETA USA* gegründet. *PETA* hat sich zur Aufgabe gemacht, weltweit auf tierausbeuterische wie tierquälerische Aktivitäten hinzuweisen, sei es, dass diese im großen industriellen Stil oder aber auch in regionalen, beispielsweise landwirtschaftlichen Kontexten stattfinden. Mit diesen Aufdeckungen und Enthüllungen verfolgt die Organisation das Ziel, an das Mitgefühl und den Verstand des Menschen zu appellieren, Tiere um ihrer selbst willen zu *lassen*. *PETA*s Vorgehensweisen sind investigativ, offensiv und provokativ, was zur Folge hat, dass sich in den vergangenen zwei Jahrzehnten offizielle Gegenbewegungen gegründet haben, die massiv gegen *PETA* vorgehen. Nichtsdestotrotz kann festgestellt werden, dass *PETA* mit spektakulären Kampagnen ganze Industriezweige dazu bewogen hat, ihre Produktionskreisläufe auf tierproduktfreie Herstellungsweisen umzustellen. Das jüngste und prominenteste Beispiel stellt das Modelabel *Chanel* dar, das Ende 2018 erklärt hat, auf Pelze gänzlich zu verzichten, sowie exotisches Leder nur noch verwendet, wenn es als Abfall aus der

[226] https://www.peta.de/tierrechte (Stand 02/19)

Lebensmittelindustrie stammt. Diese Abkehr von der Pelzindustrie geht auf jahrelange Vermittlung zurück, zeigt aber auch, dass *Chanel* den Zeitpunkt dieser Bekanntgabe geschickt im veganen Trend platziert.

Diesem relativ transparenten Erfolg stehen Aufklärungskampagnen gegenüber, die auf versteckte Tierprodukte in Lebensmitteln aufmerksam machen, die auf Verpackungen entweder unkenntlich oder nur schwer kenntlich gemacht werden. *PETA* ist es ein zentrales Anliegen, intransparente Lebensmittelkennzeichnungen zu enttarnen und Möglichkeiten zu vermitteln, beim Kauf eines Produktes alle Inhaltsstoffe zu erkennen. Beispiel *Ei:* In der allgemeinen Diskussion um Käfighaltung, um das Vernichten männlicher Küken und um Krankheitserreger in Eiern liegt der gesellschaftliche Fokus auf dem sogenannten *Frühstücksei*, bzw. konventionellen Eierspeisen. Hier ist das Bewusstsein bereits so weit, dass von einem überwiegenden Teil der Eier essenden Bevölkerung das *Ei aus Käfighaltung* abgelehnt wird, inzwischen sogar der Gesamtkonsum von Eiern nachlässt. Durch die Maschen des allgemeinen Bewusstseins fallen hingegen in der Regel Fertigprodukte, Süßwaren und Vegetarische Nahrungsmittel. Hier ist die Kennzeichnungspflicht zwar gegeben, aber erstens nicht besonders auffällig und zweitens nicht bezüglich der Herkunft des Eiprodukts. *PETA* deckt auf, dass 50% der Eier, die sich in den genannten Nahrungsmitteln finden, aus Legebatterien stammen, was dem *bewussten* Konsumenten, der sich vegetarische Wurstscheiben, in denen in der Regel Ei verarbeitet ist, kauft, vielleicht gar nicht bewusst ist. Kommuniziert *PETA* seine Kampagnen nach außen oft mit fast ausschließlich provokanten und verstörenden Videos, so findet man auf der Website zu vielen Themen auch aufklärende Fakten, fundierte Recherchen und im Falle von Lebensmitteln auch Einkaufs- und Rezepttipps.

PETA appelliert mit Tierleid darstellenden Schlagzeilen, Fotos und Videos an die Emotionalität, insbesondere das Mitgefühl des Menschen. Jede dieser Darstellungen ist mit Texten, Aufklärungen und Hinweisen verknüpft, sodass sich Interessierte umfassend informieren können. Es fehlt der Hinweis am Beginn einer jeden Unterseite, dass es sich auf den folgenden Seiten um Darstellungen von Gewalt und Tierleid handelt, sodass man es kaum vermeiden kann, sich diesen Darstellungen auszusetzen, wenn man die Textbausteine lesen möchte. Mit diesen Darstellungsformaten vermittelt *PETA* Wissen und unerwartete Blickwinkel. Es werden Imagestrategien von Herstellern, die in ihren Produktionsketten auf Tierprodukte aus ausbeuterischen und leidintensiven Kontexten zurückgreifen und dies nicht transparent nach außen kommunizieren, aufgedeckt und Hintergründe von Herstellungskreisläufen in Herkunftsländern dargestellt und analysiert.

Allerdings führen diese offensiven Vorgehensweisen auch dazu, dass *PETA* in der Öffentlichkeit kein durchweg positives Image besitzt. Jüngster Fall sind Reaktionen auf *PETA*s Kommentar zu der Ehrung des 13. Todestages des australischen TV-Stars und selbsternannten Wildlife-Experten *Steve Irwin* (*Crocodile Hunter)* seitens *Google. PETAs* Präsidentin *Ingrid Newkirk* kommentierte die Google-Ehrung folgendermaßen:

> „Wir fragen uns, wer diesen gefährlichen Beitrag über einen Mann, der starb, während er einen Rochen belästigte, dessen Baby hin und her schaukelte, während er ein Krokodil fütterte und mit wilden Tieren rang, bewilligt hat." Dieser „ignorante Tribut" sei „ein Schlag ins Gesicht der überwiegenden Mehrheit der Menschen, die anerkennen, dass wilde Tiere das Recht haben, in ihren natürlichen Lebensräumen allein gelassen

zu werden“, fuhr Newkirk fort.[227]

PETA löste mit diesem Tweet eine Art Massenprotestwelle in Australien aus, wo *Irwin* den Status eines Nationalhelden innehat. Im Rahmen dieser Massenproteste wurde *PETA* vorgeworfen, durch spektakuläre Tweets die Anzahl seiner clicks erhöhen zu wollen.

Ich habe dieses Beispiel gewählt, weil die Reaktionen symptomatisch für kritische Kommentare gegenüber populären Personen sind, die in der Unterhaltungsindustrie Tiere nutzen und ausbeuten. *PETAs* Kampagnen adressieren oft Menschen, die Eigentumsansprüche auf (Wild-)Tiere geltend machen wollen und die Ansprüche als Legitimation für ihr Verhalten – das den Tieren in den meisten Fällen Leid zufügt – diesen Tieren gegenüber ansehen. Diese Eigentumsansprüche sind konstruiert und aus der Luft gegriffen und können nur deswegen *funktionieren*, weil der Mensch einen monopolistischen Anspruch auf die ihn umgebende Wildnis geltend macht: Es wird ganz *selbstverständlich* davon ausgegangen, dass die Tiere, mit denen *Irwin* sein Geld verdient hat, nicht nur als *Eigentum* der Öffentlichkeit und der TV-Anstalt betrachtet werden, sondern paradoxerweise auch als *Kollektiveigentum* der gesamten TV-Nutzer, bzw. derjenigen, die sich *Irwins* Sendungen ansehen. *PETA* stellt mit seinen Kommentaren diese Besitzansprüche zu Recht in Frage und erntet daraufhin Hass und Aggression, weil sich niemand den Spaß an *Irwins Geschick*, mit wilden Tieren Kunststücke zu vollführen, nehmen lassen will. *PETA* enteignet sozusagen *Irwin* und dessen Fangemeinde.

Die Organisation deckt mit ihren Kampagnen destruktive Zustände auf, die in einer Art Parallelwelt zum gesellschaftlichen

[227] — PETA (@peta) February 22, 2019

Alltag, von der Öffentlichkeit größtenteils unbemerkt, bzw. willentlich nicht wahrgenommen, vor sich hin prosperieren. *PETA* verfolgt die Strategie des Schockierens, um Gefühle der Barmherzigkeit und des Mitleids zu erzeugen, die sich in der menschlichen Seele ansiedeln und sich bestenfalls irgendwann in eine dem Tier zugewandte Haltung transformieren. Über das Gelingen dieser Vorgehensweise gibt es keine Statistiken, aber erwiesen ist, dass Provokation kritisches Bewusstsein und damit Bewusstseinsbildung bewirkt. Die zahlreichen *Gegen-PETA*-Bewegungen lassen aber auch erkennen, dass diese Strategie auf ablehnende Haltungen stoßen, da sich viele Menschen Grausamkeiten einfach nicht ansehen wollen, bzw. können, zumal die Zerstörungskraft der Tierausbeutung, denen sich die Kampagnen widmen, nicht sonderlich hervorgehoben werden muss; es ist davon auszugehen, dass sie stattfinden, sonst gäbe es *PETA* nicht.

Meines Erachtens gewinnt man die Aufmerksamkeit und Herzen potenzieller Unterstützer eher dadurch, dass man beispielsweise das freie Leben von Kühen vermittelt: dass sie neun Monate schwanger sind, wie sie sich um ihren Nachwuchs kümmern, wie sozial und kommunikativ sie sind, etc. Das wäre eine Form der Wissensvermittlung, die gleichzeitig ein Gesamtbild des Lebewesens *Kuh* liefert, das weitaus mehr Identifikationsbasis bietet als Ansichten von gequälten Tieren. Dieses Konzept verfolgt beispielsweise die *Stiftung Hof Butenland*, die ich am Ende dieses Kapitels vorstelle.

Bei *PETA* finden wir ein Beispiel für eine schockierende Berichterstattung in der Kampagne gegen illegalen Export von indischen Kühen ins muslimische Nachbarland Bangladesh. Es muss nicht besonders erwähnt werden, dass diese Transporte für die Tiere äußerst qualvoll sind und teilweise auch mit einem frühen Tod enden. Für die Verkäufer bedeuten diese Exporte sichere und für dortige Verhältnisse nicht unbeträchtliche Einkünfte. Neben der fleischverarbeitenden Industrie in Bangladesh hat auch noch die Lederindustrie, u.a. als Zulieferer für den europäischen Markt, einen hohen Anteil an dem Marktwert einer indischen Kuh. *PETA* bildet das Leiden der Tiere in verschiedenen Varianten ab, stellt mit Textbausteinen zwischen den Bildern aber auch die Wirtschaftskreisläufe dar und bittet am Ende darum, die Petition gegen diese Ausbeutung von indischen Kühen zu unterzeichnen. Bei der Petition angekommen sind die Menschen, die Leid nur schwer ertragen können, angespannt, schockiert und in ihrem ohnehin niedrigen Speichervermögen von Darstellungen von Destruktion angefüllt.

Natürlich sind die erklärten *PETA*-Ziele, die Tiere zu retten. Teilweise konnten sogar Kühe von der *PETA*-Präsidentin *Ingrid Newkirk* aufgekauft und in einen Lebenshof gebracht werden, aber meines Erachtens wird eine viel höhere Spannung und Aufmerksamkeit gewonnen, wenn positive Fakten über das potenziell freie Leben der Tiere in Form von Videos und Fotos vermittelt und anschließend textlich dargestellt werden. Das Gute und Positive, also so, wie es von der Natur vorgesehen ist, als Gegengewicht zu der menschlichen Zerstörung hervorzuheben, ist in der *PETA*-Konzeption unterrepräsentiert.

Andererseits ist die beschriebene Außenkommunikation von *PETA* auch das identitätsstiftende Merkmal schlechthin, dem man sich nicht entziehen kann. Der globale Erfolg der Kampagnen, der nun schon 26 Jahre ununterbrochen anhält und weiter wächst, ist auf diese offensiven Vorgehensweisen zurückzuführen. Die offensiven Gegenkampagnen sind jedoch ebenso ein Ergebnis dieses identitätsstiftenden Merkmals. Deren Belange verblassen jedoch in den meisten Fällen: einerseits angesichts der penibel recherchierten Dokumentationen sowie der wissenschaftlich und empirisch belegten Fakten und andererseits aufgrund der Rechtsprechungen, die überwiegend zugunsten der Recherchearbeit von *PETA* ausfallen. Die Organisation hat eine Unterseite eingerichtet, auf der sie zu den zahlreichen Vorwürfen, Verleumdungen, kritischen Berichten, etc. transparent Stellung bezieht. Liest man diese Stellungnahmen genau durch, wird deutlich, dass die meisten Argumente gegen *PETA* haltlos und von tiefer Emotionalität geprägt sind, in der es nicht um die Tiere geht, sondern um subjektive anthropozentrische Belange und Wünsche an die Tierwelt, die *PETA* nicht nur nicht unterstützt, sondern eben auch kritisch hinterfragt. *PETA* entkuschelt die Tierwelt.

Was die Organisation grundsätzlich auszeichnet, ist die enge Zusammenarbeit mit Politik, Wissenschaft und gesetzgebenden Instanzen, aber auch eine bemerkenswerte Kontinuität im investigativen Vorgehen gegen aktuelle Missstände in der Tierhaltung. *PETA* bringt auf seiner Website permanent neue Informationen über bestehende und neue Kampagnen, *Skandale* und Erfolge und sichert sich somit eine feste Position im internationalen Kampf gegen das *Nicht Lassen* von Tieren. Unterstützung erhält *PETA* Deutschland von prominenten Persönlichkeiten wie beispielsweise *Franka Potente, Hannelore Elsner, Ursula von der Leyen* und *PETA USA* beispielsweise von *Bill Clinton, Paul McCartney* und *Elton John.* Diese Marketingstrategie setzt Celebrities als Botschafter und Vermittler für das Ende von Tierleid ein und erreicht damit u.a. Personenkreise, die sich noch nie über Ausbeutung von Tieren Gedanken gemacht haben. Dieses Strategiekonzept arbeitet zwar *nur* mit Schlagzeilen und Aufsehen erregenden Posen der Protagonisten, aber die Botschaft geht unter die Haut, weil eine seltsame Spannung zwischen der *Unantastbarkeit* der Stars und der *selbstverständlichen Antastbarkeit* des Tieres entsteht, die jedoch schlussendlich die klare Aufforderung *Hände weg von Tieren* vermittelt. Eine mutige, unterstützenswerte Kampagne.

PETAs Vision liegt in einer tierleidfreien Gesellschaft und berichtet auf seiner Website über alle diesbezüglich relevanten Themen: *Ernährung, Unterhaltung, Tierversuche, Bekleidung, Haustiere, Jagd* und *Tier in der Wildnis.* Man hat die Möglichkeit, wenn man sich mit dem Bereich des Tierschutzes und der Tierausbeutung vertraut machen möchte, sich umfassendes und fundiertes Wissen, insbesondere über die Unterseite *Themen A-Z,* anzueignen. Es besteht auch die Möglichkeit, sich telefonisch zu informieren oder einen Missstand zu melden. Aber nicht nur der Kampf gegen das uns ständig umgebende Tierleid steht auf der Website von *PETA* im Vordergrund, sondern auch zahlreiche Tipps, Empfehlungen und Möglichkeiten, sich auf vielfältige Weise tierproduktfrei zu ernähren. Wenn man sich also nicht sofort auf den Kampf gegen Tiernot einlassen will oder kann, besteht die Möglichkeit, sich mittels Ernährungsumstellung für eine Gesellschaft fern von Massentierausbeutung einzusetzen. Die Website ist so gestaltet, dass man motiviert wird, sich auf unterschiedlichste Weise an *PETAs* selbst gesetztem Auftrag zu beteiligen: Man kann Mitglied werden, spenden, Petitionen unterschreiben, Nachrichten und Kampagnen teilen oder vorgefertigte Briefe an Hersteller und Verantwortliche unterschreiben

PETA setzt sich für das *Lassen* der Tiere ein, handelt und spricht für das nichtmenschliche Wesen in seinem eigenwertigen Dasein und fordert, dass der Mensch seine Eigeninteressen am Tier beenden muss, um dem Tier Raum zur eigenen Entfaltung seines Wesens zu geben.

4.3.2 The Non Human Rights Project

> Humans are not the only animals entitled to recognition and protection of their fundamental rights.
> We work to secure fundamental rights for nonhuman animals through litigation, legislation, and education.[228]

Das *Non Human Rights Project*, wörtlich übersetzt *Projekt für die nichtmenschlichen Rechte*, ist die einzige Organisation, die sich ausschließlich der Verankerung von Rechten für Tiere in der Gesetzgebung widmet. Man muss kein Jurist sein, um diese Initiative anzuerkennen und zu verstehen, aber man muss Jurist sein, um vor Gericht die Rechte für Tiere einzufordern. Aus diesem Grunde wurde das Projekt 2007 von dem Juristen *Steven Wise* zusammen mit der Biologin und Forscherin *Jane Goodall* gegründet. *Wise* hat ab 2013 Zivilprozesse gegen die *Haltungen,* zunächst von Schimpansen, in die amerikanischen Gerichtssäle gebracht.

Das Projekt hat den Status einer Non-Profit-Organisation, die sich zum Ziel gesetzt hat, den rechtlichen Status zumindest einiger nichtmenschlicher Tiere von Eigentum zu Eigentum zu ändern, mit dem Ziel, die Rechte auf körperliche Freiheit (das Recht, nicht eingesperrt zu sein) und körperliche Unversehrtheit (das Recht, nicht für medizinische Experimente genutzt werden zu können) zu sichern. Das *NhRP* arbeitet größtenteils über das Mittel staatlicher Rechtsstreitigkeiten in den für das Projekt als

---

[228] https://www.nonhumanrights.org/ (Stand 02/19)
„Menschen sind nicht die einzigen Tiere, die zur Anerkennung und zum Schutz ihrer Grundrechte berechtigt sind. Wir arbeiten daran, die Grundrechte für nichtmenschliche Tiere durch Prozessführung, Gesetzgebung und Aufklärung zu sichern.“

am besten geeigneten *Common Law*[229]-Gerichtsbarkeiten. D.h., dass Gesetze erlassen werden, die den Tieren Zivilrechte zugestehen, die zu Präzedenzfällen führen würden, auf die sich richterliche Entscheidungen berufen müssten. Ihre Argumentation stützen die Anwälte des *NhRP* auf vorhandene wissenschaftliche Erkenntnisse und Beweise in Bezug auf das (Selbst-) Bewusstsein und die Autonomie nicht-menschlicher Wesen. Die nachhaltigen strategischen Prozesskampagnen wurden in erster Linie von einem Team von Rechtsanwälten, Rechtsexperten und freiwilligen Jurastudenten entwickelt, die umfangreiche Untersuchungen zu einschlägigen rechtlichen innermenschlichen Präzedenzfällen durchgeführt haben. Das *NhRP* reichte nach Abschluss dieser Recherchen im Dezember 2013 seine ersten Klagen gegen die Haltung von vier Schimpansen ein, die im US-Bundesstaat New York in Gefangenschaft lebten. Inzwischen wurden bestimmte in Gefangenschaft gehaltene *Elefanten, Delfine* und *Wale* in die Klientenschaft der Kanzleien des *NhRP* aufgenommen, mit dem Ziel, für sie vor Gericht den Status der *natürlichen Person* zu erreichen.

Um diesen Status durch richterliche Entscheidung durchzusetzen, bedienen sich die Anwälte des *NhRP* des Rechtsmittels *habeas corpus,* das den *Menschen* vor willkürlicher Verhaftung schützt und das Recht garantiert, die Rechtmäßigkeit seiner Verhaftung spätestens nach 14 Tagen durch einen Richter prüfen zu lassen. Das Projekt wählt schwere Fälle von Gefangennahmen in Verbindung mit Einzel- oder Anbindehaltung in Zirkussen, Entertainment-Shows, Zoos, Privathäusern von *Schimpansen/Affen, Elefanten, Walen* und *Delfinen* aus und erklärt diese Wesen zu ihren Klienten, obwohl sie im *Besitz* anderer sind. Da jedoch die Haltungsbedingungen unangemessen sind und den jeweiligen Tieren offensichtlichen Schaden zufügen, sind die Besitzenden

[229] Gemeinschaftsrecht (engl.), vergleichbar mit dem deutschen Zivilrecht

nicht daran interessiert, dass die Fälle durch Aufsehen erregende Prozesse eine Öffentlichkeit bekommen, ziehen sich meistens zurück und vermeiden jede Stellungnahme. Die Anwälte des *NhRP* klagen also nicht nur die Haltungsbedingungen an, sondern reichen Klage gegen die unrechtmäßige Inhaftierung dieser nichtmenschlichen Wesen mit dem Ziel ein, dass diese befreit und in ein ihnen angemessenes Schutzgebiet gebracht werden. Das Projekt strebt keine Reform der Tierschutzgesetzgebung an, sondern konzentriert sich auf Einzelfälle, die im Zivilrecht zu Gesetzesnovellierungen führen könnten.

Die größte Hürde, die in diesen Fällen genommen werden müsste, ist die der *Enteignung*, die jedoch so lange nicht überwunden werden kann, solange jede Person das Recht hat, mit seinem Eigentum so zu verfahren, wie sie es möchte. Das Tier gilt als Eigentumssache, auf die der *Besitzer* uneingeschränktes Zugriffsrecht hat. Eine Klage wegen unangemessener Behandlung des Tieres anzustrengen, setzt voraus, dass der Eigentumsbegriff novelliert wird, was wiederum nur möglich ist, wenn nachgewiesen werden kann, dass das jeweilige Tier in seinem Dasein und Verhalten einer natürlichen Person in nichts nachsteht, also über *Selbstbewusstsein* verfügt. Es reicht nicht, wissenschaftliche Erkenntnisse darüber anzubringen, dass das Tier ein *Bewusstsein* besitzt. Erst wenn die wissenschaftlichen Erkenntnisse darüber vorliegen, dass das Tier über personengleiche Fähigkeiten und Kompetenzen verfügt, also wie eine Person handeln kann, kann vor dem Gesetz in Betracht gezogen werden, dass seine *Gefangennahme* unrechtmäßig ist und der Status der *rechtmäßigen Person* anerkannt werden könnte.

Im Falle des Schimpansen *Tommy*, der 2013 aufgrund einer unangemessenen Haltung seitens seiner *Besitzer* zum ersten Klienten der *Wise*-Kanzlei des *NhRP* wurde, führte diese Beweislage nicht zum Erfolg. Die Rechtsanwälte zogen bis 2018 durch verschiedene Gerichtssäle und scheiterten letzthin an der richterlichen Entscheidung, dass ein Schimpanse für sein Handeln nicht verantwortlich gemacht werden kann, also über kein *Selbstbewusstsein* verfügt. Folgender *persönlicher* Kommentar des Richters schloss die Akte *Tommy*:

> „In the interval since we first denied leave to the Nonhuman Rights Project, I have struggled with whether this was the right decision. Although I concur in the Court's decision to deny leave to appeal now, I continue to question whether the Court was right to deny leave in the first instance. The issue whether a nonhuman animal has a fundamental right to liberty protected by the writ of habeas corpus is profound and far-reaching. It speaks to our relationship with all the life around us. Ultimately, we will not be able to ignore it. While it may be arguable that a chimpanzee is not a 'person,' there is no doubt that it is not merely a thing."[230]

Auch wenn diese persönliche Ansicht des Richters der Gesetzgebung in Teilen widerspricht, so kann nicht davon ausgegangen werden, dass diese Meinung einen Präzedenzfall darstellt. Man

---

[230] https://www.nonhumanrights.org/client-tommy/ (Stand 03/19)
„In der Zeit, in der wir erstmals dem Nonhuman Rights Project die Erlaubnis auf Berufung verweigert haben, habe ich mit der Frage gekämpft, ob dies die richtige Entscheidung war. Obwohl ich der Entscheidung des Gerichts zustimme, die Berufungsentscheidung jetzt abzulehnen, frage ich mich immer noch, ob der Gerichtshof es in der ersten Instanz zu Recht abgelehnt hat. Die Frage, ob ein nichtmenschliches Tier ein Grundrecht auf Freiheit hat, das durch *Habeas Corpus* geschützt wird, ist tiefgreifend und weitreichend. Es spricht für unsere Beziehung zu all dem Leben um uns herum. Letztendlich werden wir es nicht ignorieren können. Es kann zwar argumentiert werden, dass ein Schimpanse keine *Person* ist, es besteht jedoch kein Zweifel, dass es sich nicht nur um eine Sache handelt."

kann aber eine Richtung erkennen, die eine Orientierung für zukünftige Beurteilungen darstellt.

Im Falle der beiden Primaten *Hercules* und *Leo,* die das *NhRP* seit 2013 vertreten hat, kam die Richterin *Barbara Jaffe* 2018 zu einem anderen Ergebnis:

> In a major procedural victory for the NhRP, Justice Jaffe also determines that a human or corporation, i.e. the NhRP has standing to bring a lawsuit directly on behalf of a nonhuman animal without having to allege any injury to human interests. A lack of standing is the most common reason federal courts dismiss animal welfare cases. She also finds that the so-called "flood-gate" or "slippery slope" argument (the idea that recognizing the legal rights of individual chimpanzees will open the door to rights for all animals) "is not a cogent reason for denying relief" and affirms that who is a "person" is not a question of biology, but of public policy and principle.[231]

Die beiden Primaten waren *Eigentum* des *New Iberia Research Center (NIRC)* und dienten als Versuchstiere in den Tierver-

---

[231] https://www.nonhumanrights.org/hercules-leo/ (Stand 03/2019)
„In einem wichtigen prozessualen Sieg für das NhRP stellt Justice Jaffe außerdem fest, dass ein Mensch oder ein Unternehmen, d.h. das NhRP, die Möglichkeit hat, direkt eine Klage im Namen eines nichtmenschlichen Tieres zu erheben, ohne eine Verletzung menschlicher Interessen zu beanstanden. Mangel an Ansehen ist der häufigste Grund, warum Bundesgerichte Tierschutzfälle abweisen. Sie findet auch, dass das sogenannte Argument „Floodgate" oder „Slippery Slope" (der Gedanke, dass die Anerkennung der gesetzlichen Rechte einzelner Schimpansen die Tür zu den Rechten für alle Tiere öffnet) „kein zwingender Grund ist, Erleichterung abzulehnen" und bestätigt: „Wer eine *Person* ist, ist keine Frage der Biologie, sondern der öffentlichen Politik und des Prinzips."

suchslaboratorien der *Stony Brooks University*[232]. *Steven Wise* vom *NhRP* begann 2013 auf Grundlage des *Habeas Corpus Act* gegen die *Inhaftierung* der Schimpansen an der *Stony Brook University* und für deren Freilassung zu klagen. Diese Prozesse zogen sich bis 2015 hin und haben das Image von *Stony Brook* nicht nur aufgrund der Tatsache beschädigt, dass Versuche an Primaten in der Gesellschaft zunehmend auf harte Kritik stoßen, sondern auch, weil Richterin *Barbara Jaffe* den *Habeas Corpus Act* im Falle von *Hercules* und *Leo* zuließ und damit *Stony Brook* aufgefordert wurde, zu beweisen, dass den Schimpansen ihr Recht auf freie Entfaltung nicht verweigert wird. Dieser Beweis konnte nicht erbracht werden, sodass 2015 *Stony Brook* alle weiteren Ansprüche an den Tieren zurückzog, mit dem Ergebnis, dass die Forderung von *Steven Wise*, die beiden Tiere einem *Sanctuary* zu übergeben, in greifbare Nähe rückte.

Diese richterliche Anordnung ist die erste ihrer Art in der Geschichte der Geltendmachung von nichtmenschlichen Rechten, dass ein Gericht eine Anhörung gewährt, um die Rechtmäßigkeit der Inhaftierung eines nichtmenschlichen Tieres festzustellen.

Dem Erfolg des weiteren Verlaufs dieses Falles standen jedoch die *Eigentumsrechte* entgegen, die bei dem *New Iberia Research Center* lagen, das *Hercules* und *Leo* der *Stony Brook University* lediglich *zur Verfügung gestellt* hatte, um dadurch Einnahmen zu erzielen. An dieser Stelle endete der Rechtsweg, da der *NIRC* behauptete, dass die Schimpansen in ihrem Institut artgerechter gehalten werden, als in dem von *Wise* vorgeschlagenen *Sanctuary.* Eine (haltlose) Behauptung, die lediglich dazu diente, die Verfahren in endlose Längen zu ziehen. Der Eigentümer hat, wie bei Objekten ganz allgemein, das Recht, mit den Objekten so zu verfahren, wie er es für richtig hält. Das ist im Falle von Leihga-

[232] https://research.stonybrook.edu/animal-use

ben anders geregelt, weswegen das *NhRP* mit der Klage gegen *Stony Brook* Erfolg hatte.

Das *NhRP* beschloss, sein Ziel, die beiden Tiere zu befreien, eher auf informellen, als auf offiziellen Wegen durchzusetzen, weil die parallel stattfindenden Prozesse für die Befreiung der Primaten *Tommy* und *Kiko* in vollem Gange waren und hohe Mengen an Ressourcen in Anspruch nahmen.

Die jenseits von Gerichten und Öffentlichkeit stattfindenden Verhandlungen und Gespräche mit dem *NIRC* inkl. der Veröffentlichung eines Videos, in dem *Jane Goodall* an das *NIRC* appellierte, die Tiere freizulassen, führten 2018, also nach fünf Jahren unermüdlichen Verhandlungen, zum Erfolg. *Hercules* und *Leo* wurden dem *Project Chimps sanctuary*[233] übergeben. Die Fälle um *Tommy* und *Kiko* sind bislang nicht erfolgreich verlaufen, werden aber weiterverfolgt.

Die Historie der Prozesse, Berufungen, Klagen und Gegenklagen wird in dem Dokumentarfilm *Unlocking the cage*, der 2016 auf dem *Sundance Film Festival* einer breiten Öffentlichkeit vorgestellt wurde, anschaulich vermittelt.[234]

Was die Anwälte des *NhRP* neben den konsequenten Klagen gegen unangemessene Haltungen mittels des *habeas corpus acts,* die in der Regel von den Richtern abgewiesen werden, auszeichnet, ist die Erweiterung ihres Klientenstammes. Diese Ausdehnung der Klienten, beispielsweise auf die im *Commerford Zoo Connecticut* lebenden Elefanten *Beulah, Karen* und *Minnie*, beweist auf sehr eindrückliche Art und Weise, dass es den Anwälten nicht im Ansatz um Eigeninteressen, sondern um die Lebensinteressen der Tiere geht. Die Fälle der drei Elefanten sind inzwischen auf dem Weg zum *Supreme Court New York*, aber nur aufgrund des wiederholten und hartnäckigen Einrei-

[233] https://projectchimps.org/ (Stand 03/19)
[234] https://www.unlockingthecagethefilm.com/ (Stand 04/19)

chens von Klagen und Petitionen beim Berufungsgericht Connecticut, das den Weg zum *Supreme Court New York* freigeben muss. Diese Freigabe hat 2019 Ende März stattgefunden:

> Good news! The Appellate Court of Connecticut has scheduled a hearing on April 22nd—Earth Day—regarding a lower court's dismissal of our first habeas corpus petition on behalf of Beulah, Karen, and Minnie, three elephants held captive at a traveling circus based in Goshen. The NhRP's oral argument will address the Connecticut Superior Court's grounds for dismissal of our petition, which we see as serious and reversible errors of law. Members of the public are welcome to attend, and we'd love for you to join us in court if you can! Learn more on our blog. As I write in my post, our legal fight will continue until the elephants are in a sanctuary where their right to liberty is respected.
>
> The same is true for Happy, our New York elephant client. In the weeks that followed Happy's historic habeas corpus hearing in December, the Orleans County Supreme Court issued an order to transfer Happy's case to Bronx County, where Happy is held alone in captivity at the Bronx Zoo. We just filed a new motion, seeking appellate review of that order. [235]

[235] https://www.nonhumanrights.org/blog/ (Stand 05/19)
„Gute Nachrichten! Das Berufungsgericht von Connecticut hat am 22. April – dem Earth Day – eine Anhörung über die Ablehnung unserer ersten Habeas-Corpus-Petition im Namen von Beulah, Karen und Minnie, drei Elefanten, angeordnet, die in einem Wanderzirkus in Goshen gefangen gehalten werden. Das mündliche Vorbringen des NhRP wird sich auf die Gründe des Connecticut Superior Court beziehen, die unsere Petition abgewiesen haben, was wir als schwerwiegende und reversible Rechtsfehler ansehen. Mitglieder der Öffentlichkeit sind herzlich eingeladen, wir würden uns freuen, wenn Sie vor Gericht

Alle Fälle, denen sich das *NhRP* widmet, drehen sich um den Tatbestand des *Eigentums*, der immer mit der Frage verbunden ist, was die *Besitzer* von Tieren dazu veranlasst, an den in ihrem Besitz befindlichen Wesen festzuhalten, obwohl offensichtlich ist, dass ihr eigentliches Interesse nicht auf das Tier (das Eigentum) gerichtet ist, sondern auf Funktionen, die mit dem Tier in Zusammenhang stehen. Diese scheinen so entscheidend zu sein, dass ein Verzicht auf das Tier, das, objektiv betrachtet eher Arbeit als Freude bereitet, unmöglich erscheint.

Natürlich liegt diese Entscheidung im Ermessen des Besitzers, so will es das Gesetz. Der Eigentumsbegriff allerdings wird, wenn er sich um *Lebewesen* dreht, in dem Moment fragwürdig, in dem nicht für das Wohl des Lebewesens gesorgt ist. Das Präzedenzbeispiel ist das im Zusammenhang mit *Leo* und *Hercules* erwähnte an der *University of Louisana* angesiedelte *New Iberia Research Center.* Es erschließt sich nicht, warum die beiden Primaten nach der *Entlassung* aus *Stony Brook* noch 2 ½ Jahre im *NIRC* gehalten werden mussten. Die Forschungseinrichtung hat sich auf Zucht und Genmanipulation spezialisiert, wofür die zu diesem Zeitpunkt 10-jährigen Primaten allerdings nicht mehr in Frage kamen.

Wie in den vorangegangenen Kapiteln geschildert, liegen die eigentlichen Impulse für das Festhalten an *lebendigem Eigentum*

---

erscheinen! Erfahren Sie mehr in unserem Blog. Während ich hier schreibe, wird unser Kampf fortgesetzt, bis die Elefanten sich in einem sanctuary befinden, in dem ihr Recht auf Freiheit respektiert wird.
Dasselbe gilt für Happy, unseren New Yorker Elefantenklienten. In den Wochen, die auf Happys historische Habeas Corpus-Anhörung im Dezember folgten, erließ der Oberste Gerichtshof des Bezirks Orleans County die Anordnung, den Fall von Happy in die Bronx County zu verlegen, wo Happy allein im Zoo von Bronx in Gefangenschaft gehalten wird. Wir haben gerade einen neuen Antrag eingereicht, um eine Berufungsprüfung der Anordnung zu beantragen.“

vermutetermaßen im menschlichen Streben nach Macht, Kontrolle und Steuerung, was auch in dem Falle des wissenschaftlichen Kontextes, in dem *Leo* und *Hercules* im *NIRC* gehalten wurden, nicht von der Hand zu weisen ist. Auch das Dasein des Schimpansen *Tommy* bringt seinem *Besitzer*, wie man in dem Film *Unlocking the cage* erfährt, keinen nennenswerten Vorteil. *Tommy* wird in einem weder einsehbaren noch zugänglichen Käfig gehalten und fristet ein sklavenartiges Dasein. Hat dieses *Beharren* auf *(Be)Halten* etwas mit *Angst vor Kontrollverlust* zu tun, wenn es den Anwälten vom *NhRP* gelänge, *Tommy* einem *Sanctuary* zu übergeben? Oder handelt es sich um das *Prinzip des Besitzens*, das in keinem Falle hinterfragt oder in Zweifel gezogen werden darf? Vielleicht geht es aber auch ausschließlich um instinkthafte Macht und Kontrolle?

Diese Fragen haben in den Argumentationsstrategien des *NhRP* keine Bedeutung, da es sich um Rechtsfälle handelt, die nur über das geltende Gesetz geregelt werden können und nicht über ethisch-moralische Ansichten oder Vorgehensweisen. Viel eher muss die Frage gestellt werden, ob die Beweisführung, dass es sich bei den vom *NhRP* vertretenen Lebewesen um *natürliche Personen* handele, ethisch vertretbar ist, auch wenn es vor dem Gesetz keinen anderen argumentativen Weg als diesen gibt. Für die Verteidigung der Schimpansen *Leo* und *Hercules* war es beispielsweise notwendig, das aufrechte Gehen eines Primaten zu demonstrieren und zu analysieren, um zu beweisen, dass die nichtmenschlichen Bewegungsabläufe mit denen des Primaten nahezu identisch sind. Dazu wurden Übungen gezeigt, in denen ein Schimpanse unter menschlicher Anleitung den aufrechten Gang, sogar mit einem größeren Objekt im Arm, vollführen musste.

Hier sollte das Verhältnis zwischen menschlicher Steuerung und nichtmenschlicher Autonomie zum Zwecke der nachhaltigen Lebensverbesserung des nichtmenschlichen Lebewesens abgewogen werden. Man kann zustimmen, dass Bewegungsversuche mit Primaten, die zur Geltendmachung von Rechten für diese Spezies dienen, letzthin im Sinne der Primaten sind. Die Argumentation hingegen, dass ein Schimpanse nur dann zur *Person* erklärt werden kann, wenn er in der Lage ist, menschliche Aufgaben und Verhaltensweisen zu vollziehen, ist höchst fragwürdig. Aber auch der Vergleich bestimmter Tierhaltungen mit der Sklavenhaltung, die natürlich vor Gericht absolut keinen Bestand hat, ist in der letzten Konsequenz anthropozentrisch. *Steven Wise* und seine mitstreitenden Anwälte gehen also mit ihrer Strategie, auch wenn sie es vielleicht nicht wollen, auf uranthropozentrische Weise an die Verteidigung der Tiere heran. Vertauschen wir die Rollen und ziehen unseren menschlichen Gaststatus als Beispiel heran, dann kämen wir als menschliche Lebewesen in eine vertrackte Lage: Der Delfin würde uns als Menschen nur in dem Falle Rechte zugestehen, wenn wir über Fähigkeiten, Kompetenzen und Verhaltensweisen verfügen, die die Lebensaufgaben eines Delfins sicher und nachhaltig bewältigen.

Aber der Delfin an sich *kann* und *will* dem Menschen keine Rechte zugestehen, sein Dasein ist grundsätzlich auf eine friedliche und ausgewogene Koexistenz mit dem Menschen angelegt. Also ist das *Zugestehen von Rechten* eine anthropozentrische Idee und die *friedliche Koexistenz* – zumindest im Falle des Delfins – eine nichtmenschliche Verhaltenseigenschaft. Dieser Tatbestand müsste per se dazu führen, Delfinen nach menschlichem Ermessen dieselben Rechte einzuräumen wie wir sie per Gesetz im zwischenmenschlichen Dasein beschlossen haben. Nicht anthropozentrisch ausgedrückt: Der Tatbestand müsste dazu führen, die Delfine und ihre Lebensumgebungen zu lassen. Das wäre im aktuellen Bewusstseinsstadium, in dem sich die

Menschheit befindet, ein Akt der *Barmherzigkeit* und des *Bittens um* oder *Aufforderns zu*, wie es beispielsweise die *Tierschutzorganisation PETA* einfordert. Die Organisation zur Erlangung und Verteidigung der *Rechte von Tieren,* das *Non human Rights Project,* ist bestrebt, die Gesetzgebung diesem Ziel anzupassen und bedient sich für diese Vorgehensweise u.a. wissenschaftlicher Tests aus dem Bereich der menschlichen Verhaltensforschung, wie beispielsweise dem *Self recognition mirror test.* Dieser besteht darin, dass das Gesicht eines nichtmenschlichen Lebewesens an einer bestimmten Stelle markiert wird. Dem Wesen wird ein Spiegel gegenübergestellt und es wird beobachtet, ob sich das Tier durch Berührung dieser Markierung seines Spiegelbilds bewusst wird und dass an seinem Gesicht etwas anders ist als normalerweise oder ob es die Markierung nicht bemerkt. Dem *Test*-Lebewesen wird mit diesem Experiment vermutetermaßen kein Schaden zugefügt. Der Elefant *Happy*, ein Klient der Kanzlei des *NhRP*, hat diesen Test im Rahmen der Klage gegen den *Bronx Zoo*, in dem *Happy* in Einzelhaltung lebte, *bestanden.* Der Co-Autor der Studie dieser speziellen Versuchsanordnung war *Joshua Plotnik,* ein Master Student in Psychologie an dem *Emory University's Yerkes National Primate Research Center*:

> **Mr. Plotnik**: (…) So we installed a huge mirror that was about eight feet by eight feet glued to a piece of plywood, encased in steel and then bolted to a wall so that the elephants have no way to really manipulate the mirror. We would then release the elephants into the yard where the mirror was located to see how they would react to the mirror image.
> **NhRP**: But it was Happy – you put an X on her forehead, I gather – and she did things that indicated that

she knew that X was on her.

Mr. PLOTNIK: Actually we did this to all three elephants. We put a visible white face paint mark on one side of her head, and a sham mark – we call this a sham mark – and it's an invisible face mark on the other side of her head. And the reason you do this is you want to make sure that the elephant isn't touching the mark on its head just because it feels it or smells it. And Happy in front of the mirror repeatedly touched the visible white X mark on her head more than 12 times.

(...)Elephants, they actually like to put things on their body. They're constantly dust bathing by throwing dirt on their backs and storing food on their backs. So it's possible that although had Happy had initial interest in the mark on her face [236]

---

[236] https://www.npr.org/templates/story/story.php?storyId= 6412620&t=1552406186037 (Stand 03/19)

„**Plotnik:** (...) Also installierten wir einen riesigen Spiegel, der etwa drei mal drei Meter an ein Stück Sperrholz geklebt, mit Stahl ummantelt und dann an einer Wand verschraubt war, sodass die Elefanten keine Möglichkeit hatten, den Spiegel wirklich zu manipulieren. Wir ließen die Elefanten dann in den Hof, wo sich der Spiegel befand, um zu sehen, wie sie auf das Spiegelbild reagieren würden.

NhRP: Aber es war *Happy* – du hast ein X auf ihre Stirn gelegt, ich fasse zusammen – und sie tat Dinge, die darauf hindeuteten, dass sie wusste, dass ein X auf ihr markiert war.

Plotnik: Eigentlich haben wir das mit allen drei Elefanten gemacht. Wir setzen eine sichtbare weiße Gesichtsfarbe auf eine Seite ihres Kopfes und eine Scheinmarke – wir nennen dies eine Scheinmarke – es ist eine unsichtbare Gesichtsmarke auf der anderen Seite des Kopfes. Der Grund dafür ist, dass Sie sicherstellen möchten, dass der Elefant die Markierung auf dem Kopf nicht berührt, nur weil er es fühlt oder riecht. Und *Happy* berührte mehrmals vor dem Spiegel das sichtbare weiße X-Zeichen auf ihrem Kopf. Elefanten legen eigentlich gerne Dinge auf ihren Körper. Sie sind ständig im Staubbad, indem sie Schmutz auf den Rücken werfen und Lebensmittel auf dem Rücken lagern. Es ist also möglich, dass *Happy* anfänglich Interesse an der Markierung auf ihrem Gesicht hatte."

Dieses Beweismittel hat in dem Verfahren bis Anfang 2019 noch nicht zum erwünschten Erfolg geführt, der Antrag auf Berufung am New York Supreme Court, Orleans County wurde abgelehnt, die Richterin hat eine Verlegung des Verfahrens an das Gericht von Bronx County, also an den Lebensort von *Happy,* verfügt. Es ist demnach völlig offen, wie der Prozess ausgeht.

So sehr die Initiative des *NhRP* anzuerkennen und förderungswürdig ist, so sorgfältig muss man hinterfragen, ob es überhaupt möglich ist, im Zusammenhang von nichtmenschlichen Wesen von *Personen* zu sprechen, auch wenn das Ziel darin besteht, das Tier zu einem eigenständigen, eigenwerten Wesen zu erklären. Die argumentative Vorgehensweise ist, wie bereits erwähnt, zutiefst anthropozentrisch. Mit der Erklärung zur *Person* beginnt auch die Spezifizierung, die leicht in einer Art Speziesismus mündet, der Kategorisierungen nach sich zieht, die mit der Eigenständigkeit der Wesen nichts mehr zu tun haben. Es wird also das Gegenteil von dem erreicht, was erreicht werden soll, nämlich die Erlangung und Verteidigung der Rechte aller Tiere. Diese Kategorisierungen finden in der Einteilung der Wesen in *höhere* und *niedere* Tiere statt, in *gefangene* und *nicht gefangene* Tiere, und schließlich in *Tiere mit Wirbeln* und *Tiere ohne Wirbel.* Das Einfordern des Erlangen von *Personenrechten* für Tiere wird auch von dem erfolgreichen Abschluss der oben erwähnten Tests abhängig gemacht, obwohl, wie wir erfahren haben, diese Abschlüsse die vorsitzenden Richter nicht überzeugen, Präzedenzfälle zu schaffen. Es stellt sich, wenn die Beweisführung in diesem Sinne stattfindet, die Frage, ob die Wesen, die nicht testkompatibel sind, auch kein Anrecht auf

Personenrechte haben? Ich vermute, dass hier die Möglichkeiten der rechtlichen Argumentationsräume erschöpft sind, ein weiteres Einfordern von *Rechten* für Tiere anhand dieser Vergleiche mit menschlichen Eigenschaften hätte keinen Sinn. Die Philosophin *Cora Diamond* sieht dem Einfordern von *Rechten* für Tiere über den Rechtsweg klare Grenzen gesetzt:

> Der Gegensatz zwischen dem, was aus Rechtsgründen eingefordert werden kann, und dem, was sich nur erbitten lässt, wird (wenn es um Gerechtigkeit und Ungerechtigkeit gegenüber Menschen geht) oft mit Vorstellungen von Würde in Verbindung gebracht. Würde sei mit der Einforderung von Rechten verträglich, aber angeblich nicht mit Barmherzigkeit oder Gnade.
> Sofern Tiere weder Rechte haben noch Träger von Rechten sein können *(NhRP,* Anm. des Autors), richten sich Aufrufe zu besserem Umgang mit ihnen (scheinbar) bloß an das Mitgefühl (*PETA*, Anm. des Autors)[237]

Diese sehr eingeschränkten, von einem Bruchteil der menschlichen Gesellschaft in Erwägung gezogenen Möglichkeiten eines Paradigmenwechsels auf Tiere erfordern einen extremen Einsatz an menschlichen Ressourcen, Energie und Vermittlungsarbeit, die in keinem Verhältnis zum Ergebnis stehen. Das *NhRP* schüttet mit seinen bewundernswert selbstverständlichen Verteidigungen nichtmenschlicher Mandanten Sand ins Getriebe der rein menschlich geprägten Rechtsprechung, während *PETA*, ebenfalls auf selbstverständliche Art und Weise, jeglichen zu Tage tretenden Missstand in der Haltung von Tieren publik macht und

[237] Cora Diamond, *Menschen, Tiere und Begriffe,* Suhrkamp Berlin 2012, S. 151

dagegen vorgeht. Die Aussichten für unsere *Mitgeschöpfe* könnten nicht besser sein, wenn diese Initiativen zum festen und geschätzten Bestandteil menschlichen Daseins werden würden.

Aber die menschliche Gesellschaft ist offenbar nicht in der Lage, sich auf andere Art dem Umgang mit Tieren zu nähern, als auf dem der ihr vorstellbaren *Barmherzigkeit* oder auf dem der *Persönlichkeitsrechte.*

Dabei liegt es auf der Hand, dass der Mensch die *friedliche Koexistenz*, die der überwiegende Teil der Wesen im biodiversen Gefüge anstrebt, *nur* anerkennen und ebenfalls praktizieren muss, um ein am nichtmenschlichen Wesen orientiertes Zusammenleben zu ermöglichen. Gelingt diese Anerkennung, dann tritt folgende Regelung in Kraft: Bis eine Harmonisierung erreicht ist, stellen den Maßstab des *Miteinanders* die nichtmenschlichen Wesen und nicht der Mensch.[238] Für diesen Zeitraum müssen menschliche Fortpflanzungs- und Besiedlungstätigkeiten drastisch eingeschränkt, Ernährungsgewohnheiten verändert, *Optimierungen* von Lebensstandards reduziert und die Jagd beendet werden.

4.3.3 Animal Equality

> Animal Equality ist in acht Ländern fest verankert. Da die Ausbeutung von Tieren ein globales Problem ist, ist die internationale Arbeit sehr wahrscheinlich ein wesentlicher Bestandteil einer globalen Lösung für Tiere. Animal Equality arbeitet sehr eng mit anderen Organisationen zusammen und plant, dies auch in der Zukunft fortzusetzen. Die Zusammenarbeit und der Austausch von Ressourcen innerhalb der Tierschutz-

[238] siehe auch Kap. 2.2.1 *Das Gesetz*

bewegung kann die Wirkung der Arbeit insgesamt erhöhen.[239]

Animal Equality, übersetzt *Gleichheit der Tiere*, hat sich 2006 in Spanien als gemeinnützige Tierrechtsorganisation konstituiert, die sich für die *Rechte* und *Verteidigung aller Tiere*, sowie für eine *vegane Ernährungsweise* einsetzt. Die Organisation hat ihre zentralen Büros in Los Angeles, Berlin und Stuttgart, ist aber auch in Großbritannien, Indien, Italien, Mexiko, Venezuela und in weiteren Bundesstaaten der USA aktiv. Im Mittelpunkt der Recherchen und Kampagnen steht die *Nutztierindustrie,* der Schwerpunkt der Aktivitäten richtet sich gegen die *Massentierhaltung* und für eine globale tierproduktfreie Ernährungsweise.

Was *Animal Equality* auszeichnet, sind Undercover-Recherchen in der Nutztierindustrie und medienwirksame, groß angelegte Kampagnen für die Rechte von Tieren, die immer auch mit intensiver Bildungs- und Aufklärungsarbeit über Tierausbeutung und dem damit eng in Zusammenhang stehenden allgemeinen *speciesismus* verbunden sind. *Animal Equality* ist in der Folge von fünf Jahren von der unabhängigen Bewertungsorganisation *Animal Charity Evaluators (ACE)* für exzellente und gelungene Tierschutzinitiativen ausgezeichnet worden. *ACE* hat sich zur Aufgabe gemacht, Organisationen, die im internationalen Tierschutz-, bzw. Tierrechtespektrum aktiv sind, auf verschiedene Faktoren hin zu prüfen, zu analysieren, zu beurteilen, zu bewerten und schließlich zu evaluieren. Diese Faktoren sind beispielsweise *Effektivität, Reichweite, Erfolg, Verhältnis zwischen Input und Output,* insbesondere, was die *Kosten-Nutzen-*

[239] Aus der Begründung der unabhängigen internationalen Organisation zur Bewertung von Tierschutzorganisationen weltweit Animal Charity Evaluators (ACE)
https://www.animalequality.de/neuigkeiten/animal-equality-ace-top-charity-2018 (Stand 03/19)

Rechnung anbelangt, *Nachhaltigkeit* der *Kampagnen* sowie *Selbstreflektion der Gründe für Erfolg und Misserfolg, strategische Ziele*, etc.[240]

Auch die Transparenzberichte, die *Animal Equality* jährlich im Rahmen seiner Mitgliedschaft in der *Initiative Transparente Zivilgesellschaft* herausgibt, weisen darauf hin, dass es sich bei dieser Organisation um ein Unternehmen handelt, dem es ein Anliegen ist, seiner Mission und seinen Inhalten die größtmögliche Öffentlichkeit zu verleihen. Dabei bedient sich *AE* modernster Instrumente, wie beispielsweise dem *social reporting standard,* der der *NGO* dazu verhilft, die eigenen Wirkungsmaßnahmen und -nachweise in eine nachvollziehbare und systematische Darstellung zu bringen, um die größtmögliche *Wirkung* zu erzielen. Optimale Strategien führen zu Effizienz und Effektivität, was besonders bei dem in der Gesellschaft mit hoher Skepsis betrachteten Thema des *Tierschutzes* und der *Tierrechte* eine hohe Bedeutung hat. Je strategischer, transparenter und vermittlungsorientierter eine Organisation mit diesen Inhalten auftritt, also die inneren und äußeren Wirkungszusammenhänge erkennt, desto größer die Reichweite und desto tiefer die Wirkung, weil sie in der Liga der ökologisch orientierten Unternehmen und *NGOs* als gleichberechtigt anerkannt werden.

AE bedient sich des *social reporting standards* als *Strategie-Tool*, um kontinuierlich auf die Missstände in der *Nutztierhaltung* hinzuweisen.

Ein Instrument, das in der Szene der Tierschutzorganisationen ein Alleinstellungsmerkmal besitzt, und das auf unmittelbare und unausweichliche Art und Weise das Leben von Tieren in der Fleischindustrie zeigt, ist die von *AE* entwickelte *Virtual-Reality-Brille iAnimal,* die es ermöglicht, Undercover-Videos

[240] https://animalcharityevaluators.org/charity-reviews/evaluating-charities/evaluation-criteria/ (Stand 03/19)

aus Massentierhaltungen der verschiedenen *Nutztiere* anzusehen. Diese Videos, die im 360°-Modus wiedergegeben, also räumlich erlebt werden, kann sich jeder Interessierte an den *AE*-Ständen auf Tierschutzveranstaltungen, im Rahmen von Kampagnen und Bildungsaktionen ansehen. Die Videos sind mit subjektiver Kamera gedreht, also aus der Sicht eines Tieres in seinem Haltungsumfeld einer Massentieranlage, die in der Darstellung objektiver nicht sein könnte.[241] *AE* vermietet das *iAnimal-Virtual-Reality*-Equipment an alle interessierten privaten oder öffentliche Institutionen, die sich zum Ziel gesetzt haben, im Sinne der Rechte für Tiere aktiv zu werden. Auf diese Weise hat die Organisation seit 2017 Hunderttausende von Menschen erreicht und eine weltweite Kampagne für tierproduktfreie Ernährung mit hoher Reichweite und großer Wirkung gestartet. Die Recherchen für die Videos und die Videos selbst sind ungeschönt, die Geräusche in den Massenstallungen ungefiltert, sachlich kommentiert und bilden das ab, was ist. Hier liegt ein Vermittlungsansatz, der es jedem *Nutzer* selbst überlässt, wie er auf die Darstellungen reagiert, da die Brille jederzeit ab- oder aufgesetzt werden kann. *iAnimal* hat auch durch die Strategie, Prominente wie beispielsweise den Schauspieler *Christoph Maria Herbst* für die Kommentierung zu gewinnen, eine sehr große Reichweite bekommen.

Die Situationen in der fleischverarbeitenden Industrie und die fleischverarbeitende Industrie selbst ist aus dem gesellschaftlichen Bewusstsein mit der Verlagerung der Schlachthöfe und Massenställe in äußerste Stadtrandlagen verdrängt worden. Wie in den vorangegangenen Kapiteln thematisiert, ist kein fleischkonsumierender Mensch daran interessiert, mit diesen Vorgängen konfrontiert zu werden. Das Fleisch auf dem Teller ist entseelt worden. *iAnimal* holt die Schlachthöfe und Massen-

---

[241] http://mitmachen.ianimal.de/ (Stand 03/2019)

tierstallungen in das Zentrum der Wahrnehmung der Öffentlichkeit zurück und geht insofern noch einen Schritt weiter, als dass man ins Innere dieser Produktionsanlagen geführt wird und sich nur entziehen kann, wenn man die *Virtual Reality Brille* absetzt. Das auf die Betrachtungen der Lebenssituationen, in der sich die Tiere befinden, folgende Bewusstsein besitzt das außergewöhnliche Potenzial, unmittelbar dafür zu sorgen, Ernährungsgewohnheiten umzustellen. In diesem Zusammenhang darf allerdings die Tatsache nicht vernachlässigt werden, dass der Personenkreis, der sich *iAnimal* nähert und anschaut, bereits überwiegend aus tierschutz-affinen Menschen besteht. Etwas anderes wäre es, wenn *AE* beispielsweise ständig oder über einen bestimmten Zeitraum in Unternehmensetagen oder in der öffentlichen Verwaltung vertreten wäre, also in Bereichen, in denen nicht damit zu rechnen ist, dass *Tierrechte* irgendeine Rolle spielen. Selbst im Rahmen von Kampagnen in Fußgängerzonen oder Festivals setzen sich überwiegend Menschen die Brille auf, die weitestgehend zu diesem Personenkreis gehören. Andere Tierrechts-Organisationen, wie beispielsweise das *NhRP,* erreichen hingegen Gesellschaftsbereiche, die sich mit *Tierrechten* vermutetermaßen noch nie auseinandergesetzt haben, dafür nicht so sehr die Kreise, in denen der Schutz der Tiere ein Thema ist. Das führt dazu, dass in Gesprächen mit Aktivisten *AE* eine bekannte Größe ist, das *NhRP* jedoch eher nicht.

Was die Recherchen und Undercover-Aktionen von *Animal Equality* unweigerlich mit sich bringen, sind strafrechtliche Konsequenzen in Form von Klagen gegen die Organisation, bzw. ihre investigativ vorgehenden Aktivisten. Diese Prozesse enden in der Regel mit Freisprüchen, bzw. erfolgreichen Berufungsverfahren und in Einzelfällen mit Verurteilungen der Verursacher von Tierleid und unangemessenen Haltungen. Aber auch Haftstrafen für die Aktivisten der Organisation wegen

Hausfriedensbruchs und vorübergehenden Festnahmen sind keine Seltenheit. Zu den im Rahmen dieser Recherchen entdeckten Missstände fallen die kurzen Haftstrafen kaum ins Gewicht, da die Betreiber der untersuchten Massenhaltungen ins Licht der Öffentlichkeit gezogen und damit ihre destruktiven Vorgehensweisen Gegenstand von rechtlichen Verfahren wurden, die in der Regel Schließungen oder Verurteilungen nach sich zogen.

In diesen Fällen entsteht eine grundsätzliche rechtsethische Frage, die, da es sich in der Regel um die Aufdeckung von Missachtungen der gesetzlich geregelten Mindeststandards des Tierschutzes handelt, also das Wohlergehen von Lebewesen (Mitgeschöpfe) im Mittelpunkt steht, dadurch eine weitere Dimension erhält: Kann das Recht – in diesem Falle das Haus- oder Eigentumsrecht – zum Einfordern der Wahrung des durch das Gesetz geregelten Tierschutzes missachtet werden? Und in dem Falle, dass sich der Betreiber an den äußersten Rändern der Legalität bewegt, den Tieren aber dennoch Leid zugefügt wird: Kann das Hausrecht zugunsten eines Hinweises auf nicht angemessenes, nicht ethisch-moralisches Verhalten gegenüber Wesen missachtet werden? Oder noch konsequenter: Tritt das Haus- und Eigentumsrecht in dem Augenblick außer Kraft, in dem gegen das Tierschutzgesetz verstoßen wird?

Aus der Perspektive der Gesetzgebung sind diese Fragestellungen zu verneinen, aus der Perspektive der ethischen Betrachtungsweise zu bejahen. Wie in den zahllosen Fällen, die das *NhRP* begleitet, geht es auch hier – unabhängig davon, dass Lebewesen im Mittelpunkt der Betrachtungen stehen (!) – um den Eigentumsbegriff, an dem das Tierschutzgesetz scheitert.

Die Aktivisten von *Animal Equality* schaffen mit ihren *Undercover*-Aktionen Präzedenzfälle, die von den Richtern überwiegend *pro Lebewesen* entschieden werden, was jedoch nicht bedeutet, dass sich die Zustände in den Haltungen flächendeckender fleischverarbeitender Industrie signifikant ändern. Aber in Einzelfällen konnten Verbesserungen bewirkt werden.

Unter anderem haben die spektakulären Aktionen und Präsenz von *Animal Equality* in der Öffentlichkeit daran mitgewirkt, dass der Bundesrat im März 2019 einer Aufforderung an die Bundesregierung zugestimmt hat, eine Gesetzgebung zur Videoüberwachung von Schlachthöfen auf den Weg zu bringen. Man kann hoffen, dass die Personen, die mit der Sichtung der Aufnahmen beauftragt werden und vermutetermaßen noch nie das Innere eines Schlachthofes erlebt haben, ihre Ernährungs- und Denkgewohnheiten zugunsten ihrer Mitwesen ändern. Hier kommt ein Kollateralnutzen in Gang, der unerwartete Kreise ziehen kann.

In den USA hat *AE* teilweise mit politischen, teilweise mit rechtlichen Instrumenten erwirkt, dass in bestimmten amerikanischen Bundesstaaten die Haltungsstandards von *Nutztieren* verbessert wurden. Europäische Tierschutzrichtlinien sind durch Online-Kampagnen von *AE* auf die Agenda der Ratskommissionen gesetzt worden und in Indien hat *Animal Equality* mit seiner Initiative *Seeds of compassion* erreicht, dass der eigenständige Wert eines Tieres überhaupt eine Gewichtung erhält: *Animal Equality* arbeitet in einzelnen indischen Regionen mit pädagogischen Institutionen zusammen, um Kindern und Jugendlichen den Gedanken, dass Tiere Rechte haben, zu vermitteln.

Die Organisation steht in ständigem Kontakt mit Juristen und Politikern und setzt sich dafür ein, dass weltweit anhand von konkreten Beispielen inadäquate Gesetze und Regulierungen durch neue, tierzugewandte Gesetze ersetzt werden. Diese Empfehlungen werden häufig von Regierungen angenommen. *AE* arbeitet oft mit Senatoren, Abgeordneten und anderen Beamten zusammen, um die Regierungspolitik zu beeinflussen.

Neben den investigativen Aktionen und der Recherche findet das alltägliche Geschäft von *AE* online statt. Ein Großteil der Petitionen und Kampagnen werden online vermittelt und organisiert, Informationen online verbreitet und die Kommunikationswege der *social media* in allen ihren Möglichkeiten genutzt. Damit erreicht die Organisation in erster Linie Jugendliche, die das Potenzial bilden, wie an den derzeit stattfindenden wöchentlichen Schülergroßdemonstrationen gegen die Verursacher des Klimawandels abgelesen werden kann, konkrete Bewusstseinsänderungen in die Wege zu leiten. *AE* setzt auf die Masse: Beispielsweise hat die Kampagne *End the cage age,* die die europaweite Abschaffung der Käfighaltung zum Ziel hat, bis zum März 2019 625.000 Unterschriften gesammelt, eine Million muss erreicht werden, um eine Petition beim EU-Parlament einreichen zu können. Eine Aktion mit *iAnimal* im EU-Parlament hat bereits stattgefunden.

Bilder, Videos, Berichte aus der Milch- und Fleischindustrie werden ins Netz gespielt und mit diesem Dokumentationsmaterial die *Nutzer* vor die Frage gestellt, ob sie mit ihren Ernährungsgewohnheiten diese Produktionskreisläufe unterstützen wollen oder sich für eine tierproduktfreie, also tierzugewandte Ernährung entscheiden. *Animal Equality* stellt den Eigenwert eines Tieres in den Mittelpunkt seiner Mission, hier wird eindeutig darauf aufmerksam gemacht, dass für das globale Leid der Tiere ausschließlich Eigeninteressen des Menschen verantwortlich sind und dass eine am Tier und dessen Wesensarten orientierte Haltung eingenommen werden muss.

Den drei Organisationen *PETA, NhRP* und *AE* liegen tierzugewandte Haltungen zugrunde, jenseits von jeglichen anthropozentrischen Interessen. Während zu den Mandanten vom *NhRP* lediglich einzelne Tiere gehören, deren möglicher Transfer in *sanctuaries* Bestandteil des jeweiligen Verfahrens ist, fehlen in den Konzepten der beiden anderen Organisationen jedoch Perspektiven, wo die im besten Falle befreiten Tiere artgerecht und angemessen leben können. Wenn die *end-the-cage-age*-Initiative Erfolg hätte, wären weitere Schadenszufügungen und destruktive Vorgehensweisen gegenüber den *befreiten* Tieren nicht auszuschließen. Im Folgenden ein prominentes Beispiel dieser Fragestellung:

Die von vielen Tierschutzgruppen initiierte Initiative zur Lebensrettung männlicher Küken lässt völlig außer Acht, dass diese Küken angemessen und in ihren Interessen gemäßen Haltungen leben müssen. Wenn aber schon die weiblichen Tiere in unzureichenden Verhältnissen leben, wie soll ihren *Brüdern* dann ein artgerechteres Leben garantiert werden? Diese Fragen werden nicht gestellt. Ähnlich verhält es sich mit der Befreiung von *Zirkustieren*, die *PETA* auf ihrer Agenda hat. Es ist kein Hinweis darauf zu finden, welche *sanctuaries, Schutzgebiete, Lebenshöfe* zur Verfügung stehen würden, diese Tiere aufzunehmen, abgesehen von Einzelfällen, in denen Tiere aus unangemessenen Haltungen in Schutzgebiete übersiedelt werden konnten.

Nehmen wir einmal an, ein landwirtschaftlicher Betrieb beendet seine Produktion und baut Ställe und Zäune ab. Für die Rinder eine willkommene Gelegenheit, sich endlich in Wälder zu begeben, die ihrem natürlichen Habitat entsprechen (die Haltung auf großflächigen Wiesen und Weiden ist weder artgerecht noch bietet sie die geringste Möglichkeit, den wesenseigenen Bedürfnissen, sich in schattigen Waldflächen aufzuhalten, gerecht zu werden).

Hier würde zu einer Ur-Megafauna zurückgekehrt, in der in ferner Zukunft nicht nur ehemalige Nutztiere, sondern auch beispielsweise ausgewilderte Bisons, Wisente und Auerochsen die heimischen Wälder bevölkern werden. Diese Vision ist Bestandteil meines in den ersten Kapiteln dieses Berichts formulierten und angestrebten *Tag X*, aber sie fehlt in den Visionen und Missionen der hier vorgestellten Tierschutzorganisationen. Vielleicht hatte das Bundesverwaltungsgericht unter anderem genau diese ungeklärte Lage der *Unterbringung* männlicher Küken im Blick, als es am 13.6.2019 beschloss, dass das *Kükentöten* aus *vernünftigem Grunde* geschehe und deswegen nicht rechtswidrig sei.

Natürlich handelt es sich um ein aus ethischer Sicht völlig inakzeptables Urteil, aber in Anbetracht der ohnehin schon inakzeptablen Zustände in der Nutztierhaltung und der inakzeptablen Nutztierhaltung an sich nachvollziehbar. Es bietet trotzdem keine Lösung an, Tierleid zu mindern. Nur ein Ende des Ei-Konsums würde die Aussichten der Tiere verbessern.

Aber vielleicht handelt es sich bei den hier erwähnten und wünschenswerten Aussichten um den nächsten oder übernächsten Schritt, da insbesondere *PETA* und *AE* dafür sorgen, dass überhaupt darüber nachgedacht wird, dass es sich bei unseren Mitgeschöpfen um empfindungsfähige Wesen mit Eigeninteressen handelt. Hier wird ein Bewusstsein nicht nur gefördert, sondern herangebildet, in dem Tiere zum Bestandteil des menschlichen Alltags gehören, die, jenseits von Nutzung oder Haltung, ein eigenständiges Dasein führen könnten.

Lesen Sie im nächsten Abschnitt über eine Initiative, in der diese Vision zum Teil schon Realität geworden ist.

4.3.4 Stiftung Hof Butenland

> Tiere sind keine Maschinen, sie sind nicht für die Befriedigung unserer Bedürfnisse auf dieser Welt, und sie gehören uns nicht. Wir treten daher für einen Lebensstil ein, der sich ethischer Veganismus nennt. Er geht über die Ernährung hinaus und umfasst alle Aspekte des Lebens und des menschlichen und tierlichen Miteinanders. Nur wenn wir andere Tiere als Individuen betrachten und respektieren, können wir wirklich erfahren, wer sie sind.[242]

Dieses Zitat umschreibt mit wenigen Worten eine umfassende Haltung gegenüber unseren nichtmenschlichen Mitwesen: Nur, wenn wir sie *lassen*, können wir sie erkennen und vielleicht in Einzelfällen auch verstehen. Wie in den vorangegangenen Kapiteln beschrieben, ist die Beziehung des Menschen zum nichtmenschlichen Lebewesen von Gefangennahme und Tod geprägt. Beides verhindert, die Wesen in ihren eigenen Lebensaufgaben, ihren eigenen Verhaltensweisen und ihren eigenen Bedürfnissen kennenzulernen. Der Mensch irrt, wenn er meint, er *kennt sein* Tier. Auf *Hof Butenland* haben die Tiere die seltene Möglichkeit, *gelassen* zu werden.

Der Landwirt und Stifter *Jan Gerdes* hat den Hof 1981 von seinen Eltern übernommen und die *Nutztierhaltung* 2001 eingestellt, bevor er 2007 zusammen mit seiner Lebensgefährtin, der Psychologin und Tierrechtlerin *Karin Mück* die *Tierschutzstiftung Hof Butenland* gründete, um ausschließlich *Nutztieren*, die der *Nutzung* aus unterschiedlichsten Gründen nicht mehr zur

---

[242] Karin Mück und Jan Gerdes, Gründer der *Stiftung für Tierschutz Hof Butenland* über *Hof Butenland*.
https://www.stiftung-fuer-tierschutz.de/ (Stand 03/19)

Verfügung stehen, aufzunehmen und ihnen ein an ihren Bedürfnissen gemessenes Leben zu ermöglichen. Im Folgenden ein Auszug aus der Satzung:

> (2) Die Stiftung verwirklicht ihren Stiftungszweck insbesondere durch folgende Maßnahmen:
> a) Auf dem Hof des Stifters Jan Gerdes in 26969 Butjadingen, Niensweg 1, werden Tiere aufgenommen, die vom Menschen verfolgt, gequält oder ausgebeutet wurden, die wegen Unfalls, Krankheit, Behinderung, Überzüchtung usw. ohne die Hilfe des Menschen nicht überlebensfähig wären.
> b) Der Lebenshof Hof Butenland schafft einen Ort, an dem Tiere ein würdiges Dasein leben dürfen, beschützt diese Tiere und gibt ihnen bis an ihr natürliches Lebensende ein Zuhause, in dem es ihnen wohlergeht. Nur bei tierärztlicher Prognose auf Nichtheilung einer Krankheit ist - um unnötiges Leiden zu verhindern - eine Euthanasie möglich.[243]

Es geht also um das eigenständige Leben der Tiere in einer ihnen gerechten Umgebung, jenseits von menschlichen Eigeninteressen. *Jan Gerdes* und *Karin Mück* sorgen dafür, dass die Tiere ihre individuellen Lebensweisen nachhaltig entfalten können. Das können sie nur, weil *Jan Gerdes* nicht nur auf dem Hof aufgewachsen ist, sondern auch eine landwirtschaftliche Lehre und die Fachausbildung zum Landwirtschaftsmeister absolviert sowie den Hof über Jahrzehnte geleitet und sich auf diese Weise die notwendigen Kompetenzen angeeignet hat. *Karin Mück* galt ihr privates Engagement neben ihrer beruflichen Arbeit mit psychisch kranken Menschen den Rechten für Tiere. Sie ist, wie auf

[243] *Stiftung für Naturschutz Hof Butenland,* Satzung

der Website des Hofes beschrieben, die *Schnittstelle zwischen Tierarzt, Team und Tieren*, pflegt die Tiere und nimmt sich ihrer physischen wie seelischen Beeinträchtigungen an.

Die unterschiedlichen Tierarten leben frei von äußeren Einflüssen in einem 40 Hektar großen Gebiet (Die 42 Rinder auf 20 Ha, die 2 Pferde auf 4 Ha, der Rest ist für die Heuernte, sowie Bienen- und Insektenwiesen vorgesehen), auf dem sie frei umherlaufen und zwischen Innenräumen und außen wechseln können. Dieses Gebiet ist eingezäunt, da es zu allen Seiten an landwirtschaftliche Nachbargebiete und Straßen oder Wege grenzt. Die Menge der Tiere im Verhältnis zu der Größe der Gesamtfläche wie auch die vegetative Vielfalt gibt den Tieren unzählige Wahlmöglichkeiten, wo sie sich aufhalten, mit welchen Tieren sie Kontakt aufnehmen, wo sie hingehen und wohin sie sich zurückziehen wollen. *Gerdes* und *Mück* nennen den Lebenshof gerne *Kuhaltersheim,* obwohl dieser Begriff nur teilweise die Realität trifft. In erster Linie ist der Hof ein Lebensort für unterschiedliche Tierarten und Altersgruppen. *Lebenshof* ist vielleicht die passendere Bezeichnung, zumal dort nicht nur Kühe, sondern auch Schweine, Gänse, Hühner, Katzen und Hunde leben. Das *Kuhaltersheim* ist ein Teil dieses Lebenshofs:

Die Rinder, die in *Butenland* leben, befinden sich größtenteils im letzten Drittel ihres Lebens, da die beiden Hofbetreiber bewusst ältere Kühe aufnehmen, die in der Tierproduktion keinen *Nutzen* mehr haben, um ihnen einen gerechten Lebensabend zu bieten. Zurzeit (Stand 03/19) leben 42 Rinder auf *Hof Butenland*, wovon die überwiegende Anzahl aus weiblichen Tieren besteht, männliche Rinder, insbesondere nicht kastrierte Tiere werden in der Regel nicht aufgenommen, um Fortpflanzung und Vermehrung zu vermeiden. Hier liegt eine der wenigen menschlichen Steuerungen von außen, die der Grundsatzentscheidung folgt, dass das Arbeitspensum im Verhältnis zu dem Wohl der

Tiere stehen muss. Der Hof und die Stiftung sind personell so ausgestattet, dass der vorhandenen Anzahl der Tiere ihnen gerechte Lebensformen geboten werden kann. Das bedeutet, dass nur dann den ständigen Anfragen, Tiere aufzunehmen, entgegengekommen wird, wenn Tiere sterben, was allerdings – wie im menschlichen Altersheim auch – zum Alltag gehört. Dass männliche, unkastrierte Rinder nicht aufgenommen werden, dient dem Wohl der nichtmenschlichen Bewohner auf *Hof Butenland*, da die zusätzliche Arbeit, die die Fortpflanzung und Vermehrung mit sich bringen würde, nicht geleistet werden kann. In Einzelfällen jedoch werden schwangere Kühe aufgenommen, die auf dem Hof gebären und ihr Kalb selbstständig aufziehen. Handelt es sich um ein männliches Kalb, werden die Samenstränge im Alter von 5 bis 7 Monaten unter Betäubung durchtrennt. Das sind die Konzessionen, die gemacht werden müssen, da es sich trotz der Autonomie, in der die Tiere leben, um ein vom Menschen organisiertes und betriebenes Weidegebiet handelt, das umgeben ist von dem bis an die Produktionsgrenzen ausgelastete *System Landwirtschaft*. *Hof Butenland* passt nicht in dieses System, was schon allein daran abgelesen werden kann, dass man hier als Besucher erfährt, dass die Mutterkuh im freien Leben nur so viel Milch gibt, wie das Kalb braucht. Im *Nutztiersystem* werden auf nicht wesensgerechte Art Unmengen Milch produziert, die diese natürliche, harmonische, angemessene und sinnvolle Ernährungsweise ausbeuten und damit die Lebenszeit des weiblichen Rindes um ca. zwei Drittel verkürzen. Ein weiterer und viel schwerwiegenderer Grund, warum der Hof nicht in das *System Landwirtschaft* passt, liegt im Umgang mit den Ohrmarken. Jeder kennt sie, die gelben Plastikschilder, die den *Nutztieren* in die Ohren geheftet werden, damit sie in dem *Herkunftssicherungs- und Informationssystem für Tiere* [244] auffindbar sind. Es besteht laut EU-Verordnung Kennzeichnungspflicht, von der sich lediglich im Falle von *Kulturhistorischer Verwendung* von Tieren, wie beispielsweise der für Stierkämpfe vorgesehenen Rindern, befreit werden kann. *Hof Butenland* ist nicht befreit und muss die Anbringung der Ohrmarken durchführen. Da sich die Tiere aber viel und ständig bewegen, sich kratzen, reiben und schubbern, fallen diese Marken ab und werden in der Regel nicht ersetzt. Das missfällt den Kontrolleuren vom Veterinäramt und der Landwirtschaftskammer – weil es mit den Auflagen der Landwirtschaftsverordnung nicht vereinbar ist, obwohl es sich hier um keine *Nutztiere* handelt – was zur Folge hat, dass die Grünflächensubventionen als Strafmaßnahme jedes Jahr um weitere 10% reduziert werden. Im Jahre 2020 ist die Null-Marke erreicht, dann muss verhandelt werden. An dieser Verordnung wird die Absurdität des *Tierschutzgesetzes* deutlich: Es wird eine Strafe erlassen, weil man bestimmte Tiere nicht *nutzt*, sondern *schützt*.

Kuhaltersheim bedeutet auch eine ständige Auseinandersetzung mit Leiden und Tod. Den Tieren wird der letzte Abschnitt ihres Lebens so angenehm wie möglich gestaltet, es wird, soweit es in der Macht der Hofbetreiber und ihrer Tierärzte liegt, für Schmerzfreiheit gesorgt, Tiere, die besondere Aufmerksamkeit benötigen, wie beispielsweise eine im März 2019 22 Jahre alte Kuh, individuell gepflegt und betreut.

Betrachtet man einige der zahlreichen im Netz verfügbaren Videos aus dem Alltag der Tiere, so bekommt man Einblick in ein Kommunikationsnetz, das authentischer nicht sein könnte, da es nicht von menschlichen Einflüssen gesteuert ist.[245] Schweine

---

[244] https://www.hi-tier.de/

[245] https://www.youtube.com/watch?v=6ibxS5zw_IQ (Springfilm, R und K: Therese Ulrich, 2010)
https://www.youtube.com/watch?v=sgkMUENkHAg&app=desktop (Karin Mück, Hof Butenland 2017)

kommunizieren mit Kühen, Pferde mit Schweinen, Hühnern mit Hunden, Gänse mit Kühen, usw. Lebendige Kontaktaufnahmen und Zuwendungen unterschiedlicher Arten und Weisen, die der Mensch schon allein deswegen nicht erlebt, weil er die Arten zu seinen Zwecken trennt. Neben den *zwischen-tierlichen* Kommunikationswegen gibt es Tageszeiträume, in denen die Tiere bestimmte Wege oder bestimmte Gebiete abwandern, sich besuchen oder Lieblingsplätze aufsuchen. Diese *Wanderungen* wiederholen sich in unregelmäßigen Abständen, je nach Licht, Klima, Verfassung und Hunger- oder Sättigungszustand. Es handelt sich um individuelle Lebensaufgaben, denen die Tiere nachgehen. Im Eingangskapitel dieses Berichts habe ich von den Wespen auf unserem Fensterbrett berichtet, die sich mit Anbruch der Morgendämmerung an die Arbeit machten, die Apfelscheiben auszuhöhlen und die entstandenen Kügelchen abzutransportieren, was sie bis zum Abend in Aktion hielt. So ähnlich ist es auf Hof Butenland, auch wenn es hier nicht darum geht, andere Tiere oder eventuelle Nachkommenschaften zu ernähren. Es sind dem Wesen Lebensaufgaben und -interessen zueigen, denen sich die Tiere widmen und die sie zu Ende führen möchten, ohne dass wir als Menschen erfahren, wann dieses Ende eingetroffen ist oder eintreffen wird.

Der Mensch stört in der Regel und in selbstbezogenem Dasein diese Lebensaufgaben und -wege, er unterbricht sie, bricht sie ab, verhindert sie, weil sie nicht zu seinen Belangen und Interessen passen, weswegen er auch nie erfährt, welche Lebensaufgaben die Tiere, mit denen er zusammenlebt, vollziehen möchten bzw. können. *Hof Butenland* bietet die einzigartige Möglichkeit, die Lebenszyklen und -weisen der dort lebenden Tiere zu erle-

---

Anfang 2020 ist ein umfassender Dokumentarfilm des Regisseurs Marc Pieschel mit dem Titel *Butenland* in die Kinos gekommen. https://mindjazz-pictures.de/filme/butenland/

ben und zu studieren, ohne einzugreifen. Natürlich muss den Tieren Nahrung bereitgestellt werden, es gibt an den Tagesrhythmen der Tiere orientierte *Essenszeiten*, an die einige der Tiere gewöhnt sind, weil es sich nun mal um ehemalige, domestizierte *Nutztiere* handelt, die nicht mehr migrieren, sondern oft aufgrund der ihnen zugefügten Gewalt traumatisiert sind und bestimmte Regelmäßigkeiten brauchen. Es werden ihnen Lager bereitet, die an ihre Bedürfnisse angepasst sind und die sie aufsuchen oder verlassen können, wie es ihnen beliebt.

Gerdes und *Mück* beobachten ihre Mitwesen sehr genau und entscheiden aufgrund ihrer Beobachtungen, welche Bedürfnisse akut sind und welche nicht, wo dringender Handlungsbedarf in Form von Medikamenten oder tierärztlicher Betreuung besteht und/oder wo Aussicht auf selbstregulierende Prozesse besteht.

Die auf *Hof Butenland* lebenden Tiere sind teilweise an menschliche Lebensrhythmen gewöhnt, teilen diese auch, folgen aber primär ihren ureigensten Lebensweisen, die ihnen zwar durch die Domestizierung genommen wurden, hier aber aus den Tiefen ihres Seins heraufsteigen und ihnen die Individualität zurückgeben. In der *Nutztierhaltung* ist jedes Tier anders, aber aufgrund der erzwungenen Apathie von außen nur sehr schwer von den anderen zu unterscheiden. Mit diesem Trauma, dieser Apathie kommen die Tiere auf dem Hof an und haben von einem Tag auf den anderen ein freies Dasein, im Rahmen dessen sie *gelassen* werden und in ihrem eigenen Tempo ihre Seelen und ihre Wesen entfalten können.

Der Begriff der *Domestizierung* bekommt hier durch die Traumata, die die Tiere als Folge der *Domestizierung* durchleiden mussten, noch eine zusätzliche Bedeutung. Missbrauch durch Gewalt und Isolierungen, in Tierversuchslaboren, durch Vernachlässigungen beschreiben nur einige der Hintergründe, die viele der Tiere mitbringen. Umso wichtiger und unverzichtbarer ist der Freiraum, der diesen Wesen geboten wird, um Heilungsprozesse zu ermöglichen, die sich über Jahre hinziehen können. Auch der Begriff *Freiraum* bedarf einer besonderen Betrachtung. Er bezieht sich, zumindest im Falle der Rinder, nicht nur auf die Butenländer Rinderherde, sondern auch auf die der unmittelbaren Nachbarhöfe: Wenn sich ein Rind aus welchen Gründen auch immer auf das Gebiet von *Hof Butenland* begibt, dann darf es bleiben. Verhandlungen mit den eigentlichen *Besitzern* verlaufen gütlich, da man sich in der Regel darauf einigen kann, dass der Impuls der Tiere an erster Stelle steht. Dass die Tiere ihren eigenen Impulsen folgen können, gehört zu den zentralen Grundsätzen auf *Hof Butenland.* Das bedeutet nicht, dass ihr einstiges *Wildsein* wieder zu Tage tritt und dazu führt, dass sie wieder beginnen zu migrieren, sondern es bedeutet, dass sie sich in selbst gewählten Sozialverbänden in ihren Lebensweisen frei entfalten können. Trotzdem sind die auf dem Hof lebenden Tiere abhängig von den Menschen, die den Hof betreiben. Es muss Futter bereitgestellt werden, es braucht ausreichend Unterstände und Stallungen, die tierärztliche und medizinische Versorgung muss gewährleistet sein, die Zäune der Weideflächen müssen intakt gehalten werden, eventuelle Konflikte bedürfen besonderer Aufmerksamkeit, etc. Das Entscheidende aber ist, dass die Tiere *gelassen* werden.

Dass diese Ziele erreicht werden, liegt auch in der Beschränkung der Anzahl der Tiere. Im vorigen Kapitel habe ich die Frage gestellt, warum Tierschutzverbände einerseits die Befreiung der *Nutztiere* und das am Leben erhalten der männlichen Küken fordern, aber andererseits keine Konzepte vorlegen, wie und wo die Tiere nach ihrer Befreiung leben sollen. *Hof Butenland* bietet befreiten Tieren einen Lebensort, der aber nicht so sehr von der zur Verfügung stehenden Fläche als von den personellen Kapazitäten her gesehen eingeschränkt wird und somit nur für eine begrenzte Anzahl von Tieren in Frage kommt. Zusammen mit den max. 20 weiteren Lebenshöfen Deutschlands mit sehr unterschiedlichen Ausstattungen steht das *Angebot* in absolut keinem Verhältnis zum *Bedarf*. Um jedoch den angenommenen Tieren den Freiraum zu ermöglichen, muss die Anzahl konsequent beschränkt werden, sonst entsteht eine paradoxe Situation: Ein Tier wird aus einer zu engen Haltung befreit und gerät wieder in eine ihm nicht gemäße Haltung, da ihm aus Kapazitätsgründen nicht in dem Maße zugewandt werden kann, wie es erforderlich wäre. Auch wenn die Tiere in ihren Lebenswegen *gelassen* werden, benötigt das Betreiben des Hofs ständige Aufmerksamkeit, ständige Erledigung von Aufgaben, ständige Zugewandtheit und ständige Präsenz. Ein Tier *zu viel* und schon kann es zu Vernachlässigungen kommen, die zu der Verantwortung, die übernommen wurde, in einem nicht ausbalancierten Verhältnis steht. Dabei muss in langen Zeiträumen gedacht werden. *Gerdes* und *Mück* müssen aus genannten Gründen auf aktuelle Anfragen immer wieder mit Ablehnung reagieren. Beispielsweise wenn es sich um ein junges Rind handelt, das, wie das erwähnte Beispiel zeigt, bis zu 22 Jahre alt werden kann. Ist das Rind 2039 20 Jahre alt, werden die beiden Betreiber den Hof in der Weise, wie sie es jetzt tun, aus Altersgründen nicht mehr unterhalten können. Und die Nachfolge gestaltet sich in diesem Tierschutzsegment extrem schwierig.

Nicht nur die angemessene Begleitung der Tiere, die angenommen werden und für die Verantwortung übernommen wird, muss gewährleistet sein, sondern auch im selben Maße das Einwerben finanzieller Mittel. Die Stiftung verfügt über ein Grundkapital, dessen Erträge für den Unterhalt des Hofes zur Verfügung stehen, was in Zeiten extrem niedriger Zinsen eher Verlust als Gewinn bedeutet. Deswegen ist die Stiftung auf Spenden,

Patenschaften, testamentarische Verfügungen, etc. angewiesen, die kontinuierlich akquiriert werden müssen.

Bei *Hof Butenland* handelt es sich im Prinzip um ein *Business Model* zum Wohle der dort lebenden Tiere, das einerseits effektiv und erfolgsorientiert kalkuliert werden muss, aber die emotionale Seite nicht außer Acht lassen kann, diese jedoch nicht zum Gegenstand des täglichen *Geschäfts* macht. Dem Druck, den das Leid der Tiere, die aufgenommen werden, und den der innere Wunsch, dass sich dieses Leid in Wohl umwandeln möge, ausmacht, muss man gewachsen sein. Emotionale Souveränität und Stabilität sind Grundvoraussetzungen für das Betreiben eines Lebenshofs.

Die Emotionalität, mit der Tieren im Allgemeinen begegnet wird, bildet die Schnittstelle zwischen den menschlichen Eigeninteressen und dem Erkennen der Interessen und Bedürfnissen der Tiere. An dieser Schnittstelle zeigt sich, ob der Impuls, mit einem Tier zusammenleben zu wollen, einem eigenen Defizit entspringt, durch das das Tier die Aufgabe zugeteilt bekommt, dieses zu füllen, oder ob der Impuls von dem Wunsch gesteuert ist, dem Tier einen störungsfreien Raum zur eigenen freien Entfaltung zu bieten. Auf *Gerdes* und *Mück* trifft eindeutig letzteres zu, wie auf der Website zu lesen ist:

> Enorm wichtig ist es, eine vernünftige Balance zwischen direkter Aufklärung auf dem Hof und dem Hof als Rückzugsort für seelisch und körperlich verwundete Tiere zu halten. Besucher müssen ganz klar erkennen: Dies ist ein Lebenshof und kein Streichelzoo; im Zoo sind die Tiere für uns da, hier ist es umgekehrt: Die Menschen sind für die Tiere da. Wenn ein Tier signalisiert, dass es etwas nicht möchte (angefasst werden, bei manchen allein schon betrachtet werden), ha-

ben wir diesen Wunsch zu respektieren. Je größer solch eine Einrichtung wird, desto mehr administrative, organisatorische, planerische, kommunikative Aufgaben fallen an. Hier muss rechtzeitig dafür gesorgt werden, dass auch diese Arbeit geleistet werden kann, denn wir sind auf Spenden angewiesen und die Spender möchten wissen, was mit ihren Geldern geschieht. Eine Option oder ein Anfang kann auch ein Kleinstlebenshof sein, wie das Beispiel von Esther the Wonderpig zeigt – man braucht keine 100 oder 200 Tiere! Es ist auch eine Last, so viele Tiere zu haben. Warum sollten wir nicht alle drei Kühe oder fünf Schweine bei uns aufnehmen, damit wäre schon sehr vielen Tieren geholfen.[246]

und

Wut: wir dürfen die Tiere unsere Wut (über die Zustände in der Tierhaltung etc.) niemals spüren lassen, sie spüren das und beziehen es auf sich, Körpersprache ist hier ganz entscheidend, denn die Tiere kommunizieren sehr stark über dieses Mittel und merken viel mehr als wir, was wir nach außen senden.
Wahrheit: Was ist unsere eigene Wahrheit? Woran glauben wir? Was ist unser Ansporn?[247]

Dieser *Ansporn* besteht in einer dem Tier zugewandten Haltung, in der nicht erwartet wird, dass das Tier für den Menschen da ist, sondern der Mensch ganz und gar für das Tier. Hier steht die

[246] Jan Gerdes und Karin Mück http://www.stiftung-fuer-tierschutz.de/wp-content/uploads/2015/04/Wie-f%C3%BChrt-man-erfolgreich-einen-Lebenshof-Ein-Leitfaden.pdf (Stand 03/19)
[247] ebda.

existenzielle Frage im Raum, ob man als Mensch in der Lage ist und sein kann, sein Leben mit Wesen zu gestalten, die ausschließlich in der Gegenwart leben, *so sind* und zunächst einmal nichts von dem Menschen wollen, außer Futter hingestellt zu kriegen. Das gesamtgesellschaftliche Trachten nach Optimierung des persönlichen Lebensstandards verliert angesichts der Sozialgemeinschaften auf *Hof Butenland* seine von der Gesellschaft geprägte Bedeutung. Der hier lebende Mensch muss sich in der Gegenwart und im *So Sein* aufhalten und zunächst einmal nichts wollen außer das Wohl der Wesen.

Im Gegensatz zu *PETA* und *Animal Equality,* deren Strategie, Aufmerksamkeit und Bewusstsein für die Tiere zu erlangen, in dem das unmittelbare Veröffentlichen des Leids der Tiere in Form von Videos und Fotos liegt, gilt hier das an der Harmonisierung des Miteinanders orientierte Leben als Leitfaden für gelungenen Tierschutz. Die Besucherschaft kann sich ein Bild von funktionierenden und entspannten sozialen Gefügen machen, lernen, wie der Tagesrhythmus von Gänsen und Enten – die sie gegebenenfalls verspeisen – aussieht und wie unterschiedliche Tiere miteinander kommunizieren. Man erfährt beispielsweise, dass die Vergesellschaftung von Schweinen und Pferden ein schwieriges und komplexes Unterfangen bedeuten kann, in dem es oft zu Konflikten kommt. Die nötige Begleitung der Vergesellschaftung würde verstärkte Aufmerksamkeit und unplanbare Mehrarbeit für die Hofbetreiber verursachen, die zu Lasten der anderen Tiere auf dem Hof gehen würde, weswegen Schweine und Pferde eher nicht aufgenommen werden können, es sei denn, das Personal würde aufgestockt. Dies ist jedoch vor dem Hintergrund der Gesamtfinanzierung und der nicht ganz einfachen Mitarbeiterakquise kaum möglich. Die Informationen über Wesenszüge wie beispielsweise im Falle der Schweine führen den Gästen auf *Hof Butenland* unmittelbar Bilder von

Massenställen, in denen Schweine auf engstem Raum leben müssen, vor Augen, und es wird klar, dass diese Haltungsbedingungen in allen Parametern komplett gegen die Natur des Schweins sind. Selbst in Freilandhaltungen und auf *Biohöfen* ist nicht gewährleistet, dass die jeweiligen Betreiber auf das Wesen des Schweins in Bezug auf dessen Vergesellschaftung Rücksicht nehmen.

Auf *Hof Butenland* stellen insbesondere die Rinder und deren unterschiedliche Vorlieben füreinander und deren Bewegungsintelligenz ein großes Lernfeld dar. Nicht die Provokation mit der Destruktion, die selbstverständlich auch Wirkung zeigt und von daher gesehen ein wichtiges Instrument im Tierschutz darstellt, sondern die Konstruktion und Harmonie des realen Miteinanders der Tiere wird auf *Hof Butenland* und durch die Stiftung vermittelt. Es wird ein Wissen übertragen, dass Tiere Lebewesen mit Interessen, Gefühlen, Aufgaben, Zyklen sind und somit den Lebensformen der Menschen in vielerlei Hinsicht entsprechen.

Was *Gerdes* und *Mück* und ihre Mitarbeiter auszeichnet, ist die ständige Präsenz und damit ein ganzheitliches Verwobensein mit der Biodiversität des Gebietes *Hof Butenland.* Jedes Lebewesen in diesem Gefüge hat einen nicht zu ersetzenden Platz. Ist eines der Wesen plötzlich verschwunden, hat dies eine Folge von nicht vorhersehbaren, vielleicht zunächst einmal nicht wahrnehmbaren Ereignissen. Das Gefüge ändert sich, so, wie es sich immer nach dem Tod eines auf dem Hof lebenden Tieres zwangsläufig ändert. Es würde sich auch verändern, wenn eines der Wesen für einen bestimmten Zeitraum nicht anwesend ist. Nach seiner Rückkehr wäre das Gefüge in bestimmten Bereichen gestört. Diese feinen, unkalkulierbaren Verschiebungen werden vom Menschen nicht unbedingt wahrgenommen, aber ich bin überzeugt, dass sie da sind, weil wir es mit Lebewesen mit außerordentlich komplexen Wahrnehmungskompetenzen zu tun haben. *Gerdes* und *Mück* sind Teil dieses Gefüges und verzichten aus diesen Gründen auf längere Abwesenheiten. Das bewirkt, dass sie sich durch dieses verbindliche Dasein nicht an der Vergeudung von Rohstoffen, wie es insbesondere bei Flugreisen der Fall ist, an der Versiegelung von Landschaften in Form von Autobahn-, Bahntrassen- und Flughafenbau und an sozialen, biologischen und kulturellen Degradierungen im Rahmen des globalen Tourismus beteiligen.

Einer der auffälligsten Widersprüche im Tierschutz, aber auch im Einsatz für Tierrechte, liegt darin, dass die Protagonisten durch ihre Reisetätigkeit, ob privat oder beruflich sei dahingestellt, an der Zerstörung von Habitaten nicht nur teilhaben, sondern auch Teil geben. Die Mobilität ist für internationale Organisationen wie *PETA* oder *Animal Equality* einer der wichtigsten Faktoren für eine umfassende Außen- und Breitenwirkung. Die persönliche Anwesenheit und Ansprache ist weitaus wirkungsvoller als die Online-Kommunikation. Die Organisationen müssen auf Tagungen, Festivals, in Fußgängerzonen, in Bildungseinrichtungen, etc. Präsenz zeigen, Online-Petitionen und Kampagnen sind nur ein Bruchteil der täglichen Vermittlungstätigkeiten. Aber diese Widersprüchlichkeit, einerseits die Lebensräume unserer Mitwesen bewahren zu wollen und andererseits daran beteiligt zu sein, dass diese Räume kategorisch vernichtet werden, muss ein zentrales Thema in der Tierschutzbewegung sein.

So autonom, wie ihre Tiere leben, so autonom gestalten *Gerdes* und *Mück* ihr Leben. Ein Windrad sorgt für den nötigen Strom, sie sind unabhängig von berufsbedingter Mobilität, sie leben vegan von teilweise selbst angebautem Gemüse und sind nur in Einzelfällen in der Futterstelle *Supermarkt* aufzufinden. Sie sind zwar *Besitzer* des Hofes, aber nicht *Besitzer* der Tiere. Die auf dem Hof lebenden Wesen entscheiden selbst, wie und mit wem sie ihre Lebenszeit verbringen, wann und wo sie essen, wann und wo sie schlafen und mit wem, insbesondere auf die menschlichen Mitbewohner bezogen, sie auf welche Weise in Kontakt treten oder eben nicht. Hier löst sich der Kampf um die Definition des nichtmenschlichen Lebewesens als *Person*, den das *NhRP* vor Gericht ausfechten muss, ins Nichts auf, weil das Tier weder mit menschlichen Eigeninteressen konfrontiert noch mit menschlichen Maßstäben beurteilt, weder mit Klassifizierungen belegt noch mit der menschlichen für Tiere geltenden *Fachsprache* beschrieben oder bewertet wird. Das Tier kann *So Sein.*

Abb. 8

Epilog

Durch meine in diesem Bericht geschilderten Erfahrungen und Beobachtungen habe ich selbst gelernt und verstanden, dass das Verhältnis des Menschen zum Tier ein von uns Menschen gemachtes ist, das mit unseren nichtmenschlichen Mitwesen nichts zu tun hat, auch wenn sie eine permanente Wirklichkeit in unserem Alltag darstellen. Irgendwann, vor 2 Millionen Jahren, war der *Homo erectus* da und hat ziemlich bald begonnen, sich selbst und seine nichtmenschliche Umgebung aus Gründen des Durchsetzens von Eigeninteressen zu stören und zu zerstören. Der Mensch fällt von daher gesehen aus den naturgegebenen evolutiven Prozessen und aus den durch die Evolution bedingten natürlichen Transformationen heraus, da er an Harmonisierungen nicht interessiert ist. Er bekämpft fortwährend sich selbst, andere, zuweilen sogar seine peer group und sucht fast schon instinkthaft nach fremden Gründen und Verursachern für sein selbst zu verantwortendes Dilemma. Es scheint so, dass er einem Zwang unterliegt, sich, seine Mitmenschen und seine nichtmenschlichen Mitbewohner *nicht lassen zu können*, was bedeutet, *Harmonisierungen* als Behinderung zu begreifen. Dies geht einher mit einer fast schon ideologischen, individuellen wie gesellschaftlichen Weigerung, sich mit seiner Geschichte zu befassen. Aber wenn seine eigene Historie, die überwiegend geprägt ist von Konflikt, Destruktion und der Weigerung, Verantwortung für sein Handeln zu übernehmen, nicht beleuchtet und verstanden, nicht integriert und überwunden wird, dann setzt sie sich ungehindert fort und wird ungebrochen auf alles Lebende übertragen.

Diese Mitleidenschaft, in die die nichtmenschlichen Lebewesen gezogen werden, wird sich nicht ändern, solange der Mensch nicht seine eigene Geschichte kritisch reflektiert und als Ursache für die globale Destruktion begreift.

Der amerikanische Regisseur *Jordan Peel* hat diese Situation erkannt und in kurzen Worten wiedergegeben:

> We are our own worst enemy. Not just as individuals but more importantly as a group, as a family, as a society, as a country, as a world. We are afraid of the shadowy, mysterious 'other' that's gonna come and kill us and take our jobs and do whatever, but what we're really afraid of is the thing we're suppressing: our sin, our guilt, our contribution to our own demise… No one's taking responsibility for where we're at. Owning up, blaming ourselves for our part in the problems of the world is something I'm not seeing.[248]

Berlin, März 2019

---

[248] Jordan Peele (amerikanischer Regisseur und Produzent *Get out, 2017; Us, 2019*) in Steve Rose *Interview with Jordan Peele* in *The Guardian Weekly* (15.03.2019, S. 53)
„Wir sind unser schlimmster Feind. Nicht nur als Individuum, sondern vor allem als Gruppe, als Familie, als Gesellschaft, als Land, als Welt. Wir haben Angst vor dem schattenhaften, geheimnisvollen „anderen", das kommen wird, um uns zu töten, unsere Jobs anzunehmen und uns alles wegzunehmen. Aber wovor wir wirklich Angst haben, ist das, was wir unterdrücken: unsere Sünde, unsere Schuld, unseren eigenen Beitrag dazu. Unser eigener Tod … Niemand übernimmt Verantwortung dafür, wie wir dahingekommen sind, wo wir uns jetzt befinden. Ich kann nicht erkennen, dass sich jemand für seine, bzw. unsere Rolle in dieser Welt verantwortlich fühlt."